中国石漠化治理与发展丛书

石漠化治理树种选择与模式

胡培兴　白建华　但新球
江天法　吴照柏　吴协保　编著

中国林业出版社

图书在版编目（CIP）数据

石漠化治理树种选择与模式 / 胡培兴等编著 .
—北京 : 中国林业出版社 , 2015.6

ISBN 978-7-5038-8022-3

Ⅰ . ①石… Ⅱ . ①胡… Ⅲ . ①沙漠化 – 沙漠治理 – 树种选择
Ⅳ . ① S156.5 ② S725.1

中国版本图书馆 CIP 数据核字 (2015) 第 123196 号

中国林业出版社
责任编辑：李　顺　段植林
出版咨询：（ 010 ）83143569

出　　版：中国林业出版社（ 100009 北京西城区德内大街刘海胡同 7 号）
网　　站：http://lycb.forestry.gov.cn/
印　　刷：北京卡乐富印刷有限公司
发　　行：中国林业出版社
电　　话：(010) 83143500
版　　次：2015 年 9 月第 1 版
印　　次：2015 年 9 月第 1 次
开　　本：889mm × 1194mm　1/16
印　　张：16.5
字　　数：300 千字
定　　价：128.00 元

编撰委员会

目录 CONTENTS

第1章
岩溶的概念与分布

第一节　岩溶的概念

岩溶主要指水对可溶性岩石如碳酸盐岩（石灰岩、白云岩等）、硫酸盐岩（石膏、硬石膏等）和卤化物岩（岩盐）等的溶蚀作用，及其所形成的地表及与地下的各种景观与现象。

在岩溶发育过程中所发生的各种作用，都是以可溶岩被水溶解的作用为基础的，所以岩溶作用最本质的现象就是“岩石的溶解”，即是以地下水为主，地表水为辅；以化学过程（溶解与沉淀）为主，机械过程（流水侵蚀和沉积，重力崩塌和堆积）为辅的对可溶性岩石的破坏和改造作用。岩溶作用发生的条件，就岩石而言，必须是可溶的，水才能进行溶蚀。其次，岩石必须是渗水的，这样地表水才能转化为地下水，因为在岩溶过程中，地下水起着主导作用，才能形成作为岩溶标志的地下溶洞。就水而言，首先水必须具有溶蚀力，当水中含有 CO_2 时，溶蚀力便会增大，其次，水必须是流动的，因为停滞的水很快就变成了饱和溶液而失去了溶蚀力。因此岩石的可溶性、透水性，水的溶蚀性、流动性就成为岩溶作用的基本条件。

岩溶在国外称为 Karst（音译为喀斯特），Karst 是南斯拉夫西北部伊斯的利亚半岛的石灰岩高原的地名，19 世纪末，南斯拉夫学者司威杰（J.Cvijic）首先对该地区进行研究，并借用喀斯特一词作为石灰岩地区一系列作用过程的现象的总称。我国在描述或研究这种石灰岩地貌时，沿用这一专有名词，并音译为“喀斯特”。1966 年 3 月，在广西桂林召开的中国地质学第一次全国岩溶学术会议上，认为碳酸盐等可溶岩类（喀斯特）在我国广泛分布，且与群众生产生活及经济建设密切相关，而且用音译的“喀斯特”不易为群众所理解，通过百多位学术界人士的讨论，最后选用“岩溶”这一名称，并逐渐被国内学者及群众所接受，但在国外发表文章及外语交流中，仍沿用 Karst（喀斯特）。

第二节　全球岩溶分布

世界上岩溶地貌广泛分布。据专家测算，全球岩溶面积共有 510.0 万 km^2，占全球总面积的 10.0%，而陆地岩溶约有 210.0 万 km^2，占陆地总面积的 12.0%。由中国向西，经中东到地中海，分布着一条引人注目的碳酸盐岩带，并与大西洋西岸美国东部碳酸盐岩分布区相望。在这条全球性碳酸盐岩带上，发育了三大块分布集中的喀斯特区，即欧洲地中海沿岸、美国东部和中国西南岩溶区（东亚岩溶区）。具体地域包括中国西南地区（云贵高原、湘桂丘陵、青藏高原）和中南欧的阿尔卑斯山、法国中央高原、俄罗斯乌拉尔山地、北美洲东部的印第安纳州和肯塔基州、澳大利亚南部、越南北部以及西印度群岛的古巴、牙买加等地区，是全球的主要生态脆弱区域。在五大洲中，岩溶分布主要国家有欧洲的法国、德国、英国、爱尔兰、意大利、奥地利、俄罗斯、立陶宛、乌克兰、挪威、西班牙、南斯拉夫、斯洛文尼亚、波斯尼亚、阿尔巴尼亚、希腊、土耳其、瑞士、瑞典、匈牙利、捷克、波兰、罗马尼亚等；美洲的美国、加拿大、巴西、古巴、墨西哥、波多黎各等；亚洲的中国、日本、印度尼西亚、泰国、缅甸、新加坡、马来西亚、越南、柬埔寨、韩国、朝鲜、菲律宾、沙特阿拉伯、伊拉克、黎巴嫩等；非洲的阿尔及利亚、津巴布韦、赞比亚、埃及、马达加斯加等；以及大洋洲的澳大利亚、巴布亚新几内亚等国，都有各具特色的岩溶发育。

地中海沿岸岩溶区包括阿尔卑斯山、法国中央高原等，夏季干热，冬季温湿，水热条件不及热带，所以岩溶地貌发育不如热带典型。但地表和地下岩溶仍相当发育，以南斯拉夫喀斯特高原为代表，高原上有厚层的石灰岩，其上以溶斗、落水洞、溶蚀洼地、坡立谷、干谷和盲谷最为多见，也有少数河流切割高原，形成槽形峡谷。高原地面干旱，岩石裸露，呈现一片荒凉景色。美国东部岩溶位于肯塔基州中部至密西西比高原地区，面积在 2.5 万 km^2，主要是起伏不大的波状准平原，地下各种岩溶洞穴通道系统发育。此外，该区域的石膏和岩盐岩溶也有相当规模的发育。

中国西南岩溶区是指以我国云贵高原为中心的亚热带岩溶区，以其连续分布面积最大、发育类型最齐全、景观最秀丽和生态环境最脆弱而著称于世。

岩溶按出露条件可分为裸露型喀斯特岩溶、覆盖型岩溶、埋藏型岩溶；按气候带可分为：热带岩溶、亚热带岩溶、温带岩溶、寒带岩溶、干旱区岩溶；岩溶按可溶岩的物质构成可划分为碳酸盐岩类、硫酸盐岩类、氯化物岩类三大类。

根据资料对比研究表明，世界上（除中国外）的主要岩溶区，其分布最广的碳酸盐岩都比较年轻，如地中海沿岸及中欧、东欧是以中生界碳酸盐岩为主；而东南亚、澳大利亚中部的纳拉伯平原、巴黎盆地、美国东南各州及加勒比海岩溶区，则以第三系碳酸盐岩为主，但国外几个主要岩溶区的第三系碳酸盐岩的成岩程度较差，孔隙度较高。如美国佛罗里达，据取自地下 100 余米深处的钻孔岩心的新鲜第三系碳酸盐岩测试，其石灰岩的孔隙度为 16.0%，白云岩的孔隙度为 31% ～ 44%，白云质灰岩的孔隙度为 40%。东欧中生界碳酸盐岩的成岩程度也较差，如俄罗斯克里木地区的上侏罗统及下白垩统灰岩，孔隙度为 1.8% ～ 3.8%，抗压强度为 720 ～ 930kg/cm^2。

世界上具有不同生态地质环境背景的岩溶区，岩溶系统与人类活动相互作用的环境效应是极不相同的。例如世界岩溶分布的另外两个中心——地中海沿岸和拉丁美洲等地的新生界碳酸盐岩，孔隙度高达 16% ～ 44%，具有较好的持水性，新生代地壳抬升也较小，人口及社会经济压力相对较轻。所以，岩溶双层结构带来的环境负效应和石漠化问题都不很严重。

在气候条件与我国类似的东南亚、加勒比海地区，虽然也有峰林地形，但其形态因岩性较松软而远不如我国南方岩溶那样的高耸挺拔秀丽，通常表现为低矮、圆缓的馒头状峰林。岩性坚硬也为我国岩溶地区发育和保存丰富多彩的微小岩溶形态（溶痕、溶盘、边槽、贝窝）等提供了良好基础，它们常常是研究环境变迁，特别是古气候、古水文条件的直接证据，这在松软的碳酸盐岩表面是比较少见的。但是，国外在第三系松软灰岩表面，由于季风地区暴雨的迅速渗透、饱和、蒸发、沉积而产生的钙壳，在中国坚硬碳酸盐岩地区则较少见。

中国的岩溶分布地域有较大的环境跨度，且处于世界三大岩溶地貌集中分布区之一的东亚片区的中心地带，出露岩溶以西南地区面积最大，分布最集中。可溶岩以古老的、坚硬的碳酸盐岩为主，具有保存各种岩溶形态的良好基础，加上新生代以来地壳大幅度的上升，第四纪的最后一次冰期又没有遭受大陆冰盖的刨蚀，使得各个地质时期，特别是新生代以来发育的岩溶形态得以较好的保存，具有较大的、较连续的岩溶发育的历史记录。尤其是贵州锥状喀斯特地形，是全球锥状喀斯特地形中发育演化过程最完整、保存相关遗迹最丰富、集中连片分布面积最大和地貌景观最典型的地区。因而中国岩溶研究，以其一系列地域上的优势，而成为世界各国同行所瞩目。

第三节 中国岩溶分布

在中国，岩溶地貌发育的重要物质基础——可溶性盐岩（如石灰石、白云岩、石膏和岩盐等）广泛分布，由北纬3°的南海礁岛直到北纬48°的小兴安岭地区；由东经74°的帕米尔高原直到东经122°的台湾岛；由海拔8848m的珠穆朗玛峰直到东部海滨都有岩溶分布。各岩溶区纬度、海拔及其与海洋距离的差异，造成岩溶地区气候类型多样，岩溶地貌类型丰富多彩，岩溶结构成因类型之多，为世界罕见。中国大陆的碳酸盐岩，几乎分布于各个地质时代，除西藏地区有较多的侏罗、白垩系碳酸盐岩外，大多数是三叠系以前的古老坚硬的碳酸盐岩，尤以古生界的碳酸盐岩分布最广。我国碳酸盐岩沉积总厚度在10000m以上，分布面积广，在适宜的多种气候条件作用下，使我国成为世界上岩溶洞穴资源最为丰富的国家。

一、不同物质构成的岩溶分布状况

1. 碳酸盐岩类

中国按有碳酸盐岩分布区域的面积计（含埋藏在非可溶岩之下碳酸盐岩），可达346.0万km^2，占国土面积的1/3；按含碳酸盐岩地层出露的面积计，为206.0万km^2；按碳酸盐岩出露的面积计，约有91.0万km^2，其中我国西南部以云贵高原为中心，包括黔、滇、桂、湘、鄂、渝、川、粤8省区市的碳酸盐岩出露面积超过50.0万km^2。

中国碳酸盐岩主要是以碳酸钙（$CaCO_3$）为主的石灰岩、以及主要成分为碳酸钙（$CaCO_3$）和碳酸镁（$MgCO_3$）的白云岩，且酸不溶物含量较低，成分较纯，成土极为困难。在同一地区，碳酸盐岩的年代愈老，白云石含量愈高。碳酸盐岩按其成因可分为三大类：（1）各种成分的大理岩及结晶灰岩：主要是在变质作用过程中形成，常呈粒状变晶镶嵌结构。（2）白云岩：主要是在成岩后生阶段由于化学作用形成，常呈晶粒结构。（3）石灰岩：主要是浅海相碳酸盐台地沉积的碎屑成因或生物成因石灰岩，常呈泥晶结构，颗粒泥晶结晶，亮晶颗粒结构及生物结构。绝大部分石灰岩的孔隙度都小于2%，渗透率几乎等于零。白云岩的孔隙度大部分都小于4%，但比石灰岩要高，渗透率也相应较高。

我国碳酸盐岩的主要特点是碳酸岩分布相对集中、成分较纯、连续厚度大、分布稳定、年代老。主要集中分布于西南、华北和华南三大地块，厚度都在1000m以上，除了西藏地区有出露的侏罗－白垩系碳酸盐岩及南海诸岛有现代沉积的碳酸盐岩以外，大部地区都是三叠纪以前的碳酸盐岩。而岩石成岩后受到地壳强烈作用，碳酸盐岩又具有孔隙低、力学强度大的特点。

从空间变化规律看，中国东部从北方到南方，碳酸盐岩出露层位愈来愈新，华北地块主要是中上元古界和下古生界；杨子地块主要是古生界，而华南准地地块主要是上古生界，由于石灰岩连续型主要出露于较新的地层中，所以从岩性条件看，中国南方的岩溶发育条件比北方好。

2. 硫酸盐岩类

包括石膏、硬石膏和芒硝，产地遍布全国各地。自前寒武纪至第四纪都有产出，但主要产于第三纪、三叠纪、白垩纪、石炭纪和奥陶纪。主要分布在中南地区的湖南、西南地区的云南、贵州、四川以及西北地区的新疆的西部，青海、陕西等地。

3. 氯化物类

包括岩盐、光卤石等，主要形成于中、新生代，其中新生代岩盐产地占3/4以上，主要分布于西北地区，中生代岩盐产地主要分布于西南地区。

二、岩溶分布区域划分

参照《岩溶——奇峰异洞的世界》（卢耀如），结合我国岩溶分布实际状况及对区域生态环境的影响程度，我国岩溶区域一般可划分为以下几个区：

1. 西南岩溶地区

西南岩溶地区指以云贵高原为中心，包括贵州、广西、云南、湖南、四川、重庆、湖北及广东8个省（直辖市、自治区）的岩溶分布集中而又连成大片的地区，其中出露碳酸盐岩面积超过50.0万km^2。是我国岩溶地区基岩裸度最高、岩溶生态问题最突出的区域。该区域岩溶又以贵州、广西和云南东部地区面积分布最广、最集中，岩溶地貌特征最典型，岩溶景观最丰富，生态问题最严重；湘西、鄂西、川东南、渝南部及粤西北等地分布面积也较广，因气候、岩性等条件各地不同，岩溶发育程度差异较大。在近200万km^2的区域内，山区面积达65.0%，丘陵占20.0%左右，平原、大平坝及盆地为15.0%。本区域属亚热带—热带气候，雨量充沛（1000～2200mm），平均气温高（16～22℃），适合于岩溶发育。我国岩溶地貌景观最典型的桂林、石林、九寨沟和黄龙、黄果树等都分布于本区域。

2. 华北岩溶地区

包括阴山以南、贺兰山以东、秦岭－大别山及淮河与长江分水岭以北的广大地区，东临黄河、渤海。碳酸盐岩主要分布在太行山、太岳山、山西高原、吕梁山、鲁中南山地、燕山和北京市的西山地区等地带，该区域也是我国重要的岩溶分布区，其中裸露、半裸露岩溶面积达 40.0 余万平方千米，发育了我国北方典型的岩溶地貌类型。该区域年降雨量 400 ～ 800mm，年均气温为 4 ～ 12℃，属半干旱气候。

3. 东南岩溶地区

包括我国东南部的江苏、浙江、江西、上海、福建等省市。由于地质构造受太平洋板块运动的影响，以及多期火成岩侵入的结果，碳酸盐岩多呈破碎状散布。地表奇峰亦有发育，但以水流侵蚀性特征为显著。本区属北亚热带季风气候，年平均气温 15.0℃，降水量 1070.0mm 左右，适宜岩溶发育。

4. 东北岩溶地区

主要分布在辽东半岛金州－大连一带、太子河流域、小兴安岭小西林和辽宁本溪等地，因受海洋气候影响，由海蚀形成的岩柱和洞穴通道是该区域的一种独特岩溶景观，此外在三江平原及松辽盆地的深处也有碳酸盐岩分布。如辽宁本溪发育了可行船 2 公里的水洞；辽东半岛金州－大连一带海蚀形成的岩柱和洞穴通道等。该区域年降雨量 300 ～ 1200mm，年均气温为 4 ～ 8℃。

5. 蒙新岩溶地区

新疆至内蒙古一带的阿尔泰山、天山、昆仑山、祁连山和阴山等山脉，虽然也有不少碳酸盐岩分布，但因年降雨量 100 ～ 300mm，有的甚至只有 20 ～ 25mm，年平均气温 8 ～ 10℃，又受到风力侵蚀、冰水侵蚀等影响，山峰的溶蚀特征不鲜明。塔里木盆地、准噶尔盆地及内蒙古草原的地下数千米及万米深处也有大片的碳酸盐岩分布。

6. 青藏高原岩溶地区

青藏高原上既有碳酸盐岩的分布，又有硫酸盐岩及卤化物岩分布。其岩溶分布于海拔 4000m 以上的高寒高原上，是世界岩溶的一种特殊类型。因受冰雪侵蚀作用和水溶蚀作用而形成的山峰、残余峰林等，与温热地带、亚热带相比，有其自身的特征，具有高原岩溶的特殊性。在青藏高原上，残余峰林分布甚广，东起昌都地区邦达，西至日土县和班公湖，北起昆仑山，南至喜马拉雅山北麓。分布在安多县北山的峰林海拔达 5100m，是目前世界上已知的海拔最高的热带残余峰林。现代岩溶主要是河谷旁的小溶洞（海拔通常在 4400 ～ 4600m，西藏东部江达以东 <海拔 4000m 左右>），穿洞、天然桥和溶洞甚多。青藏高原年降雨量 25 ～ 400mm，年平均气温 2 ～ 12℃。柴达木盆地下部隐伏着硫酸岩。

7. 台、琼及南海诸岛

台湾岛、海南岛及南海诸岛和我国海域内，也有碳酸盐岩分布。台湾中央山脉有大理岩石，太鲁阁一带尚有热液作用的洞穴及热矿水，垦丁一带有珊瑚礁灰岩，已抬升至高处的礁灰岩中，有洞穴发育，也有岩溶塌陷现象。海南岛的碳酸盐岩岩溶有尖棱的溶蚀痕迹，是热带岩溶的一种奇特现象。在我国海域内，有很多第三系以前（几千万年前）沉积的碳酸盐岩，沉降于海底下数千米处，这些碳酸盐岩，也有古的岩溶景观与洞穴通道系统，成为生成或富集油气的场所。

我国西南岩溶地区因地质构造独特、山高坡陡、高温多雨、降水分布不均、岩溶地貌发育最充分、是世界岩溶发育的典型代表。加之人口密集、人为干扰超过岩溶土地的承载压力、生态环境问题日趋突出，已成为我国目前三大生态问题之一，已引起党中央和国务院的高度重视。

第2章 西南八省岩溶地区石漠化现状

第一节　石漠化土地现状

截止2011年底，西南八省岩溶地区有石漠化土地总面积1200.2万hm^2，为岩溶地区岩溶土地面积的26.5%，为岩溶地区国土面积的11.2%，涉及湖南、湖北、广东、广西、重庆、四川、贵州和云南8个省（自治区、直辖市）455个县5575个乡。

一、石漠化土地分布状况

（一）各省石漠化土地状况

西南岩溶地区八省以贵州省石漠化土地面积最大，为302.4万hm^2，占石漠化土地总面积的25.2%，以下依次为云南、广西、湖南、湖北、重庆、四川和广东石漠化土地面积分别为284.0万hm^2、192.6万hm^2、143.1万hm^2、109.1万hm^2、89.5万hm^2、73.2万hm^{2}和6.4万hm^2，分别占石漠化土地面积的23.7%、16.0%、11.9%、9.1%、7.5%、6.1%和0.5%。其中，贵州、云南和广西三省石漠化土地总面积为779.0万hm^2，占石漠化土地面积64.9%。

（二）各流域石漠化状况

长江流域石漠化土地面积最大，为695.6万hm^2，占石漠化土地总面积的58.0%。其它依次为珠江流域、红河流域、怒江流域、澜沧江流域，分别占35.5%、4.8%、1.2%、0.5%。其中：

长江流域中，以洞庭湖流域石漠化土地面积最大，占本流域石漠化土地面积的27.2%。珠江流域中，以南北盘江流域石漠化土地面积最大，占本流域的42.5%。红河流域中，以盘龙江流域石漠化土地面积最大，占本流域的92.5%。怒江流域中，以怒江勐古以下流域石漠化土地面积最大，占本流域的79.0%。澜沧江流域中，以沘江口以下流域石漠化土地面积最大，占本流域的89.1%。

（三）各土地利用类型石漠化土地状况

发生在乔灌木林地上的石漠化土地面积为617.3万hm^2，占石漠化土地总面积的51.5%，乔木林地与灌木林地上的石漠化土地比例为35 ：65，灌木林是石漠化区域的主要植被类型。

发生在耕地上的石漠化土地面积占22.9%，均发生在坡耕旱地上；发生在草地上的石漠化土地面积占1.4%，主要发生在天然草地上；发生在未利用地上的石漠化土地面积占7.6%。

表4–1　不同土地利用类型石漠化土地面积统计表　单位：hm^2

统计单位	合计		乔灌林地		其他林地		耕地		草地		未利用地	
	面积	%	面积	%	面积	%	面积	%	面积	%	面积	%
合计	12002348.5	100.0	6172673.6	51.5	1994226.9	16.6	2749747.4	22.9	171310.2	1.4	914390.4	7.6
湖北	1090857.2	100.0	763685.5	70.0	130064.0	11.9	181182.5	16.6	3017.9	0.3	12907.3	1.2
湖南	1430714.6	100.0	919977.9	64.3	350213.4	24.5	123133.6	8.6	1425.4	0.1	35964.3	2.5
广东	63811.0	100.0	25187.1	39.5	17410.1	27.3	9471.7	14.8	249.8	0.4	11492.3	18.0
广西	1926224.8	100.0	1416697.2	73.6	92633.5	4.8	138651.8	7.2	5712.1	0.3	272530.2	14.1
重庆	895306.1	100.0	349835.9	39.1	223809.3	25.0	227820.9	25.4	3348.2	0.4	90491.8	10.1
四川	731926.3	100.0	254620.4	34.8	71901.5	9.8	222838.7	30.4	72394.7	9.9	110171.0	15.1
贵州	3023757.2	100.0	1174126.7	38.8	574883.7	19.0	1151099.4	38.1	58031.0	1.9	65616.4	2.2
云南	2839751.3	100.0	1268542.9	44.6	533311.4	18.8	695548.8	24.5	27131.1	1.0	315217.1	11.1

二、石漠化程度状况

在石漠化土地中，轻度石漠化土地面积为431.5万hm^2，占石漠化土地总面积的36.0%；中度石漠化土地面积为518.9万hm^2，占43.1%；重度石漠化土地面积为217.8万hm^2，占18.2%；极重度石漠化土地面积32.0万hm^2，占2.7%。

岩溶地区石漠化土地以中、轻度石漠化为主，重度石漠化土地次之，极重度石漠化土地面积最少，比例最低。

（一）各省石漠化程度状况

监测区内以广东、广西重度石漠化土地比重最高。其中，广西重度石漠化土地面积为99.9万hm^2，占全省石漠化土地总面积的51.8%；广东中度、重度石漠化土地面积为5.0万hm^2，占全省石漠化土地总面积的79.0%。

其他省区主要以轻度、中度石漠化土地为主，其中，湖北省轻度、中度石漠化土地合计比重达90.3%。

表4–2　各省石漠化土地分程度统计表　单位：hm^2

监测单位	小计		轻度石漠化		中度石漠化		重度石漠化		极重度石漠化	
	面积	%	面积	%	面积	%	面积	%	面积	%
合计	12002348.5	100.0	4315305.4	36.0	5188521.0	43.2	2178601.2	18.1	319920.9	2.7
湖北	1090857.2	100.0	504501.8	46.2	480303.1	44.1	94110.7	8.6	11941.6	1.1
湖南	1430714.6	100.0	579489.2	40.5	584493.3	40.8	225365.3	15.8	41366.8	2.9
广东	63811.0	100.0	12836.3	20.1	25030.9	39.2	25390.0	39.8	553.8	0.9
广西	1926224.8	100.0	275056.5	14.3	566661.7	29.4	998676.6	51.8	85830.0	4.5
重庆	895306.1	100.0	331230.8	37.0	472467.4	52.7	80292.7	9.0	11315.2	1.3
四川	731926.3	100.0	177120.4	24.2	404334.9	55.3	127422.2	17.4	23048.8	3.1
贵州	3023757.2	100.0	1061074.2	35.1	1535491.9	50.8	377355.6	12.5	49835.5	1.6
云南	2839751.3	100.0	1373996.2	48.4	1119737.8	39.4	249988.1	8.8	96029.2	3.4

（二）各流域石漠化程度状况

长江流域以中度、轻度石漠化土地为主，面积为602.7万hm^2，占该流域石漠化土地面积的86.7%；珠江流域以中度、重度石漠化为主，占68.8%；红河流域以轻度、中度石漠化为主，占86.3%；怒江流域以轻度为主，占53.3%；澜沧江流域以中度为主，占59.1%。

表4–3　不同流域石漠化土地分程度统计表　单位：hm^2

流域	合计	轻度石漠化	中度石漠化	重度石漠化	极重度石漠化
合计	12002348.5	4315305.4	5188521.0	2178601.2	319920.9
长江流域	6956285.2	2789922.8	3237351.0	763756.4	165255.0
珠江流域	4261607.3	1179723.4	1604100.4	1328466.9	149316.6
红河流域	570278.9	246904.7	245219.0	73399.2	4756.0
怒江流域	147177.0	78379.0	62271.4	6376.4	150.2
澜沧江流域	67000.1	20375.5	39579.2	6602.3	443.1

（三）各土地利用类型石漠化程度状况

发生在乔灌木林地上的石漠化土地以轻度、中度为主，占乔灌木林地上的石漠化土地面积的 82.3%；发生在耕地上的石漠化以中度为主，占 71.7%；发生在草地上石漠化以中度石漠化为主，占 56.5%；发生在未利用地上石漠化以重度石漠化为主，占 43.5%；发生在其他林地上石漠化以轻度、中度石漠化为主，占 82.4%。

表 4–4　不同土地利用类型石漠化土地分程度统计表　单位：hm^2

项目	合计		乔灌林地		其他林地		耕地		草地		未利用地	
	面积	%	面积	%	面积	%	面积	%	面积	%	面积	%
合计	12002348.5	100.0	6172673.6	51.5	1994226.9	16.6	2749747.4	22.9	171310.2	1.4	914390.4	7.6
轻度	4315305.4	100.0	3050328.7	70.6	790390.8	18.3	395051.2	9.2	32543.6	0.8	46991.1	1.1
中度	5188521.0	100.0	2033642.0	39.2	853349.9	16.4	1972390.9	38.0	96871.8	1.9	232266.4	4.5
重度	2178601.2	100.0	1088702.9	50.0	295185.0	13.5	363849.6	16.7	33144.1	1.5	397719.6	18.3
极重度	319920.9	100.0	0.0	0.0	55301.2	17.3	18455.7	5.8	8750.7	2.7	237413.3	74.2

三、石漠化土地的植被类型状况

石漠化土地上的植被类型以灌木型为主，面积为 435.3 万 hm^2，占石漠化土地总面积的 36.3%；乔木型次之，面积为 296.7 万 hm^2，占 24.8%；草丛型面积 158.9 万 hm^2，占 13.3%；旱地作物型面积 275.4 万 hm^2，占 22.9%；无植被型面积 33.9 万 hm^2，占 2.8%。

表 4–5　不同植被类型石漠化土地分程度统计表　单位：hm^2

项目	合计		轻度石漠化		中度石漠化		重度石漠化		极重度石漠化	
	面积	%	面积	%	面积	%	面积	%	面积	%
合计	12002348.5	100.0	4315305.4	100.0	5188521.0	100.0	2178601.2	100.0	319920.9	100.0
乔木型	2971274.3	24.8	1986486.0	46.0	809027.0	15.6	168638.3	7.7	7123.0	2.2
灌木型	4352740.5	36.3	1678326.9	38.9	1604439.6	30.9	1063255.5	48.8	6718.5	2.1
草丛型	1589452.3	13.3	255441.3	5.9	770082.3	14.9	469407.8	21.6	94520.9	29.5
旱地作物型	2749747.4	22.9	395051.2	9.2	1972390.9	38.0	363849.6	16.7	18455.7	5.8
无植被型	339134.0	2.8	0.0	0.0	32581.2	0.6	113450.0	5.2	193102.8	60.4

第二节　潜在石漠化土地现状

潜在石漠化是指基岩为碳酸盐岩类，岩石裸露度（或砾石含量）在 30% 以上，土壤侵蚀不明显，植被覆盖较好（森林为主的乔灌盖度达到 50% 以上，草本为主的植被综合盖度 70% 以上）或已梯土化，但如遇不合理的人为活动干扰，极有可能演变为石漠化土地。

截至 2011 年底，西南岩溶地区八省有潜在石漠化土地面积 1331.8 万 hm^2，为岩溶地区岩溶土地面积的 29.4%，为岩溶地区国土面积的 12.4%，涉及湖南、湖北、广东、广西、重庆、四川、贵州和云南 8 个省（自治区、直辖市）463 个县 5609 个乡。

一、各省潜在石漠化土地状况

西南岩溶地区八省以贵州潜在石漠化土地面积最大，为 325.6 万 hm^2，占潜在石漠化土地总面积的 24.5%，以下依次为湖北、广西、云南、湖南、重庆、四川和广东，分别占潜在石漠化土地总面积的 17.9%、17.2%、13.3%、11.7%、6.5%、5.8% 和 3.1%。

二、各流域潜在石漠化土地状况

潜在石漠化土地以长江流域面积最大，为 870.7 万 hm^2，占潜在石漠化总面积的 65.4%。其它依次为珠江流域、红河流域、澜沧江流域、怒江流域，分别占 30.5%、2.0%、1.1%、1.0%。

长江流域中，以洞庭湖水系潜在石漠化土地面积最大，占该流域潜在石漠化土地面积的 24.8%；珠江流域中，以红柳江流域潜在石漠化土地面积最大，占该流域潜在石漠化土地面积的 43.7%；红河流域中，以盘龙江流域潜在石漠化土地面积最大，占该流域潜在石漠化土地面积的 84.0%；澜沧江流域中，以沘江口以下区域石漠化土地面积最大，占该流域潜在石漠化土地面积的 98.2%；怒江流域中，以怒江勐古以下区域潜在石漠化土地面积最大，占该流域潜在石漠化土地面积的 75.3%。

三、各土地利用类型潜在石漠化土地状况

从土地利用类型看，发生在乔灌木林地上的潜在石漠化土地面积 1272.1 万 hm^2，占潜在石漠化土地总面积的 95.6%，其中发生在有林地上的潜在石漠化土地面积 774.3 万 hm^2，占发生在乔灌木林地上潜在石漠化土地面积的 60.9%；发生在灌木林地上的潜在石漠化土地面积 497.8 万 hm^2，占发生在乔灌木林地上潜在石漠化土地面积的 39.1%，潜在石漠化土地上以乔木林地为主。

发生在耕地上的潜在石漠化土地面积 53.9 万 hm^2，占 4.0%，均为梯土化旱地。

发生在草地上的潜在石漠化土地面积 5.8 万 hm^2，占 0.4%，主要发生在天然草地上。

表 4–6　不同土地利用类型潜在石漠化土地统计表　单位：hm^2

监测单位	小计		乔灌木林地		耕地		牧草地	
	面积	%	面积	%	面积	%	面积	%
合计	13317523.6	100.0	12720652.3	95.6	539141.6	4.0	57729.7	0.4
湖北	2377896.9	100.0	2327759.9	97.9	49158.2	2.1	978.8	0.0
湖南	1564142.0	100.0	1558486.2	99.6	4326.7	0.3	1329.1	0.1
广东	415003.8	100.0	413205.9	99.6	1338.9	0.3	459.0	0.1
广西	2293597.0	100.0	2252759.2	98.3	37583.7	1.6	3254.1	0.1
重庆	871480.5	100.0	858044.8	98.5	12539.9	1.4	895.8	0.1
四川	768797.1	100.0	748497.0	97.4	13372.9	1.7	6927.2	0.9
贵州	3255580.4	100.0	2882853.2	88.5	331186.2	10.2	41541.0	1.3
云南	1771025.9	100.0	1679046.1	94.8	89635.1	5.1	2344.7	0.1

四、潜在石漠化土地的植被类型状况

潜在石漠化土地上植被类型以乔木型为主，其它按其所占比重依次为灌木林型、旱地作物型和草丛型。其中：乔木型面积 774.3 万 hm^2，占潜在石漠化土地面积的 58.1%；灌木型面积 497.8 万 hm^2，占潜在石漠化土地面积的 37.4%；旱地作物型面积为 53.9 万 hm^2，占潜在石漠化土地面积的 4%；草丛型面积为 5.8 万 hm^2，占潜在石漠化土地面积的 0.5%。

第3章 石漠化地区植被恢复物种选择

石漠化治理主要实施林草植被为主的生态恢复与重建，而最重要、最关键的技术措施就是造林树种的选择，树种选择正确与否决定着石漠化治理的成败。

岩溶地区具有特殊的地质环境，因而其立地分类系统具有其特殊性。立地分类应根据岩溶地貌和湿热气候、碳酸盐岩、地形坡度和土被的连续性因子划分不同的立地层次类型。

造林树种选择首先坚持适地适树的原则，尽量选择原生性的乡土树种，满足物种的多样性，采用乔灌草相搭配，实现生态与经济效益兼顾，符合定向培育的目标。并具有忍耐土壤周期干旱和热量变幅悬殊；根系特别发达忍耐瘠薄土壤；成活容易、生长迅速和较强的萌芽更新能力；且适宜于中性偏碱性和喜钙质土壤生长等特性。

根据石漠化土地的生境状况及造林树种选择原则，选择适宜于石漠化土地生长的乔木树种近100种，灌木树种50余种及草本植物30余种。同时根据我国石漠化土地分布特点、行政区划、地带性气候、大地貌特征、主要江河分布及岩溶中地貌特点，将石漠化区域区划为4个一级区划单位和14个二级区划单位。根据二级区划单位的石漠化状况与区域自然条件，推荐了适宜于各二级区划单位范围内的适宜造林树种，为科学地进行生态恢复与重建打下了坚实基础。

第一节　西南岩溶地区的环境地质特点和立地分类

一、西南岩溶地区环境地质的主要特点

（一）具有地上、地下双层空间结构

强烈的岩溶作用，既形成了地表岩溶系统，又形成了地下洞穴和空隙系统，构成了双层空间结构。由于地下空间的存在，岩溶地下水主要以地下河的形式贮存和运动，西南地区仅滇、黔、桂、湘、川5省区就有2836条地下河，总流量达1482.0m^3/s，总长度13919.0km。这使地表水与地下水转化频繁，并且岩溶地下水空间分布不均，使得岩溶水资源分布状况和开发利用条件不容易查明，岩溶地下水资源丰富开发的地质依据不足。地下空间的存在导致西南岩溶区岩溶干旱、岩溶塌陷频繁、地下水污染严重等特殊的环境地质问题。

（二）岩溶水系统小型分散

由于受地层、构造和岩溶地貌的控制，岩溶水文地质系统具有小型、分散的特点，地下河平均流域面积为160.0km^2，很多泉域系统还不足1.0km^2。这就造成了复杂的环境多样化的立地条件。

（三）区域岩溶地貌类型多样

主要的宏观地貌组合形态有峰丛洼地、峰丛谷地、峰林谷地、峰林平原、岩溶盆地、岩溶峡谷、岩溶槽谷、岩溶丘陵等，除了宏观地貌之外，石林、溶痕、溶沟、溶隙、溶孔、溶洞、石牙等岩溶微形态也非常发育，并且地区差异大，“十里不同天”就是对岩溶石山地区地貌的写照。

（四）富钙的生态环境

碳酸盐岩的溶蚀，使整个地区的环境包括土、水、植物等富钙（镁），并偏碱性。在这样一个富钙（镁）、缺水、缺土的环境里，致使岩溶植被具有旱生性、石山性和喜钙性的特点。

二、立地分类

对于岩溶地区的立地分类虽有所研究，但尚缺乏系统成果。笔者认为分析石漠化土

地立地条件是保证造林的可行性、成活率和林木的生长情况。因岩溶地区耕地不足，居民贫困，所以还要考虑某些立地对经济果树、药材品质的影响。根据我国立地分类的相关要求及分类经验，岩溶地区石漠化土地立地分类重点要考虑以下因子。

首先是地貌、气候因子。这是立地分区的主导因子，制约环境的水热条件。西南岩溶区可分为 7 类：亚热带高山高原区，亚热带斜坡低山区，干热河谷区，亚热带峰丛山区，亚热带丘陵平原区，热带峰丛山区，热带丘陵平原区。

其次是岩石因子。主要可分为纯碳酸盐岩和不纯碳酸盐岩两类，二者对土壤条件和植物的营养供应状况有很大影响，进而影响植物物种的选择和造林的经营管理。

第三是地形坡度。影响土体分布状况、基岩裸露率、造林施工的困难程度，一定程度上决定着自然植被恢复的方式。35° 以上地区，环境非常脆弱，水土流失严重，植被生长困难，造林难度很大，封山可能效果更好。35° 以下才是造林的重要区域。

第四是土体连续性。其反映值为基岩裸露率，决定了立地在造林和自然植被恢复方面的可能程度。可分为 4 类：石漠化（岩石裸露率大于 70%）、零星土（岩石裸露率 50% ～ 70%）、半连续土（岩石裸露率 30% ～ 50%）、连续土（岩石裸露率小于 30%）。

第二节　石漠化土地植被人工恢复物种选择原则

石漠化造林树种选择应坚持适地适树的原则，尽量选择原生性的乡土树种，满足物种的多样性，采用乔灌草相搭配，实现生态与经济效益兼顾，符合定向培育的目标。具体应遵守以下原则：

一、原生性、乡土树种原则

石漠化土地造林树种选择优先考虑原生性群落中的种类，以乡土树种为主，尤其以常绿阔叶的乔灌木树种为主。对于引进造林树种必须开展引种试验栽培，表现稳定且对当地物种不构成威胁时，才能进行推广。

二、多样性原则

树种选择应仿照原生性群落种类组成，坚持乔、灌、草相结合，合理配置，多物种生态恢复与重建，形成复层异龄的多物种稳定生物群落。

三、定向性原则

所选造林树种必须符合定向培育的生产经营目的，实现效益最大化。

四、地带性原则

根据区域的气候、地形地貌、立地状况及社会经济条件，遵循适地适树的原则，选择合理的地带性适生造林树种。

五、生态适应性原则

选择造林树种应具有耐干旱瘠薄、喜钙、萌蘖性强、分布广、抗寒抗旱能力强等特性。

六、生态与经济效益兼顾原则

造林树种选择以生态树种为主，适当考虑经济树种，实现水土保持的基础上，尽可能发挥土地的经济生产能力。

第三节　植被人工恢复物种选择

一、选择的具体要求

（1）能忍耐土壤周期干旱和热量变幅悬殊。具体来说，在幼苗期间，既能在土壤潮湿环境下生长，亦能抵抗土壤短期干旱的影响；既能在温差小的环境下生长，亦能在夏日炎热天气、日夜温差较大的条件下不致受到灼伤或死亡。同时，在高温、干旱影响作用下，亦能照常进行生理活动。

（2）要求根系特别发达，具有耐瘠薄土壤能力。主根在岩缝中穿透能力强，更为重要的是侧根、支根等向水平方向发展能力强，即在岩隙缝间的趋水趋肥性显著，须根发达，具有较强的保水固土作用，且能充分分解和吸收利用土壤中的养分。

（3）成活容易，生长迅速，能够短时期郁闭成林或显著增加地表盖度。

（4）具有较强的萌芽更新能力，便于天然更新，提高抗外界干扰能力。

（5）适宜于中性偏碱性和喜钙质土壤生长的树种。

二、石漠化分区

根据我国石漠化土地分布特点、行政区划、地带性气候、大地貌特征、主要江河分布及岩溶中地貌特点，将我国西南地区石漠化区域区划为4个一级区划单位和14个二级区划单位。区划情况详见表。

三、分区简述与植被人工恢复物种选择

（一）两广热带、南亚热带区（Ⅰ）

该区处于南方岩溶地区的南部，以低山与丘陵为主，海拔一般低于2000m，属热带、南亚热带气候类型，其中以南亚热带季风气候和海洋性气候较为明显，年均气温18～25℃，年降水量1200mm以上，具有暖热湿润、多雨冬短、持续性降雨及暴雨多的特点。

表 3-1　西南石漠化区域区划体系

一级区	二级区
Ⅰ、两广热带、南亚热带区	Ⅰ-1 粤西、北岩溶丘陵区
	Ⅰ-2 桂西岩溶丘陵区
	Ⅰ-3 桂中、桂东北岩溶低山区
Ⅱ、云贵高原亚热带区	Ⅱ-1 长江水系乌江流域黔西区
	Ⅱ-2 长江水系黔东、黔中、黔东南岩溶区
	Ⅱ-3 长江水系黔西北、东北岩溶区
	Ⅱ-4 珠江水系南北盘江等黔南岩溶区
	Ⅱ-5 滇东、滇东南高原岩溶区
	Ⅱ-6 滇西、滇西北高山峡谷岩溶区
Ⅲ、湘鄂中、低山丘陵中亚热带区	Ⅲ-1 湘西岩溶中、低山区
	Ⅲ-2 湘南、湘中岩溶丘陵区
	Ⅲ-3 鄂西、鄂东南岩溶中低山区
Ⅳ、川渝鄂北亚热带区	Ⅳ-1 川东南岩溶山地
	Ⅳ-2 渝东、鄂北山地丘陵区

区域内岩溶土地面积超 900 万 hm^2，有石漠化土地面积 246.0 万 hm^2，主要集中在广西区，如红水河流域、南盘江、黔江、浔江流域，生态区位重要。当前存在的主要问题：石漠化土地面积大、危害重，且集中分布在经济相对落后的区域；区域内以中度、重度石漠化为主，治理难度大、投资高。

1. 粤西、北岩溶丘陵区

该区域属热带、南亚热带，年均降雨量在 1200mm 以上，年均气温在 22℃左右，以低山与丘陵为主，主要包括广东西北部的韶关市、清远市、云浮市、肇庆市等，共涉及 19 个县级单位。

石漠化土地面积不大，占全国比重也较低，但基岩裸露率较高，且主要分布在珠江下游连江、北江等区域，生态区位极其重要，且严重影响生态景观，对广东生态省的建设和珠江三角洲乃至港澳地区的社会经济发展构成巨大危险。

主要造林树种有广东松、木荷、赤桉、杜鹃、八角、台湾相思、任豆、菜豆树、光皮树、阴香、柏木、翅荚香槐、枳椇、香椿、南酸枣、川桂、吊丝竹、绵竹等。

2. 桂西岩溶丘陵区

此区域属热带、南亚热带地区，年均降雨量在 1200mm 以上，平均气温在 22℃左右，冬季温和，无降雪，以低山与丘陵为主，主要包括广西的南宁市、崇左市、北海市、百色市的西部、南部等。

石漠化土地面积大，是广西石漠化的主要分布区域，主要集中分布在珠江（左江）上游的红水河、浔江及南盘江流域，基岩裸率较高，水土流失严重，重度、极重度石漠化土地比重高，对南宁和珠江三角洲地区的稳定与发展构成威胁。

主要造林树（草）种有顶果木、肥牛树、降香黄檀、狗骨木、银合欢、云南石梓、任豆、香椿、台湾相思、马占相思、赤桉、喜树、山葡萄、八角、金银花、木豆、猕猴桃、竹子（吊丝竹、慈竹）、砂仁等。

3. 桂中、桂东北岩溶低山区

此区域属南亚热带区，高温多雨，年均降雨量在 1000mm 以上，其中降雨主要集中在 4 ～ 8 月，并易造成暴雨；平均气温在 18℃左右；以低山为主，主要包括广西的桂林、柳州、来宾、河池等市。

该区域石漠化土地面积较广，潜在石漠化土地面积比重较大，水土流失较严重，是广西较贫困的地区之一。

主要造林树（草）种有任豆、香椿、苏木、喜树、山葡萄、木豆、柏木、杜仲、木豆、黄栀子、五倍子、核桃、李子、枇杷、柿树、白藤、苦丁茶、金银花、猕猴桃、山黄皮、象草、香根草、吊丝竹、慈竹等。

（二）云贵高原亚热带区（Ⅱ）

该区属中亚热带温暖湿润的气候类型和南亚热带气候类型，年均降雨量在 800 ～ 1200mm，其中降雨主要集中在 5 ～ 10 月，并易造成暴雨，年均气温在 10 ～ 18℃左右。该区域属山地高原地貌，山高坡陡，河谷深切。主要包括贵州和云南，是南方岩溶地区的核心区域，岩溶面积超过 2000.0 万 hm^2，岩溶地貌类型最齐全，分布连续。石漠化土地面积大，分布广，程度深，危害严重，达 620.0 万 hm^2，主要分布在五大江河的上游，生态区位极其重要。当前存在的主要问题：石漠化土地面积大，危害严重，扩展速度快；经济相当落后，地方财力有限；人口密度大，人均耕地少，陡坡耕种突出。

1. 长江水系乌江流域黔西区

该区属中亚热带区，为山原山地、高原丘陵地貌，海拔 1600 ～ 2400m；气候具有冬长夏短，夏湿春干，雨季与旱季明显的特征；年均气温 10.6 ～ 15.2℃，年降雨量 1000 ～ 1200mm，70% 集中在 5 ～ 10 月；主要包括贵州省毕节地区的威宁、赫章、纳雍、毕节、大方，六盘水市的水城、盘县、六枝及兴义等县市，为乌江、北盘江的上游，地势高亢，山高坡陡，河谷深切。

该区域是多条江河的源头，石漠化土地面积较大，且程度较深，是需治理的重点区域；但当地农民文化素质偏低，生态意识薄弱，经济贫困。

主要造林树（草）种有：滇柏、柏木、藏柏、福建柏、马尾松、泡桐、梓木、滇楸、麻栎、栓皮栎、女贞、臭椿、刺槐、苦楝、化香、喜树、云贵鹅耳枥、猴樟、椤木石楠、香叶树、复羽叶栾树、黔竹、桤木、杜仲、黄柏、花椒、核桃、乌柏、漆、桑、棕榈、油桐、盐肤木、梨、桃、五倍子、刺梨、紫穗槐、金银花、火棘、龙须草等。

2. 长江水系黔东、黔东南区

该区处于贵州高原的东部与东南部向湘西丘陵过渡的斜坡地带，以低山丘陵为主，属典型的中亚热带温暖湿润的气候类型，冬寒不剧，夏季不热，年均气温 14 ～ 17℃，年降雨量 1000 ～ 1300mm，3 ～ 5 月降雨量占年降雨量的 35% 左右，全区林业相对较发达，主要包括贵州省黔东南州和铜仁地区。

该区石漠化土地分布相对较零散，面积比重小，石漠化危害不太突出，但潜在石漠化比重大，经济欠发达，是需要进行预防的重点区域。

主要造林树（草）种有：滇柏、福建柏、柏木、马尾松、华山松、滇楸、楞树、光皮桦、麻栎、栓皮栎、女贞、臭椿、刺槐、苦楝、喜树、猴樟、椤木石楠、香叶树、黔竹、桤木、杜仲、黄柏、花椒、核桃、乌柏、漆、桑、棕榈、盐肤木、刺梨、紫穗槐、金银花、火棘、龙须草、蓑衣草等。

3. 长江水系黔西北、东北岩溶区

该区地处贵州平原向四川盆地过渡的斜坡地带，年均气温 13 ～ 18℃，年降雨量 1100 ～ 1300mm，属中亚热带气候类型；主要属山地和丘陵区；包括贵州的赤水、习水，遵义市的桐梓、务川、仁怀、道真、绥阳、遵义等县市。

该区地处乌江的中上游，是长江流域石漠化最严重的区域，也是我国目前水土流失最严重的区域之一，直接危及到乌江电站及长江三峡水库的安全，且该区的经济和文化均相对落后。

主要造林树（草）种有：滇柏、柏木、藏柏、华山松、青桐、滇楸、响叶杨、麻栎、白栎、栓皮栎、女贞、臭椿、刺槐、云贵鹅耳枥、猴樟、椤木石楠、香叶树、复羽叶栾树、黔竹、慈竹、杜仲、黄柏、花椒、核桃、乌柏、川桂、漆、桑、棕榈、盐肤木、刺梨、紫穗槐、金银花、火棘、龙须草、方竹等。

4. 珠江水系南北盘江等黔南岩溶区

该区是贵州高原向广西丘陵过渡的斜坡地带，全区以低中山河谷地貌为主，河流侵蚀切割较强，河谷发育，山高坡陡，水土流失非常严重。由于受河谷地带和印度洋季风及太平洋东南季风的影响，冬暖夏热，冬春干旱。年均气温 18 ～ 20℃，年降雨量 1100 ～ 1300mm，局部河谷蒸发量大于降雨量。范围主要包括贵州省贵阳市、黔南州、黔西南州、安顺市的部分县市。

该区是西南岩溶地区中岩石裸露率高、石漠化土地面积大，且集中成片分布；石漠化程度深，石漠化危害最突出的地域之一，属全国石漠化土地重点治理区，且经济文化和交通状况欠发达，森林植被覆盖率较低。

主要造林树（草）种有：马尾松、华山松、云南松、滇柏、柏木、藏柏、高山松、青桐、梓木、滇楸、光皮桦、麻栎、白栎、栓皮栎、女贞、臭椿、刺槐、苦楝、云贵鹅耳枥、猴樟、楔木石楠、香叶树、复羽叶栾树、黔竹、杜仲、黄柏、花椒、核桃、乌桕、漆、桑、棕榈、油桐、盐肤木、梨、桃、车桑子、刺梨、紫穗槐、砂仁、金银花、火棘、龙须草、皇竹草等。

5. 滇东、滇东南高原岩溶区

该区属于南亚热带和中亚热带气候类型，气候温和，雨量充沛，但分配不均，主要集中在5～10月；属溶岩与丘峰地貌景观，石林发育强烈，形成了举世闻名的昆明石林；主要包括云南省的文山州、红河州、曲靖市、昆明市、玉溪市、昭通地区的部分县市。

该区是我国珠江（南盘江）、红水河的发源地，生态区位非常重要，且石漠化土地面积较大，程度较深，水土流失非常严重；该区域属少数民族聚居区，经济欠发达，如云南石漠化最严重的地区——文山州，8个县全为国家贫困县。

主要造林树（草）种有：墨西哥柏、滇柏、圆柏、藏柏、柳杉、冲天柏、滇合欢、昆明朴、漆树、云南樟、无患子、桉树、青桐、新银合欢、枫杨、滇楸、滇青冈、光皮桦、川滇桤木、任豆、麻栎、白栎、栓皮栎、女贞、臭椿、刺槐、苦楝、川楝、茚楝、云贵鹅耳枥、楔木石楠、圣诞树、羽叶楸、黑荆树、膏桐、高山栲、花红李、石榴、银杏、板栗、杜仲、黄柏、花椒、核桃、乌桕、油桐、滇榛、漆、桑、棕榈、盐肤木、余甘子、柑橘、清香木、车桑子、刺梨、紫穗槐、金银花、火棘、白花刺、苦刺、马桑、三叶豆、棕榈、白千层、青刺尖、黄荆、地盘松、龙须草、云实果、黑麦草、雀麦、紫云英、拟金茅等。

6. 滇西、滇西北高山峡谷区

该区位于云南省西部、西北部，属于中、北亚热带气候类型，以中、高山为主，江河切割深，气候类型垂直现象明显，出现“一山有四季”的景象，是金沙江、澜沧江、怒江中上游。包括澜沧江以东的云南省的迪庆州、丽江市、保山市、临沧州和大理州的香格里拉、德钦、维西、丽江、华坪、宁蒗、鹤庆、保山、施甸、永德、镇康、耿马、沧源等县。

该区山高谷深、峰峦叠障、高差悬殊、立体气候明显，生态环境复杂，经济较为落后，人民生活普遍贫困，但人口密度较低，人为活动影响较少。

主要造林树（草）种有：云南松、华山松、麻栎、栓皮栎、高山栎、高山栲、漆树、清香木、无患子、新银合欢、川楝、刺槐、黑荆树、香椿、旱冬瓜、云南樟、花楸树、桦树、马桑、花椒、青刺尖、油桐、云南黄杞、相思树、胡枝子、车桑子、马桑、余甘子、棕榈、香叶树、任豆、青刺尖、膏桐、白千层、石榴、花椒、银杏、油桐、云实果、拟金茅、黑麦草等。

（三）湘鄂中、低山丘陵中亚热带区（Ⅲ）

该区属典型的中亚热带气候类型，高温多雨，四季分明，年均降雨量在 800 ~ 1800mm，以低山丘陵地貌为主体，基点海拔不高但相对高差较大，主要包括湖南、湖北的西南部和东南部。该区岩溶分布面积达 800.0 多万 hm^2，石漠化土地面积 200.0 万 hm^2，约占西南岩溶地区石漠化土地面积的 1/7。当前存在的主要问题是潜在石漠化土地面积大，集中连片；石漠化土地呈块状或带状分布，如湖南湘西州与湖北恩施州，湘中地区的安化、新化、隆回、新邵县和湖北东南部的大冶、阳新等县；立地类型复杂。

1. 湘西岩溶中、低山区

位于西南岩溶地区的东缘，年均气温在 15 ~ 20℃，年降雨量在 800 ~ 1200mm，属山地地貌，岩溶地貌发育强烈，石漠化程度较深，且成片分布。主要包括湖南省的湘西州、张家界市、怀化市的部分县市。

石漠化土地面积相对集中，且程度深，水土流失严重和生态环境脆弱，是湖南省社会经济最不发达的少数民族聚居地区。

主要造林树（草）种有：圆柏、中山柏、铅笔柏、侧柏、湿地松、火炬松、柳杉、麻栎、白栎、栓皮栎、女贞、臭椿、刺槐、桤木、杜仲、乌桕、漆、桑、盐肤木、刺梨、紫穗槐、金银花、杜鹃、山葡萄等。

2. 湘南、湘中岩溶丘陵区

该区年均气温在 18 ~ 24℃；年降雨量在 1000 ~ 1600mm；属山地、丘陵、平原地貌；岩溶地貌发育一般，石漠化土地呈带状、块状分布。主要包括湖南省的邵阳市、娄底市、益阳市、永州市和郴州市的部分县市。

石漠化土地面积不大，但分布较集中，且景观效应较差，局部缺水较严重。

主要造林树（草）种有圆柏、火炬松、柳杉、麻栎、白栎、栓皮栎、女贞、臭椿、刺槐、苦楝、桤木、杜仲、乌桕、漆、桑、盐肤木、梨、桃、刺梨、紫穗槐、雪花皮、金银花等。

3. 鄂西、鄂东南岩溶中低山区

该区年均气温在 18 ~ 24℃，年降雨量在 1000 ~ 1600mm，属山地、丘陵地貌，岩溶地貌发育一般，石漠化土地比例较大。主要包括湖北省的恩施州、宜昌市与东南部的黄石市、黄冈市、咸宁市及武汉市的部分县。

该区以恩施州、宜昌市的石漠化土地面积大，程度较深，且处于长江黄金水道两侧，

三峡水库的库区边缘地带，生态区位重要，严重影响到区域生态景观。

主要造林树（草）种有：柏木、侧柏、圆柏、油松、日本落叶松、黄山松、马褂木、泡桐、响叶杨、麻栎、白栎、栓皮栎、女贞、青冈、枫香、杜仲、香椿、乌桕、漆、桑、油桐、盐肤木、刺梨、火棘、紫穗槐、金银花、马桑、杜鹃花等。

（四）川渝鄂北亚热带区（Ⅳ）

该区属中亚热带气候类型和北亚热带气候类型，年降雨量 700 ~ 1200mm，年均气温 12 ~ 18℃，降雨季节分配不均，主要集中在 5 ~ 9 月，以中、低山地貌为主。主要包括湖北的西北部，重庆的东南、东北部，四川的东南部、南部。该区域岩溶分布面积达 800 多万 hm^2，石漠化土地面积超过 230 万 hm^2。石漠化土地主要分布在岩溶发育强烈的江河河谷地带，如三峡库区，以及与云贵高原相连的重庆东部、鄂西北及川南等地区。当前存在的主要问题是人口密度大，人均耕地少，植被状况一般且破坏较为严重；石漠化防治的科技含量不高。

1. 川东南岩溶山地

该区属中热带和北亚热带气候类型，石漠化土地主要分布在四川与贵州、云南交界处的金沙江流域，山高、江河河谷切割较深，坡度大，水土流失严重；包括四川的高县、兴文、古蔺、叙永、长宁、珙县、金阳、布拖及乐山、峨眉山的部分县市。

石漠化土地面积不大、程度不高，但山高、江河河谷切割较深，坡度大，水土流失严重，且原生植被破坏比较严重，对长江干流危害较大。

主要造林树（草）种有：马尾松、柳杉、刺槐、桤木、岩桂、圆柏、红椿、香椿、火炬松、响叶杨、麻栎、白栎、栓皮栎、杜仲、乌桕、漆、盐肤木、梨、刺梨、紫穗槐、金银花等。

2. 渝东、鄂北山地丘陵区

该区属典型的北亚热带气候类型，水热条件一般较好，光照条件较差，属中低山地貌，位于长江的中上游区，是我国重要的水力发电区域，是三峡水电站的重要库区。该区主要包括重庆市的彭水、酉阳、巫山、奉节、城口、丰都、石柱、黔江、巫溪和湖北省十堰市、襄樊市及宜昌市长江以北及孝感市、随州市的石漠化土地。

该区岩溶发育强烈，峡谷深切，水土流失严重，属长江的中上游地区，对三峡电站和葛洲坝电站等的安全运行至关重要。

主要造林树（草）种有：柏木、泡桐、响叶杨、麻栎、白栎、栓皮栎、红椿、女贞、刺槐、桤木、杜仲、乌桕、漆、桑、油桐、刺梨、紫穗槐、金银花等。

第4章 主要乔木树种

第一节　乔木在石漠化土地恢复中的地位与作用

灌木的生长使光照、温度、水分、土壤等环境条件进一步改善，为乔木树种生长提供基础。藤刺灌丛阶段群落中乔木树种的幼树迅速生长，在高度上超过灌木层并形成乔木层。化香树、响叶杨、披针叶杜英、雷公鹅耳枥、凤凰润楠等树种得到发展。乔木层的形成抑制了灌木层中喜光物种的生长，火棘、金丝桃等先锋物种长势渐衰，甚至枯死；一些耐阴的物种如杯叶西番莲、长叶酸藤果、滇桑等得到发展并定居。灌木层中更新的乔木树种的幼树主要有大叶楠、滇石栎、枫香、凤凰润楠、光皮桦、化香等。由于木本层盖度的上升，草本层的作用进一步削弱，种类和个体数都大大降低，白茅、荃菜等阳性物种彻底退出，代之以苞子草、斑茅、肾蕨等植株高大、竞争力强的种类。层间植物以藤刺为主，其作用已没有在藤刺灌丛阶段明显，长势衰落并有退出群落的趋势，种类有扛香藤、云实、缅甸黄檀等。

阳性树种的幼苗由于不适应林下的荫蔽环境而退出群落，响叶杨等得不到更新而逐渐衰亡，代之以窄叶青冈、雷公鹅耳枥、灰栎、安顺润楠等中性树种。伴生树种位于乔木层的第二亚层，有化香、石斑木、尖瓣瑞香、绿叶冠毛榕等。乔木层盖度已高达97%，这对灌木层和草本层产生重要影响，灌木层除乔木层树种的更新幼苗和幼树外，其他树种相当少，仅有耐阴的毛果杜鹃、细齿叶柃、黄杨、青篱柴等；草本层植株稀疏，物种单调，喜荫湿环境，有吉祥草、贴生石韦、矮蔗草等。藤刺大部分衰亡，仅剩竞争力较强的扛香藤和钩刺雀梅藤，其他的层间植物也主要是藤本，黔中喀斯特地区退耕地在退耕伊始，原有的田间杂草和狭叶链珠藤、三叶爬山虎、薄叶爬藤榕和乌蔹墓。至此，稳定的喀斯特森林群落形成。以上所述仅代表黔中地区喀斯特石漠化退耕地植被演替的几个特征比较明显的阶段，但物种组成的变化在实际演替过程中更为复杂。

第二节　石漠化治理中的常用乔木树种

红椿

科名：楝科

学名：*Toona ciliata* Roem.

主要特征：大乔木，高可达20m；小枝初时被柔毛，渐变无毛，有稀疏的苍白色皮孔。叶为偶数或奇数羽状复叶，长25 ~ 40cm，通常有小叶7 ~ 8对；叶柄长约为叶长的1/4，圆柱形；小叶对生或近对生，纸质，长圆状卵形或披针形，长8 ~ 15cm，宽2.5 ~ 6cm，先端尾状渐尖，基部一侧圆形，另一侧楔形，不等边，边全缘，两面均无毛或仅于背面脉腋内有毛，侧脉每边12 ~ 18条，背面凸起；小叶柄长5 ~ 13mm。圆锥花序顶生，约与叶等长或稍短，被短硬毛或近无毛；花长约5mm，具短花梗，长1 ~ 2mm；花萼短，5裂，裂片钝，被微柔毛及睫毛；花瓣5，白色，长圆形，长4 ~ 5mm，先端钝或具短尖，无毛或被微柔毛，边缘具睫毛；雄蕊5，约与花瓣等长，花丝被疏柔毛，花药椭圆形；花盘与子房等长，被粗毛；子房密被长硬毛，每室有胚珠8 ~ 10颗，花柱无毛，柱头盘状，有5条细纹。蒴果长椭圆形，木质，干后紫褐色，有苍白色皮孔，长2 ~ 3.5cm；种子两端具翅，翅扁平，膜质。花期4 ~ 6月，果期10 ~ 12月。

主要特性：主要生长于山坡、沟谷林中、河边、村旁等。滇红椿生于海拔480 ~ 1000m的山坡密林中、山脚或路旁。多生于低海拔沟谷林中或山坡疏林中。

繁殖方式：以种子繁殖方法为主。

栽培要点：蒴果熟开裂后散出种子，应及时采收。种子容易丧失发芽力，宜即采即播，或在低温下（5℃）贮藏。播前应用温水浸种24小时催芽，出苗率达70%左右。培育1年后，苗高1m多，可出圃造林。

主要用途：最适宜制作高级家具；树皮含单宁11%～18%，可提制栲胶；建筑、船车、胶合板、室内装饰用材。

青冈栎

科名：壳斗科

学名：*Cyclobalanopsis glauca*（Thunberg）Oersted

主要特征：常绿乔木，高达22m，胸径1m。树皮平滑不裂；小枝青褐色，无棱，幼时有毛，后脱落。叶长椭圆形或倒卵状长椭圆形，长6～13cm，先端渐尖，基部广楔形，边缘上半部有疏齿，中部以下全缘，背面灰绿色，有平伏毛，侧脉8～12对，叶柄长1～2.5cm。总苞单生或2～3个集生，杯状，鳞片结合成5～8条环带。坚果卵形或近球形，无毛。花期4～5月；果10月成熟。因它的叶子会随天气的变化而变色，所以称为"气象树"。青冈栎是壳斗科的常绿乔木，5月开黄绿色花，花单性，雌雄同株，雄花柔荑花序，细长下垂。坚果卵形或椭圆形，生于杯状壳斗中，10月成熟。幼树稍耐阴，大树喜光，为中性喜光树种。适应性强，对土壤要求不严。幼年生长较慢，5年后生长加快，萌芽力强，耐修剪，深根性，可防风、防火。

主要特性：喜温暖多雨气候，幼树稍耐阴，大树喜光，为中性喜光植物，适应性强，耐贫瘠，对土壤要求不严。

繁殖方式：以播种繁殖为主。

栽培要点：苗圃选择在土壤疏松、深厚的稻田，可以选择平缓山坡下部土壤疏松、深厚的地段，土壤耙细耙平，冬播或秋播均可，以沟状条播为宜，行距15cm，沟播时40粒/m，播种后覆土或覆盖细河沙2cm，再覆盖一层稻草保湿。造林方法一般多采用实生苗造林，造林前应进行修剪枝叶，剪去2/3以上的枝叶和过长的根系，并剪掉离地面30cm以下的侧枝。

主要用途：可作四旁绿化、工厂绿化、防火林、防风林、绿篱、绿墙树种；木材坚韧，可供桩柱、车船、工具柄等用材；种子含淀粉，可酿酒或浆纱。

响叶杨

科名： 杨柳科
学名： *Populus adenopoda* Maxim.

主要特征： 乔木，高15～30m。树皮灰白色，光滑，老时深灰色，纵裂；树冠卵形。小枝较细，暗赤褐色，被柔毛；老枝灰褐色，无毛。芽圆锥形，有黏质，无毛。叶卵状圆形或卵形，长5～15cm，宽4～7cm，先端长渐尖，基部截形或心形，稀近圆形或楔形，边缘有内曲圆锯齿，齿端有腺点，上面无毛或沿脉有柔毛，深绿色，光亮，下面灰绿色，幼时被密柔毛；叶柄侧扁，被绒毛或柔毛，长2～8（12）cm，顶端有2显著腺点。雄花序长6～10cm，苞片条裂，有长缘毛，花盘齿裂。果序长12～20（30）cm；花序轴有毛；蒴果卵状长椭圆形，长4～6mm，稀2～3mm，先端锐尖，无毛，有短柄，2瓣裂。种子倒卵状椭圆形，长2.5mm，暗褐色。花期3～4月，果期4～5月。

主要特性： 分布垂直高度在海拔300～1000m向阳的山坡、山麓，呈散生状或与枫香、杉木等组成混交林。响叶杨是喜光树种，不耐阴。对土壤要求不严。

繁殖方式： 播种、压条、扦插。

栽培要点： 选择适宜杨树生长的造林地，选用2年根1年干或2年根2年干，高4.5m以上，胸径3.5cm以上的黑杨苗木造林，不但缓苗期短，抗自然灾害的能力强，而且生长快，成材早，出材量高。对壮苗的要求是根系发达完整，苗木粗壮，枝梢木质化程度高，具有充实饱满的顶芽，无机械损伤，无病虫害。

主要用途： 胶合板材；家具材；纸浆原料；山地造林；四旁绿化树；根皮可入药。祛风，行瘀，消痰。

火炬松

科名： 松科
学名： *Pinus taeda* L.

主要特征： 乔木，在原产地高达30m；树皮鳞片状开裂，近黑色、暗灰褐色或淡褐色；枝条每年生长数轮；小枝黄褐色或淡红褐色；冬芽褐色，矩圆状卵圆形或短圆柱形，顶端尖，无树脂。针叶3针一束，稀2针一束，长12～25cm，径约1.5mm，硬直，蓝绿色；横切面三角形，二型皮下层细胞，三至四层在表皮层下呈倒三角状断续分布，树脂道通常2个，中生。球果卵状圆锥形或窄圆锥形，基部对称，长6～15cm，无梗或几无梗，熟时暗红褐色；种鳞的鳞盾横脊显著隆起，鳞脐隆起延长成尖刺；种子卵圆形，长约6mm，栗褐色，种翅长约2cm。

主要特性： 喜温暖湿润。在中国引种区内，一般垂直分布在500m以下的低山、丘陵、岗地造林。海拔超过500m则生长不良，达到海拔800m一般都要产生冻害。适生于年均温11.1～20.4℃，绝对最低温度不低于-17℃。多分布于山地、丘陵坡地的中部至下部及坡麓。对土壤要求不严，能耐干燥瘠薄的土壤。

繁殖方式： 用种子繁殖，但需注意种源。

栽培要点： 选择土壤肥沃、湿润、疏松的沙壤土、壤土作圃地。施足基肥后整地筑床，要精耕细作，打碎泥块，平整床面。播种季节在2月上旬至3月中旬。播种前种子用2%福尔马林溶液或波尔多液浸种20分钟消毒，然后用55～60℃的温水浸种催芽18～24小时。点播育苗，点播的株行距6cm×8cm或8cm×8cm，播种沟内要铺上一层细土。每亩用种子2～3kg。种子播后要薄土覆盖，可用焦泥灰盖种，以仍能见到部分种子为宜，然后盖草。播种后1个月方可出土，待幼苗大部分出土后，揭除盖草。幼苗出土后40天内应特别注意保持苗床湿润。5～7月上旬可每月施化肥1～2次，每亩每次施硫酸铵2～5kg。同时应采取各种措施防止鸟害。一年生一级苗高40cm以上，地径0.5cm以上。

主要用途： 石漠化治理；造林；工业用材；可供船舶、桥梁、建筑、坑木、枕木等用；医药、化工及国防工业原料；可加工成饲料添加剂；松枝和松根是培养名贵药材茯苓的原料。

侧柏

科名：柏科

学名：*Platycladus orientalis*（L.）Franco

主要特征：乔木，高达20余米，胸径1m；树皮薄，浅灰褐色，纵裂成条片；枝条向上伸展或斜展，幼树树冠卵状尖塔形，老树树冠则为广圆形；生鳞叶的小枝细，向上直展或斜展，扁平，排成一平面。叶鳞形，长1～3mm，先端微钝，小枝中央的叶的露出部分呈倒卵状菱形或斜方形，背面中间有条状腺槽，两侧的叶船形，先端微内曲，背部有钝脊，尖头的下方有腺点。雄球花黄色，卵圆形，长约2mm；雌球花近球形，径约2mm，蓝绿色，被白粉。球果近卵圆形，长1.5～2.5cm，成熟前近肉质，蓝绿色，被白粉，成熟后木质，开裂，红褐色；种子卵圆形或近椭圆形，顶端微尖，灰褐色或紫褐色，长6～8mm，稍有棱脊，无翅或有极窄之翅。花期3～4月，球果10月成熟。

主要特性：喜光，幼时稍耐阴，适应性强，对土壤要求不严，在酸性、中性、石灰性和轻盐碱土壤中均可生长。耐干旱瘠薄，萌芽能力强，耐寒力中等，耐强太阳光照射，耐高温、浅根性，抗风能力较弱。

繁殖方式：种子繁殖，也可扦插或嫁接，要选择20～50年生的树木作为母树。

栽培要点：侧柏育苗地，要选择地势平坦，排水良好，较肥沃的沙壤土或轻壤土为宜；侧柏适于春播。侧柏生长缓慢，为延长苗木的生养期，应依据本地天气条件适期早播为宜；经过催芽处理的种子，播种后10天左右开始发芽出土，20天左右为出苗盛期，场圃发芽率可达70%～80%；侧柏苗木多二年出圃，翌春移植。依据各地经验，以早春3～4月移植成活率较高，可达95%以上。

主要用途：园林绿化，石漠化治理；根、叶、果实、种子可入药，治咳嗽、吐血、月经不调等。

白千层

科名： 桃金娘科
学名： *Melaleuca leucadendron* L.

主要特征： 常绿乔木，高约 20m。树皮灰白色，厚而疏松，可薄片状层层剥落。单叶互生，有时对生，狭椭圆形或披针形，长 5 ~ 10cm，宽 1 ~ 1.5cm，两端渐尖，全缘；有纵脉 3 ~ 7 条。穗状花序顶生，6 ~ 12cm，中轴具毛，于花后继续生长成一有叶的新枝；花密集，乳白色，无梗；萼管卵形，裂片 5，圆形，外面被毛；花瓣 5，阔卵圆形，先端圆，脱落；雄蕊多数，基部合生成 5 束与花瓣对生；雌蕊 1，子房下位，顶端隆起，被毛，3 室。蒴果顶部 3 裂，杯状或半球状，直径约 3mm，顶部截形，成熟时裂开成 3 果瓣。花期 1 ~ 2 月。生于较干燥的沙地上，多为栽培。分布福建、台湾、广东、广西等地。叶可供药用。

主要特性： 为阴性树种，喜温暖潮湿环境，要求阳光充足，适应性强，能耐干旱高温及瘠薄土壤，亦可耐轻霜及短期 0℃左右低温。对土壤要求不严。

繁殖方式： 种子繁殖。

栽培要点： 2 月中、下旬播种育苗。由于种子细小，千粒重仅 0.1g，应先播于沙床，所以播前整地要求细致，表层土需过筛，压平，淋足水分，播下种子，覆盖薄膜，日平均温度在 10℃以上，播后 5 ~ 6 天可发芽。当苗高 6 ~ 8cm，叶片接近硬革质时，可换床育苗。换床育苗时要施足基肥，以后每月追施 1 ~ 3 次。翌春可达 2m，定植后幼木时期干细，根系不坚固，必须架支柱，长大后则树势极强，可粗放管理。

当苗高 1.2m 时可栽植，移植时则需土球方能成活。栽植穴规格为长、宽、深各为 40cm。栽培土质不拘，但以表土深厚，地势高燥而排水良好，全日照或半日照之处为优。冬季可整姿，剪去主干之侧枝。3 年内每年在是春或雨季前进行松土除草 2 ~ 3 次。早春结合除草施有机肥。

主要用途： 行道树以及防护林树种；枝叶可以提取芳香油，供药用和作为防腐剂；叶、树、皮可入药，安神镇静，祛风止痛。

余甘子

科名：大戟科

学名：*Phyllanthus emblica L*

主要特征：乔木，高达23m，胸径50cm；树皮浅褐色；枝条具纵细条纹，被黄褐色短柔毛。叶片纸质至革质，二列，线状长圆形，长8～20mm，宽2～6mm，顶端截平或钝圆，有锐尖头或微凹，基部浅心形而稍偏斜，上面绿色，下面浅绿色，干后带红色或淡褐色，边缘略背卷；侧脉每边4～7条；叶柄长0.3～0.7mm；托叶三角形，长0.8～1.5mm，褐红色，边缘有睫毛。多朵雄花和1朵雌花或全为雄花组成腋生的聚伞花序；萼片6；雄花：花梗长1～2.5mm；萼片膜质，黄色，长倒卵形或匙形，近相等，长1.2～2.5mm，宽0.5～1mm，顶端钝或圆，边缘全缘或有浅齿；雄蕊3，花丝合生成长0.3～0.7mm的柱，花药直立，长圆形，长0.5～0.9mm，顶端具短尖头，药室平行，纵裂；花粉近球形，具4～6孔沟，内孔多长椭圆形；花盘腺体6，近三角形；雌花：花梗长约0.5mm；萼片长圆形或匙形，长1.6～2.5mm，宽0.7～1.3mm，顶端钝或圆，较厚，边缘膜质，多少具浅齿；花盘杯状，包藏子房达一半以上，边缘撕裂；子房卵圆形，长约1.5mm，3室，花柱3，长2.5～4mm，基部合生，顶端2裂，裂片顶端再2裂。蒴果呈核果状，圆球形，直径1～1.3cm，外果皮肉质，绿白色或淡黄白色，内果皮硬壳质；种子略带红色，长5～6mm，宽2～3mm。花期4～6月，果期7～9月。

主要特性：耐旱耐瘠，适应性非常强，喜光喜温。一般在年均温20℃左右生长良好，0℃左右即有受冻现象。

繁殖方式：嫁接繁殖；种子繁殖。

栽培要点：用种子和嫁接繁殖。种子繁殖：春季播种育苗待苗木生长到70～100cm，可和优良品种进行嫁接。嫁接繁殖：选取2～4年野生余甘子为砧木，取2年生的优良品种枝条为接穗，于2～5月间嫁接。成活后按行株距4m×3m或4m×4m移栽，1亩种植600～825株。

主要用途：荒地造林；石漠化治理；根、叶、树皮等亦可入药，清凉解毒。

银杏

科名： 银杏科

学名： *Ginkgo biloba* L.

主要特征： 银杏为落叶大乔木，胸径可达 4m，幼树树皮近平滑，浅灰色，大树之皮灰褐色，不规则纵裂，粗糙；有长枝与生长缓慢的距状短枝。幼年及壮年树冠圆锥形，老则广卵形；枝近轮生，斜上伸展（雌株的大枝常较雄株开展）；一年生的长枝淡褐黄色，二年生以上变为灰色，并有细纵裂纹；短枝密被叶痕，黑灰色，短枝上亦可长出长枝；冬芽黄褐色，常为卵圆形，先端钝尖。叶互生，在长枝上辐射状散生，在短枝上 3 ～ 5 枚成簇生状，有细长的叶柄，叶柄长 0.9 ～ 2.5cm，叶扇形，两面淡绿色，无毛，有多数叉状并列细脉，在宽阔的顶缘多少具缺刻或 2 裂，宽 5 ～ 8（15）cm，具多数叉状并歹帕细脉。

球花雌雄异株，单性，生于短枝顶端的鳞片状叶的腋内，呈簇生状。雄球花柔荑花序状，下垂，雄蕊排列疏松，具短梗，花药常 2 个，长椭圆形，药室纵裂，药隔不发；雌球花具长梗，梗端常分两叉，稀 3 ～ 5 叉或不分叉，每叉顶生一盘状珠座，胚珠着生其上，通常仅一个叉端的胚珠发育成种子，内媒传粉。4 月开花，10 月成熟，种子具长梗，下垂，常为椭圆形、长倒卵形、卵圆形或近圆球形，长 2.5 ～ 3.5cm，径为 2cm，假种皮骨质，白色，常具 2（稀 3）纵棱。

主要特性： 生于海拔 500 ～ 1000m、酸性（pH 值 5 ～ 5.5）黄壤、排水良好地带的天然林中，在酸性土（pH4.5）、石灰性土（pH8.0）中均可生长良好，而以中性或微酸土最适宜，不耐积水之地，较能耐旱。

繁殖方式： 扦插繁殖；分株繁殖；嫁接繁殖；播种繁殖。

栽培要点： 良种壮苗是银杏早实丰产的物质基础，应选择高径比 50:1 以上，主根长 30cm，侧根齐，当年新梢生长量 30cm 以上的苗木进行栽植。银杏栽植要按设计的株行距挖栽植窝，规格为 (0.5 ～ 0.8) m× (0.6 ～ 0.8) m，窝挖好后要回填表土，施发酵过的含过磷酸钙的肥料。栽植时，将苗木根系自然舒展，与前后左右苗木对齐，然后边填表上边踏实。栽植深度以培土到苗木原土印上 2 ～ 3cm 为宜，不要将苗木埋得过深。定植好后及时浇定根水，以提高成活率。

主要用途： 果实可食用，叶可作药材；荒地造林；石漠化治理；高级用材。

高山栲

科名： 壳斗科

学名： *Castanopsis delavayi* Franch.

主要特征： 乔木，高达20m，胸径60cm，幼龄树的树皮略平滑，大树的树皮深裂且较厚，块状剥落，小枝及果序轴散生微凸起、与枝色相近而带灰白色的皮孔，枝、叶及花序轴均无毛。

叶近革质，干后略硬而脆，倒卵形、倒卵状椭圆形或同时兼有卵形或椭圆形的叶，长5～13cm，宽3～7cm，顶部甚短尖或圆，基部短尖或近于圆，叶缘常自中部或下部起有锯齿状、很少为波浪状疏裂齿，中脉在叶面细肋状凸起，侧脉亦常微凸，每边6～9条，支脉甚纤细，嫩叶叶背有黄棕色、糠秕状略松散的蜡鳞层，成长叶呈灰白或银灰色；叶柄长7～15mm。雄穗状花序很少单穗腋生，花序轴无或几无毛；雄花的雄蕊12、稀10枚；雌花序轴无毛，花柱3。稀2枚，长约1/2mm。果序长10～15cm，轴粗2～3mm，幼嫩壳斗通常椭圆形，成熟壳斗阔卵形或近圆球形，基部具狭而略长的柄，斜向上升着生于果序轴上，2或3瓣开裂，连刺直径15～20mm或稍更大，刺长3～6mm，很少更长，离生或在基部合生及稍横向连生成圆或螺旋形3～5个刺环，很少合生至中部或中部稍上而具短小的鹿角状分枝，壳壁及刺被黄棕色蜡鳞及伏贴的微柔毛；坚果阔卵形，横径13～14mm，高10～15mm，顶端柱座四周有稀疏细伏毛，果脐在坚果的底部。花期4～5月，果次年9～11月成熟。

主要特性： 生于海拔1500～2800m山地杂木林中，喜砂壤土或排水良好的微酸性土壤，耐环境污染，对贫瘠、干旱、不同酸碱度的土壤适应能力强。

繁殖方式： 种子繁殖。

栽培要点： 种子播种后，覆盖2cm土壤，种子萌发期在6个月左右，萌发高峰期一致，出现在次年6月份。当年生长60cm左右，生长10年可以长到18～22m，15m左右的宽幅，轮伐期10～16年。

主要用途： 材质坚实，耐腐性能好，是建筑、矿柱、枕木、车辆、农具、家具及薪炭等优良用材；荒地绿化。

黑荆树

科名： 含羞草科

学名： *Acacia mearnsii* Dewilld

主要特征： 常绿乔木，树高 18m；原产澳大利亚，高达 18m；幼树皮绿色，光滑，后变棕褐色至黑褐色，有裂纹，内皮红色。小枝具棱，密被短绒毛。二回羽状复叶，羽片 8 ～ 20 对，每对羽片间常有凹陷的腺体 1 ～ 2 枚；每羽片有小叶 60 ～ 80（～ 120）枚，小叶在羽片上排列紧密；小叶片线形，长 1.5 ～ 3mm，宽 0.8 ～ 1mm，深绿色，边缘及下面有时两面均密被短柔毛；小叶柄极短。树冠姿态与树干直立弯曲与否关系密切，通常情况下，树干自然弯曲或倾斜，树形为迎风探水的自然不对称偏冠形（扯旗形或风致形）。

自然生长的黑荆树，主干常常倾斜或弯曲，为使主干直立、挺拔，分枝点高低适当，应注意及时修剪侧枝并人工扶直其主干。

黑荆树是浅根性树种，根系分布广，花期很长，从 2 ～ 9 月开花不绝，5 ～ 7 月为盛花期。种子成熟期在 6 月下旬至 10 月初，熟时荚果开裂，黑色的种子很易散失。

主要特性： 黑荆树喜阳光而又较耐阴，喜温暖湿润气候，又稍耐寒，能耐 -5℃以上的低温。对土壤要求不严，喜深厚肥沃土壤，也能耐干旱、贫瘠，但不耐渍水。

繁殖方式： 种子繁殖。

栽培要点： 选择树干通直、生长健壮、经济性状好的 5 ～ 10 年生优良植株为采种母树，当荚果由青变褐色而尚未开裂时，分批采摘。春播苗可选阴雨天进行分床移植，株行距 12cm × 30cm，移后浇定根水，促进扎根成活。7 月上旬后，进入生长盛期，可追肥 1 或 2 次，9 月开始应停止灌溉和追施 N 肥，控制苗木高生长，以便养成健壮苗木。当年春播苗一般苗高 80cm，根径 1cm 以上，亩产苗 10000 株左右。

秋播苗，要根据当地冻害情况，在入冬前及时做好越冬防寒工作，至 3 月气温回升到 10℃时，可施起身肥，4 月上旬即可造林定植，1 年生苗高 25cm，根径 0.4cm 以上，亩产苗 20000 株左右。

主要用途： 栲胶原料；矿物浮选剂；木器、矿柱、造纸用材。

无患子

科名：无患子科

学名：*Sapindus mukurossi* Gaertn

主要特征：落叶大乔木，高可达20余米，树皮灰褐色或黑褐色；嫩枝绿色，无毛。叶连柄长25～45cm或更长，叶轴稍扁，上面两侧有直槽，无毛或被微柔毛；小叶5～8对，通常近对生，叶片薄纸质，长椭圆状披针形或稍呈镰形，长7～15cm或更长，宽2～5cm，顶端短尖或短渐尖，基部楔形，稍不对称，腹面有光泽，两面无毛或背面被微柔毛；侧脉纤细而密，约15～17对，近平行；小叶柄长约5mm。花序顶生，圆锥形；花小，辐射对称，花梗常很短；萼片卵形或长圆状卵形，大的长约2mm，外面基部被疏柔毛；花瓣5，披针形，有长爪，长约2.5mm，外面基部被长柔毛或近无毛，鳞片2个，小耳状；花盘碟状，无毛；雄蕊8个，伸出，花丝长约3.5mm，中部以下密被长柔毛；子房无毛。果的发育分果片近球形，直径2～2.5cm，橙黄色，干时变黑。花期春季，果期夏秋。

主要特性：喜光，稍耐阴，耐寒能力较强。对土壤要求不严，深根性，抗风力强。不耐水湿，能耐干旱。萌芽力弱，不耐修剪。生长较快，寿命长。对二氧化硫抗性较强。

繁殖方式：种子繁殖，扦插，压条繁殖。

栽培要点：种子繁殖，最好是选用当年采收的种子，用温热水（温度和洗脸水差不多）把种子浸泡12～24h，把种子一粒一粒地粘放在基质的表面上，覆盖基质1cm厚，然后把播种的花盆放入水中，水的深度为花盆高度的1/2～2/3，让水慢慢地浸上来，在深秋、早春季或冬季播种后，遇到寒潮低温时，可以用塑料薄膜把花盆包起来，以利保温保湿。扦插，常于春末秋初用当年生的枝条进行嫩枝扦插，或于早春用上一年生的枝条进行老枝扦插。压条繁殖，选取健壮的枝条，从顶梢以下大约15～30cm处把树皮剥掉一圈，剥后的伤口宽度在1cm左右，深度以刚刚把表皮剥掉为限。剪取一块长10～20cm、宽5～8cm的薄膜，上面放些淋湿的园土，像裹伤口一样把环剥的部位包扎起来，薄膜的上下两端扎紧，中间鼓起。

主要用途：城市绿化；根、果可入药，清热解毒，化痰止咳。

云南樟

科名： 樟科

学名： *Cinnamomum glanduliferum* （Wall.）Nees

主要特征： 常绿乔木，高 5 ～ 20m，胸径达 30cm；树皮灰褐色，深纵裂，小片脱落，内皮红褐色，具有樟脑气味。枝条粗壮，圆柱形，绿褐色，小枝具棱角。顶芽卵珠形，鳞片近圆形，密被绢状毛。叶互生，叶形变化很大，椭圆形至卵状椭圆形或披针形，长 6 ～ 15cm，宽 4 ～ 6.5cm，在花枝上的稍小，先端通常急尖至短渐尖，基部楔形、宽楔形至近圆形，两侧有时不相等，厚革质，上面深绿色，有光泽，下面通常粉绿色，羽状脉或偶有近离基三出脉，侧脉每边 4 ～ 5 条，与中脉两面明显，斜展，在叶缘之内渐消失，侧脉脉腋在上面明显隆起，下面有明显的腺窝，窝穴内被毛或变无毛，细脉与小脉网状，微细而不明显；叶柄长 1.5 ～ 3.5cm，粗壮，腹凹背凸，近无毛。圆锥花序腋生，均比叶短，长 4 ～ 10cm，具梗，总梗长 2 ～ 4cm，与各级序轴均无毛。花小，长达 3mm，淡黄色，花梗短；果球形，直径达 1cm，黑色；果托狭长倒锥形，长约 1cm，基部宽约 1mm，顶部宽达 6mm，边缘波状，红色，有纵长条纹。花期 3 ～ 5 月，果期 7 ～ 9 月。

主要特性： 喜温暖、湿润气候，性喜光，幼树稍耐阴。在肥沃、深厚的酸性或中性砂壤土上生长良好，不耐水湿。萌蘖更新力强，耐修剪。

繁殖方式： 种子繁殖；软枝扦插；分蘖。

栽培要点： 种子繁殖前用温水浸种 12 ～ 24h，0.5% 高锰酸钾消毒 2h 后，沙藏催芽。先按行距 33cm 开横沟，播幅 10 ～ 12cm，深 6 ～ 9cm，每沟播种 40 ～ 50 粒。播时施人畜粪尿或草木灰，盖僵土 1 ～ 2cm，最后盖草。20 ～ 30 天出苗时揭去。天旱要淋水，并要随时拔大草，在 5 月和 7 月施入人畜粪尿或氮素化肥各 1 次，提苗。樟树主根发达，侧根稀少，苗木必须经过两次移栽培育才能出圃。扦插和分株繁殖法扦插用嫩枝扦插，分株繁殖利用根蘖分栽法。

主要用途： 果核油供工业用；果仁油，工业用；可制家具；树皮、根可入药，有祛风、散寒之功。

漆树

科名：漆树科

学名：*Toxicodendron vernicifluum*（Stokes）F. A. Barkl

主要特征：落叶乔木，高达 20m。树皮灰白色，粗糙，呈不规则纵裂，小枝粗壮，被棕黄色柔毛，后变无毛，具圆形或心形的大叶痕和突起的皮孔；顶芽大而显著，被棕黄色绒毛。奇数羽状复叶互生，常螺旋状排列，有小叶 4 ～ 6 对，叶轴圆柱形，被微柔毛；叶柄长 7 ～ 14cm，被微柔毛，近基部膨大，半圆形，上面平；小叶膜质至薄纸质，卵形或卵状椭圆形或长圆形，长 6 ～ 13cm，宽 3 ～ 6cm，先端急尖或渐尖，基部偏斜，圆形或阔楔形，全缘，叶面通常无毛或仅沿中脉疏被微柔毛，叶背沿脉上被平展黄色柔毛，稀近无毛，侧脉 10 ～ 15 对，两面略突；小叶柄长 4 ～ 7mm，上面具槽，被柔毛。圆锥花序长 15 ～ 30cm，与叶近等长，被灰黄色微柔毛，序轴及分枝纤细，疏花；花黄绿色，雄花花梗纤细，长 1 ～ 3mm，雌花花梗短粗。果序多少下垂，核果肾形或椭圆形，不偏斜，略压扁，长 5 ～ 6mm，宽 7 ～ 8mm，先端锐尖，基部截形，外果皮黄色，无毛，具光泽，成熟后不裂，中果皮蜡质，具树脂道条纹，果核棕色，与果同形，长约 3mm，宽约 5mm，坚硬；花期 5 ～ 6 月，果期 7 ～ 10 月。

主要特性：漆树对土壤条件要求不严，在灰岩、板岩、砂岩及千枚岩上发育的山地黄壤、山地黄棕壤、山地棕壤上均可生长；对土壤 pH 值要求不严，而对土壤物理性质要求较高。喜光照，忌风，宜于背风向阳山地。

繁殖方式：种子繁殖；根插。

栽培要点：因果核外皮蜡质而坚硬，不易吸水发芽，播种前需经脱蜡和催芽处理。一般先用草木灰水浸种 4 ～ 6h，充分搓揉脱蜡后，再用 60℃温水浸种 6 ～ 8h，然后捞出混沙 2 倍，堆积室内催芽，待有 5% 的种子裂开露芽时即可播种。一般在早春条播，条距 50cm，播前要灌足底水，覆土后 2 ～ 3cm。每亩播种量 15 ～ 20kg。对优良品种的漆树可用嫁接繁殖，一般在生长期树皮可顺利剥离时采用丁字形芽接效果较好。

主要用途：采漆；石漠化治理。

柳杉

科名： 杉科

学名： *Cryptomeria fortunei* Hooibrenk ex Otto et Dietr

主要特征： 乔木，高达40m，胸径可达2m多；树皮红棕色，纤维状，裂成长条片脱落；大枝近轮生，平展或斜展；小枝细长，常下垂，绿色，枝条中部的叶较长，常向两端逐渐变短。

叶钻形略向内弯曲，先端内曲，四边有气孔线，长1～1.5cm。果枝的叶通常较短，有时长不及1cm，幼树及萌芽枝的叶长达2.4cm。雄球花单生叶腋，长椭圆形，长约7mm，集生于小枝上部，成短穗状花序状；雌球花顶生于短枝上。

球果圆球形或扁球形，径1～2.2cm，多为1.5～1.8cm；种鳞20片左右，上部有4～5（很少6～7）个短三角形裂齿，齿长2～4mm，基部宽1～2mm，鳞背中部或中下部有一个三角状分离的苞鳞尖头，尖头长3～5mm，基部宽3～14mm，能育的种鳞有2粒种子；种子褐色，近椭圆形，扁平，长4～6.5mm，宽2～3.5mm，边缘有窄翅。花期4月，球果10月成熟。

主要特性： 生于海拔400～2500m的山谷边、山谷溪边潮湿林中、山坡林中，并有栽培。柳杉幼龄能稍耐阴，在温暖湿润的气候和土壤酸性、肥厚而排水良好的山地，生长较快；在寒凉较干、土层瘠薄的地方生长不良。

繁殖方式： 种子繁殖；扦插。

栽培要点： 播种：10月采收球果，阴干数天，待种子脱落，洗净后湿沙藏，种子切忌干燥。翌年春季苗床条播，播种前进行消毒和浸种催芽处理，播后20d左右发芽，发芽率在30%～40%。幼苗注意遮阴，当年苗高达30～40cm。

扦插： 常用于日本柳杉栽培品种的繁殖。春季剪取半木质化枝条，长5～15cm，插入沙床，遮阴保湿，插后2～3周生根，当根长2cm时可移栽。用底温和吲哚丁酸溶液处理插条能促进生根。

种苗移栽在冬季至早春时进行，大苗要带土球。生长期保持土壤湿润，施肥1～2次。冬季适当修剪，剪除枯枝和密枝，保持优美株形。

主要用途： 绿化和环保；根、茎、叶可入药，解毒、杀虫、止痒。

圆柏

科名： 柏科

学名： *Sabina chinensis* （L.） Ant.

主要特征： 乔木，高达 20m，胸径达 3.5m；树皮深灰色，纵裂，成条片开裂；树皮灰褐色，纵裂，裂成不规则的薄片脱落；小枝通常直或稍成弧状弯曲，生鳞叶的小枝近圆柱形或近四棱形，径 1 ～ 1.2mm。叶二型，即刺叶及鳞叶；刺叶生于幼树之上，老龄树则全为鳞叶，壮龄树兼有刺叶与鳞叶；生于一年生小枝的一回分枝的鳞叶三叶轮生，直伸而紧密，近披针形，先端微渐尖，长 2.5 ～ 5mm，背面近中部有椭圆形微凹的腺体；刺叶三叶交互轮生，斜展，疏松，披针形，先端渐尖，长 6 ～ 12mm，上面微凹，有两条白粉带。雌雄异株，稀同株，雄球花黄色，椭圆形。球果近圆球形，径 6 ～ 8mm，种子卵圆形，扁，顶端钝，有棱脊及少数树脂槽；子叶 2 枚，出土，条形，长 1.3 ～ 1.5cm，宽约 1mm，先端锐尖，下面有两条白色气孔带，上面则不明显。

主要特性： 喜光树种，较耐阴，喜温凉、温暖气候及湿润土壤。生于中性土、钙质土及微酸性土上。

繁殖方式： 种子繁殖；扦插；压条。

栽培要点： 选用当年采收的种子，用温热水（温度和洗脸水差不多）把种子浸泡 12 ～ 24h。小苗移栽时，先挖好种植穴，在种植穴底部撒上一层有机肥料作为底肥（基肥），厚度约为 4 ～ 6cm，再覆上一层土并放入苗木，以把肥料与根系分开，避免烧根。圆柏也可用软材（6 月播）或硬材（10 月插）扦插法繁殖，于秋末用 50cm 长粗枝行泥浆扦插法，成活率颇高。

压条，选取健壮的枝条，从顶梢以下大约 15 ～ 30cm 处把树皮剥掉一圈，剥后的伤口宽度在 1cm 左右，深度以刚刚把表皮剥掉为限。剪取一块长 10 ～ 20cm、宽 5 ～ 8cm 的薄膜，上面放些淋湿的园土，像裹伤口一样把环剥的部位包扎起来，薄膜的上下两端扎紧，中间鼓起。4 ～ 6 周后生根。生根后，把枝条边根系一起剪下，就成了一棵新的植株。

主要用途： 建筑、文具用材；树皮、叶可入药，祛风散寒，活血消肿；荒地造林。

白栎

科名： 壳斗科

学名： *Quercus fabri* Hance

主要特征： 落叶乔木或灌木状，高达20m，树皮灰褐色，深纵裂。小枝密生灰色至灰褐色绒毛；冬芽卵状圆锥形，芽长4～6mm，芽鳞多数，被疏毛。叶片倒卵形、椭圆状倒卵形，长7～15cm，宽3～8cm，顶端钝或短渐尖，基部楔形或窄圆形，叶缘具波状锯齿或粗钝锯齿，幼时两面被灰黄色星状毛，侧脉每边8～12条，叶背支脉明显；叶柄长3～5mm，被棕黄色绒毛。雄花序长6～9cm，花序轴被绒毛，雌花序长1～4cm，生2～4朵花，壳斗杯形，包着坚果约1/3，直径0.8～1.1cm，高4～8mm；小苞片卵状披针形，排列紧密，在口缘处稍伸出。坚果长椭圆形或卵状长椭圆形，直径0.7～1.2cm，高1.7～2cm，无毛，果脐突起。花期4月，果期10月。

主要特性： 喜光，喜温暖气候，较耐阴；喜深厚、湿润、肥沃土壤，也较耐干旱、瘠薄，但在肥沃湿润处生长最好。

繁殖方式： 播种繁殖。

栽培要点： 白栎树种子大小与幼苗的生长有很大的相关性，应选用颗粒较大且饱满的种子播种，将栎实去壳或在栎实上打孔使种壳开裂后播种，可使发芽率和发芽速度显著提高；幼苗移栽时保留子叶可增强苗木早期生长中的对不利环境的抗逆性；当年生苗生长季切根深度为5～10cm，在每个主根断点可生长出3～6个侧根，起苗时再对根系修剪，保留长20cm左右的根系对造林成活十分有利。

主要用途： 饲料；荒地造林；提取栲胶；树枝可培植香菇；果实可入药，治小儿疳积。

青桐

科名：梧桐科
学名：*Firmiana Simplex* (L.)W. F. wight

主要特征：青桐即梧桐树，落叶乔木，高达15m；树叶青绿色，平滑。叶呈心形，掌状3～5裂，直径15～30cm，裂片呈三角形，顶端渐尖，基部心形，两面均无毛或略被短柔毛，基生脉7条，叶柄与叶片等长。圆锥花序顶生，长约20～50cm，下部分枝长达14cm，花淡紫色；萼5深裂几至基部，萼片条形，向外卷曲，长7～9mm，外面被淡黄色短柔毛，内面仅在基部被柔毛；花梗与花几等长；雄花的雌雄蕊柄与萼等长，下半部较粗，无毛，花药15个不规则地聚集在雌雄蕊柄顶端，退化子房梨形且甚小；雌花的子房圆球形，被毛覆盖。蓇葖果膜质，有柄，成熟前开裂成叶状，长6～11cm、宽1.5～2.5cm，外面短茸毛或几无毛，每蓇葖果有种子2～4个；种子圆球形，表面有皱纹，直径约7mm。花期6月。

主要特性：喜光。喜温暖气候，不耐寒。适生于肥沃、湿润的砂质壤土，喜碱。根肉质，不耐水渍，深根性，直根粗壮；宜植于村边、宅旁、山坡、石灰岩山坡等处。

繁殖方式：种子繁殖；扦插；分根。

栽培要点：秋季果熟时采收，晒干脱粒后当年秋播，也可沙藏至翌年春播。条播行距25cm，覆土厚约1.5cm。每亩播种量约15kg。沙藏种子发芽较整齐，播后4～5周发芽。干藏种子常发芽不齐，可在播前先用温水浸种催芽。正常管理下，当年生苗高可达50cm以上，翌年分栽培养。三年生苗即可出圃。栽植地点宜选地势高燥处，穴内施入基肥，定干后，用蜡封好锯口。注意梧桐木虱、霜天蛾、刺蛾等虫害，可用石油乳剂、敌敌畏、乐果、甲胺磷等防治。在北方，冬季对幼树要包扎稻草绳防寒。入冬和早春各施肥一次。

主要用途：行道绿化；速生材；石漠化治理。

云南松

科名： 松科
学名： *Pinus yunnanensis*

主要特征： 常绿乔木，高达30m，胸径1m；树皮褐灰色，深纵裂，裂片厚或裂成不规则的鳞状块片脱落；枝开展，稍下垂；1年生枝粗壮，淡红褐色，无毛，2～3年生枝上苞片状的鳞叶脱落露出红褐色内皮；冬芽圆锥状卵圆形，粗大，红褐色，无树脂，芽鳞披针形，先端渐尖，散开或部分反曲，边缘有白色丝状毛齿。针叶通常3针一束，稀2针一束，常在枝上宿存3年，长10～30cm，径约1.2mm，先端尖，背腹面均有气孔线，边缘有细锯齿；横切面扇状三角形或半圆形，二型皮下层细胞，第一层细胞连续排列，其下有散生细胞，树脂道约4～5个，中生与边生并存（中生者通常位于角部）；叶鞘宿存。雄球花圆柱状，长约1.5cm，生于新枝下部的苞腋内，聚集成穗状。球果成熟前绿色，熟时褐色或栗褐色，圆锥状卵圆形。花期4～5月，球果第二年10月成熟。

主要特性： 为喜光性强的深根性树种，适应性能强，能耐冬春干旱气候及瘠薄土壤，能生于酸性红壤、红黄壤及棕色森林土或微石灰性土壤上。

繁殖方式： 种子繁殖。

栽培要点： 选好种子，每年的5月下旬至6月上旬，待雨水来临前或雨水透地后，把种子直播于造林地整好的种植塘内。播种10天左右即可齐苗。云南松的人工直播造林主要采用塘播，应提前整地，即在头年的11～12月整地。塘的规格以30cm×30cm×20cm居多，也可用小锄边整地边播种，其塘的规格须小一些，即15cm×15cm×10cm。塘内的土块必须打碎整平，在塘中心挖一小穴，每穴播种3～5粒，均布于穴内，覆土厚1cm左右。造林当年的9～10月，应对林地认真进行一次松土除草、割灌。方法是以所植的云南松苗为中心，铲除其40cm范围内的杂草、灌木，并围绕松苗进行松土，松土深15～20cm。

主要用途： 荒地造林；树干可割取树脂；树根可培育茯苓；树皮可提栲胶；松针可提炼松针油。

光皮桦

科名： 桦木科
学名： *Cornus walteri wanger*
［*Swida walten(Wanger.)sojak.*］

主要特征： 乔木，高可达20m，胸径可达80cm；树皮红褐色或暗黄灰色，坚密，平滑；枝条红褐色，无毛，有蜡质白粉；小枝黄褐色，密被淡黄色短柔毛，疏生树脂腺体；芽鳞无毛，边缘被短纤毛。叶矩圆形、宽矩圆形、矩圆披针形、有时为椭圆形或卵形，长4.5 ~ 10cm，宽2.5 ~ 6cm，顶端骤尖或呈细尾状，基部圆形，有时近心形或宽楔形，边缘具不规则的刺毛状重锯齿；叶柄长1 ~ 2cm，密被短柔毛及腺点，极少无毛。雄花序2 ~ 5枚簇生于小枝顶端或单生于小枝上部叶腋；序梗密生树脂腺体；苞鳞背面无毛，边缘具短纤毛。果序大部单生，间或在一个短枝上出现两枚单生于叶腋的果序，长圆柱形；果苞长2 ~ 3mm，背面疏被短柔毛，边缘具短纤毛，中裂片矩圆形、披针形或倒披针形，顶端圆或渐尖，侧裂片小，卵形。

主要特性： 光皮桦性喜光，喜温暖湿润气候及肥沃酸性土壤，也能耐干旱瘠薄。多生于向阳干燥的山坡，在火烧迹地、采伐迹地或森林破坏后的荒山上。

繁殖方式： 种子繁殖。

栽培要点： 选择7 ~ 10年生，树干通直圆满长势好的健壮母树进行采种，随采随播，播种前将种子放入清水中浸24h取出晾干，用湿润的草木灰或细河沙混合拌匀撒播，每亩播种量0.5 ~ 1kg。播后立即覆一层很薄的细土。种子发芽很快，在适宜的温湿条件下，6 ~ 7天就能基本齐苗。幼苗大部分出土后揭除覆盖物。在种子开始发芽出土之前就要搭好荫棚，使苗床保持湿润、阴凉，伏天过后及时撤除。高温干旱期，晴天早晚要喷灌，保持苗床湿润。待种子大部分出土齐苗，每隔5 ~ 10d追一次叶面肥，当幼苗长出3 ~ 5片真叶时进行土壤追肥。7 ~ 8片真叶时按株行距10cm × 15cm进行间苗，补苗或移栽，每亩保持3万 ~ 4万株。当年苗高40 ~ 50cm，地径0.5cm以上，即可上山造林。

主要用途： 荒地造林；高级家具材料；航空、军工上可制作高级胶合板。

华山松

科名： 松科

学名： *Pinus armandii* Franch

主要特征： 乔木，高达 35m，胸径 1m；幼树树皮灰绿色或淡灰色，平滑，老则呈灰色，裂成方形或长方形厚块片固着于树干上，或脱落；枝条平展，形成圆锥形或柱状塔形树冠；一年生枝绿色或灰绿色（干后褐色），无毛，微被白粉；冬芽近圆柱形，褐色，微具树脂，芽鳞排列疏松。针叶 5 针一束，稀 6 ～ 7 针一束，长 8 ～ 15cm，径 1 ～ 1.5mm；叶鞘早落。子叶 10 ～ 15 枚，针形，横切面三角形，长 4 ～ 6.4cm，径约 1mm，先端渐尖，全缘或上部棱脊微具细齿；初生叶条形，长 3.5 ～ 4.5cm，宽约 1mm，上下两面均有气孔线，边缘有细锯齿。雄球花黄色，卵状圆柱形，长约 1.4cm。球果圆锥状长卵圆形，长 10 ～ 20cm，径 5 ～ 8cm，幼时绿色，成熟时黄色或褐黄色，种鳞张开，种子脱落，果梗长 2 ～ 3cm；种子黄褐色、暗褐色或黑色，倒卵圆形，长 1 ～ 1.5cm，径 6 ～ 10mm，无翅或两侧及顶端具棱脊，稀具极短的木质翅；花期 4 ～ 5 月，球果第二年 9 ～ 10 月成熟。

主要特性： 垂直分布于中山海拔 1200 ～ 1800m，在气候温凉而湿润、酸性黄壤、黄褐壤土或钙质土上，组成单纯林或与针叶树阔叶树种混生。稍耐干燥瘠薄的土地，能生于石灰岩石缝间。

繁殖方式： 种子繁殖。

栽培要点： 播种前对种子进行消毒和催芽处理，种子消毒用 50% 多菌灵 800 倍液；催芽用 50℃温水浸种，自然冷却后浸泡 24h，取出晾干，每袋播种 2 ～ 3 粒，播种深度约 1cm，播种时间宜在清明前后。播种后用塑料薄膜覆盖保湿保温，出苗比较整齐。植苗造林密度为 330 ～ 350 株 / 亩。在土壤、气候干旱的地方，3 ～ 5 株 / 穴生长较好。

主要用途： 盆景；保持水土，防止风沙；建筑木材。

桃

科名：蔷薇科
学名：*Amygdalus persica* L.

主要特征：乔木，高 3 ～ 8m；树冠宽广而平展；树皮暗红褐色，老时粗糙呈鳞片状；小枝细长，无毛，有光泽，绿色，向阳处转变成红色，具大量小皮孔；冬芽圆锥形，顶端钝，外被短柔毛，常 2 ～ 3 个簇生，中间为叶芽，两侧为花芽。叶片长圆披针形、椭圆披针形或倒卵状披针形，长 7 ～ 15cm，宽 2 ～ 3.5cm，先端渐尖，基部宽楔形，上面无毛，下面在脉腋间具少数短柔毛或无毛，叶边具细锯齿或粗锯齿，齿端具腺体或无腺体；叶柄粗壮，长 1 ～ 2cm，常具 1 至数枚腺体，有时无腺体。花单生，先于叶开放，直径 2.5 ～ 3.5cm；花梗极短或几无梗；萼筒钟形，被短柔毛，稀几无毛，绿色而具红色斑点；萼片卵形至长圆形，顶端圆钝，外被短柔毛；花瓣长圆状椭圆形至宽倒卵形，粉红色，罕为白色；花期 3 ～ 4 月，果实成熟期因品种而异，通常为 8 ～ 9 月。

主要特性：主要经济栽培地区在华北、华东各地，原产中国，各地广泛栽培。世界各地均有栽植。

繁殖方式：种子繁殖；嫁接。

栽培要点：嫁接繁殖，毛桃砧，种子经层积处理，冬季撒播，6 ～ 8 月芽接或翌年早春切接，次冬苗木即可出圃。栽植株行距为 4m × 5m 或 3m × 4m，每公顷植 500 ～ 840 株。栽植时期从落叶后至萌芽前均可。桃对氮、磷、钾的需要量比例约为 1 ∶ 0.5 ∶ 1。幼年树需注意控制氮肥的施用，否则易引起徒长。盛果期后增施氮肥，以增强树势。桃果实中钾的含量为氮的 3.2 倍，增施钾肥，果大产量高。结果树年施肥 3 次，基肥在 10 ～ 11 月结合土壤深耕时施用，以有机肥为主，占全年施肥量的 50%；壮果肥在 4 月下旬至 5 月果实硬核期施，早熟种以施钾肥为主，中晚熟种施氮量占全年的 15% ～ 20%、磷占 20% ～ 30%、钾占 40%；采果肥在采果前后施用，施用量占全年的 15% ～ 20%。此外，桃园需经常中耕除草，保持土壤疏松，及时排水，防止积水烂根。

主要用途：食用，生津、润肠、活血、消积。

梨

科名： 蔷薇科
学名： *Pyrus spp.*

主要特征： 落叶乔木，主干在幼树期树皮光滑，树龄增大后树皮变粗，纵裂或剥落。嫩枝无毛或具有茸毛，后脱落；2年生以上枝灰黄色乃至紫褐色。冬芽具有覆瓦状鳞片，一般为11～18个，花芽较肥圆，呈棕红色或红褐色，稍有亮光，一般为混合芽；叶芽小而尖，褐色。单叶，互生，叶缘有锯齿，托叶早落，嫩叶绿色或红色，展叶后转为绿色；叶形多数为卵形或长卵圆形，叶柄长短不一。花为伞房花序，两性花，花瓣近圆形或宽椭圆形，栽培种花柱3～5，子房下位，3～5室，每室有2胚珠。果实有圆、扁圆、椭圆、瓢形等；果皮分黄色或褐色两大类，黄色品种上有些阳面呈红色；秋子梨及西洋梨果梗较粗短，白梨、沙梨、新疆梨类果梗一般较长；果肉中有石细胞，内果皮为软骨状；种子黑褐色或近黑色。

主要特性： 梨树喜温，生育需要较高温度，休眠期则需一定低温。梨树为喜光果树，年需日照在1600～1700h之间，梨叶光补偿点约为1100勒克斯（lx），光饱和点约为54000lx。梨树对土壤的适应性强，以土层深厚，土质疏松，透水和保水性能好，地下水位低的沙质壤土最为适宜。

繁殖方式： 嫁接。

栽培要点： 选择健壮无病、根系发达的1年生嫁接苗，要求品种纯正，根颈部粗度在0.8cm以上，接口上20～45cm整形带内有5个以上饱满芽。梨苗的栽植以落叶后（当年11月～次年1月）秋栽为宜。栽植密度依据树冠大小、不同地形、地块而确定。为了早期高产，最好采用密植和矮化的梨苗，株行距可缩小到2～3m×3～4m。按株行距要求，拉线、定穴（穴宽80cm，深50～60cm）。在坑穴中可以放一些秸秆、枝条等绿肥，并且用表土与肥料拌好，填入坑内至坑深1m左右，将苗木放入定植穴，即可继续填土。应注意使根系展开，随后踩实，让根与土密切接触，立即浇水，待水渗后及时覆土。

主要用途： 食用，生津止渴。

盐肤木

科名： 漆树科

学名： *Rhus chinensis* Mill.

主要特征： 落叶小乔木，高 2 ～ 10m；小枝棕褐色，被锈色柔毛，具圆形小皮孔。奇数羽状复叶有小叶（2）3 ～ 6 对，纸质，边缘具粗钝锯齿，背面密被灰褐色毛，叶轴具宽的叶状翅，小叶自下而上逐渐增大，叶轴和叶柄密被锈色柔毛；小叶多形，卵形或椭圆状卵形或长圆形，长 6 ～ 12cm，宽 3 ～ 7cm，先端急尖，基部圆形，顶生小叶基部楔形，边缘具粗锯齿或圆齿，叶面暗绿色，叶背粉绿色，被白粉，叶面沿中脉疏被柔毛或近无毛，叶背被锈色柔毛，脉上较密，侧脉和细脉在叶面凹陷，在叶背突起；小叶无柄。圆锥花序宽大，多分枝，雄花序长 30 ～ 40cm，雌花序较短，密被锈色柔毛；苞片披针形，长约 1mm，被微柔毛，小苞片极小，花乳白色，花梗长约 1mm，被微柔毛；核果球形，略压扁，径 4 ～ 5mm，被具节柔毛和腺毛，成熟时红色，果核径 3 ～ 4mm。花期 7 ～ 9 月，果期 10 ～ 11 月。

主要特性： 喜光，对气候及土壤的适应性很强。盐肤木在长江以南较适宜生长，多见零星分布，要发展五倍子必须营造盐肤木基地，或在零星的空地补栽盐肤木使其较快成林。海拔上限 2800m。

繁殖方式： 种子繁殖；压根繁殖。

栽培要点： 种子繁殖，一般于 7 月中、下旬播种，播前将种子用 20℃温水浸种 24h，捞出沥干，拌少量细沙土，按行距 20cm 左右，开 1 ～ 2cm 深的浅沟进行条播，播后覆土以盖没种子为度，稍加镇压、浇水。也可撒播，每 $1000m^2$ 用种量为 1.5kg 左右。一般播后 5 ～ 7 天即可出苗。苗高 7cm 时间苗，苗高 17 ～ 20cm 时按株距 15cm 定苗。现蕾时及时割去顶部枝蕾，一般进行 2 ～ 3 次，控制株高在 45cm 左右。

压根繁殖就是将老盐肤木的根挖出来，切成一尺左右长一段再选土打塘，将切好的树根栽下，根留出地面 3 ～ 4 寸，此法成活率高、生长快。树根大的 1 年就可以结果，2 ～ 3 年可以成林。

主要用途： 荒地造林；根可入药，清热解毒、散瘀止血；种子可榨油。

油桐

科名：大戟科
学名：*Vernicia fordii*（Hemsl.）

主要特征：落叶乔木，高达10m；树皮灰色，近光滑；枝条粗壮，无毛，具明显皮孔。叶卵圆形，长8～18cm，宽6～15cm，顶端短尖，基部截平至浅心形，全缘，稀1～3浅裂，嫩叶上面被很快脱的落微柔毛，下面被渐脱落棕褐色微柔毛，成长叶上面深绿色，无毛，下面灰绿色，被贴伏微柔毛；掌状脉5～7条；叶柄与叶片近等长，几无毛，顶端有2枚扁平、无柄腺体。花雌雄同株，先叶或与叶同时开放；花萼长约1cm，2～3裂，外面密被棕褐色微柔毛；花瓣白色，有淡红色脉纹，倒卵形，长2～3cm，宽1～1.5cm，顶端圆形，基部爪状；雄花：雄蕊8～12枚，2轮；外轮离生，内轮花丝中部以下合生；雌花：子房密被柔毛，3～8室，每室有1颗胚珠，花柱与子房室同数，2裂。核果近球状，直径4～8cm，果皮光滑；种子3～8颗，种皮木质。花期3～4月，果期8～9月。

主要特性：喜光、喜温暖，忌严寒。冬季短暂的低温（-8～-10℃）有利于油桐发育，但长期处在-10℃以下会引起冻害。适生于缓坡及向阳谷地、盆地及河床两岸台地。富含腐殖质、土层深厚、排水良好、中性至微酸性沙质壤土最适油桐生长。油桐栽培方式有桐农间作、营造纯林、零星种植和林桐间作等。

繁殖方式：种子繁殖。

栽培要点：精选的油桐种子，直接播种到整好地的穴中。起苗移栽时要特别注意保护根系，尤其是大田育苗，起苗时宜在下雨之后、苗圃地湿润时进行。土壤干燥时，要在移栽前2～3天将苗圃地浇足水，使土壤湿透，以保证起苗时不致过度损伤根系。如果距造林地较近，而苗木根系又能带宿土，应尽量带土造林；如苗圃距造林地较远，起苗后则应立即用黄泥浆蘸根，保护根系不至于干燥。栽植最适宜的时间为2月中下旬，在油桐分布区的北缘可以延至3月上中旬，南缘可提早至2月初。另外，造林时必须做到苗正、根舒，分层填土压实，根茎要低于地面2～3cm，并保湿。

主要用途：荒地造林；根、茎、叶可入药，消积驱虫、清热解毒。

棕榈

科名：棕榈科

学名：*Trachycarpus fortunei*（Hook.）H. Wendl.

主要特征：常绿乔木，高 3 ～ 10m 或更高，树干圆柱形，被不易脱落的老叶柄基部和密集的网状纤维，除非人工剥除，否则不能自行脱落，裸露树干直径 10 ～ 15cm 甚至更粗。叶片呈 3/4 圆形或者近圆形，深裂成 30 ～ 50 片具皱折的线状剑形，宽约 2.5 ～ 4cm，长 60 ～ 70cm 的裂片，裂片先端具短 2 裂或 2 齿，硬挺甚至顶端下垂；叶柄长 75 ～ 80cm 或甚至更长，两侧具细圆齿，顶端有明显的戟突。花序粗壮，多次分枝，从叶腋抽出，通常是雌雄异株。雄花序长约 40cm，具有 2 ～ 3 个分枝花序，下部的分枝花序 15 ～ 17cm，一般只二回分枝；雌花淡绿色，通常 2 ～ 3 朵聚生；花无梗。果实阔肾形，有脐，宽 11 ～ 12mm，高 7 ～ 9mm，成熟时由黄色变为淡蓝色，有白粉，柱头残留在侧面附近。种子胚乳均匀，角质，胚侧生。花期 4 月，果期 12 月。

主要特性：栽培于四旁，罕见野生于疏林中，海拔上限 2000m 左右。

繁殖方式：种子繁殖。

栽培要点：栽培土壤要求排水良好、肥沃。棕榈根系较浅，无主根，种时不宜过深，栽后穴面要保持盘子状。棕榈幼年阶段生长十分缓慢，且要求适当的荫蔽。其茎长出土壤表面约需 3 ～ 5 年，形成掌状有皱折的正常叶片要 3 ～ 4 年，投产时间要在 8 年以上，而此时棕榈树高度仅 1.3 ～ 1.5m 这样缓慢的生长过程，在裸露地无荫蔽的条件下尤为明显。同一土壤和品种，在为全光照 1/4 ～ 1/5 的光强下比 1/2 的光强生长旺盛。投产前，年生长过程的特点表现为生长期，生长量小，速生期不够明显。在幼年阶段，棕榈的这一特性在品种之间基本上是一致的。

主要用途：四旁绿化；盆景；油脂工业。

桑

科名：桑科

学名：*Morus alba* L.

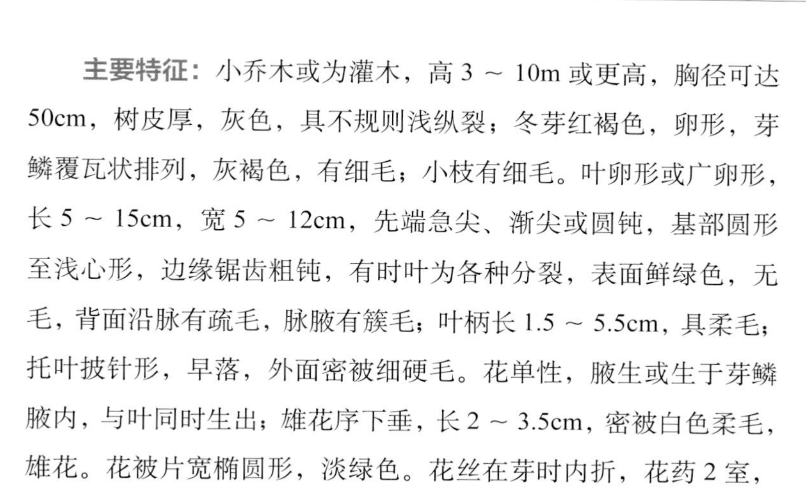

主要特征：小乔木或为灌木，高 3 ～ 10m 或更高，胸径可达 50cm，树皮厚，灰色，具不规则浅纵裂；冬芽红褐色，卵形，芽鳞覆瓦状排列，灰褐色，有细毛；小枝有细毛。叶卵形或广卵形，长 5 ～ 15cm，宽 5 ～ 12cm，先端急尖、渐尖或圆钝，基部圆形至浅心形，边缘锯齿粗钝，有时叶为各种分裂，表面鲜绿色，无毛，背面沿脉有疏毛，脉腋有簇毛；叶柄长 1.5 ～ 5.5cm，具柔毛；托叶披针形，早落，外面密被细硬毛。花单性，腋生或生于芽鳞腋内，与叶同时生出；雄花序下垂，长 2 ～ 3.5cm，密被白色柔毛，雄花。花被片宽椭圆形，淡绿色。花丝在芽时内折，花药 2 室，球形至肾形，纵裂；雌花序长 1 ～ 2cm，被毛，总花梗长 5 ～ 10mm，被柔毛，雌花无梗，花被片倒卵形，顶端圆钝，外面和边缘被毛，两侧紧抱子房，无花柱，柱头 2 裂，内面有乳头状突起。聚花果卵状椭圆形，长 1～ 2.5cm，成熟时红色或暗紫色。花期 4 ～ 5 月，果期 5 ～ 8 月。

主要特性：喜光，幼时稍耐阴。喜温暖湿润气候，耐寒。耐干旱，耐水湿能力极强。对土壤的适应性强，耐瘠薄和轻碱性，喜土层深厚、湿润、肥沃土壤。根系发达，抗风力强。萌芽力强，耐修剪。有较强的抗烟尘能力。

繁殖方式：种子繁殖；嫁接；扦插；压条。

栽培要点：种子发芽最适温度为 28 ～ 32℃，春播苗生长期长，桑苗健壮。播种后覆盖保湿，幼苗出土后分次疏苗、补苗，并做好肥水管理、松土除草和病虫害防治等工作。

嫁接繁殖采用袋接法繁育桑苗，使砧木剪口处的皮层和木质部分离形成袋状，然后插入接穗。粗大砧木的根部可分段嫁接 2 ～ 3 株。接好的嫁接体扎成小束，埋藏室内沙土中，待接芽膨大时移植于苗床。随着接芽生长，切除砧芽，施肥培土。

压条繁殖，春季发芽前将母株枝条横伏固定于地面，待新梢长达 20cm 左右时压入压条沟中，露出新梢。分期培土，加强肥水管理，促进发根，于落叶后剪离母株，掘取压条，分段剪成独立苗木。

主要用途：养蚕；造纸；食用，酿酒；叶、果和根皮可入药。

乌柏

科名：大戟科

学名：*Sapium sebiferum* （L.） Roxb.

主要特征：乔木，高达 15m，各部均无毛而具乳状汁液；树皮暗灰色，有纵裂纹；枝广展，具皮孔。叶互生，纸质，叶片菱形、菱状卵形或稀有菱状倒卵形，长 3 ～ 8cm，宽 3 ～ 9cm，顶端骤然紧缩具长短不等的尖头，基部阔楔形或钝，全缘；中脉两面微凸起，侧脉 6 ～ 10 对，纤细，斜上升，离缘 2 ～ 5mm 弯拱网结，网状脉明显；叶柄纤细，长 2.5 ～ 6cm，顶端具 2 腺体；托叶顶端钝，长约 1mm。花单性，雌雄同株，聚集成顶生、长 6 ～ 12cm 的总状花序，雌花通常生于花序轴最下部或罕有在雌花下部亦有少数雄花着生，雄花生于花序轴上部或有时整个花序全为雄花。雄花：花梗纤细，蒴果梨状球形，成熟时黑色，直径 1 ～ 1.5cm。具 3 种子，分果片脱落后而中轴宿存；种子扁球形，

主要特性：喜光，不耐阴。喜温暖环境，不甚耐寒。适生于深厚肥沃、含水丰富的土壤，对酸性土、钙质土、盐碱土均能适应，同时有一定的抗风性、耐短期积水和较耐干旱瘠薄。

繁殖方式：种子繁殖；嫁接；埋根法。

栽培要点：一般用播种法，优良品种用嫁接法。也可用埋根法繁殖。乌桕移栽宜在萌芽前春暖时进行，如果苗木较大，最好带土球移栽。栽后 2、3 年内要注意抚育管理工作。虫害主要有樗蚕、刺蛾、大蓑蛾等幼虫吃树叶和嫩枝，要注意及时防治。培育一棵优秀的乌桕树，需要 6 ～ 10 年的时间，越是精品的苗木，越需要长期的培育，而精品也会有很高的回报。乌桕树苗在苗圃培育 3 ～ 4 年，1m 高处直径达 6cm 左右可出圃用于园林绿化，规格不可太小，否则难以产生较好的景观效果。乌桕的移栽宜在春季（4 ～ 5 月）进行，萌芽前和萌芽后都可栽植，但在实践中萌芽时移栽的成活率相对于萌芽前、后移栽要低。移栽时须带土球，土球直径 35 ～ 50cm。

主要用途：根皮、树皮、叶入药，杀虫、解毒、利尿、通便；工业油料；园林绿化。

花椒

科名：芸香科

学名：*Zanthoxylum bungeanum* Maxim.

主要特征：落叶小乔木，高 3 ～ 7m；茎干上的刺常早落，枝有短刺，小枝上的刺基部宽而扁且劲直的长三角形，当年生枝被短柔毛。叶有小叶 5 ～ 13 片，叶轴常有甚狭窄的叶翼；小叶对生，无柄，卵形、椭圆形，稀披针形，位于叶轴顶部的较大，近基部的有时圆形，长 2 ～ 7cm，宽 1 ～ 3.5cm，叶缘有细裂齿，齿缝有油点。其余无或散生肉眼可见的油点，叶背基部中脉两侧有丛毛或小叶两面均被柔毛，中脉在叶面微凹陷，叶背干后常有红褐色斑纹。花序顶生或生于侧枝之顶，花序轴及花梗密被短柔毛或无毛；花被片 6 ～ 8 片，黄绿色，形状及大小大致相同；雄花的雄蕊 5 枚或多至 8 枚；退化雌蕊顶端叉状浅裂；雌花很少有发育雄蕊，有心皮 3 或 2 个，间有 4 个，花柱斜向背弯。果紫红色，单个分果瓣径 4 ～ 5mm，散生微凸起的油点，顶端有甚短的芒尖或无；种子长 3.5 ～ 4.5mm。花期 4 ～ 5 月，果期 8 ～ 9 月或 10 月。

主要特性：适宜温暖湿润及土层深厚肥沃壤土、沙壤土，萌蘖性强，耐寒，耐旱，喜阳光，抗病能力强，隐芽寿命长，故耐强修剪。不耐涝，短期积水可致死亡。

繁殖方式：种子繁殖，扦插；嫁接。

栽培要点：播种分春播和秋播。春旱地区，在秋季土壤封冻前播种为好，出苗整齐，比春播早出苗 10 ～ 15d；春播时间一般在“春分”前后。如春播经过催芽的种子，播后 4 ～ 5d 幼苗即可出土，10d 左右出齐。嫁接一般采用芽接和枝接。芽接多用“T”字形、“Z”字形芽接，枝接常用劈接、切接、腹接等方法。扦插，在 5 年生以下已结果的花椒树上，选取 1 年生枝条作插穗。插穗可用 500mg/L 的吲哚乙酸浸泡 30min，或 500mg/L 的萘乙酸浸泡 2 小时，也可采用温床催根的方法。经处理的插穗，生根成苗率高。

主要用途：根、茎、叶可入药，消炎抑菌；荒山造林。

桤木

科名： 桦木科

学名： *Alnus cremastogyne* Burk.

主要特征： 乔木，高达 30 ～ 40m；树皮灰色，平滑；枝条灰色或灰褐色，无毛；小枝褐色，无毛或幼时被淡褐色短柔毛；芽具柄，有 2 枚芽鳞。叶倒卵形、倒卵状矩圆形、倒披针形或矩圆形，长 4 ～ 14cm，宽 2.5 ～ 8cm，顶端骤尖或锐尖，基部楔形或微圆，边缘具几不明显而稀疏的钝齿，上面疏生腺点，幼时疏被长柔毛，下面密生腺点，几无毛，很少于幼时密被淡黄色短柔毛，脉腋间有时具簇生的髯毛，侧脉 8 ～ 10 对；叶柄长 1 ～ 2cm，无毛，很少于幼时具淡黄色短柔毛。雄花序单生，长 3 ～ 4cm。果序单生于叶腋，矩圆形，长 1 ～ 3.5cm，直径 5 ～ 20mm；序梗细瘦，柔软，下垂，长 4 ～ 8cm，无毛，很少于幼时被短柔毛；果苞木质，长 4 ～ 5mm，顶端具 5 枚浅裂片。小坚果卵形，长约 3mm，膜质翅宽仅为果的 1/2。

主要特性： 喜光，喜温暖气候，适生于年平均气温 15 ～ 18℃，降水量 900 ～ 1400mm 的丘陵及平原、山区。对土壤适应性强，喜水湿，多生于河滩低湿地。根系发达有根瘤，固氮能力强，速生。

繁殖方式： 种子繁殖。

栽培要点： 种子采收后，暴晒脱粒，装入袋中，置通风干燥处干藏或密封贮藏。种子纯度为 75% ～ 90%，千粒重 0.7 ～ 1g，发芽率为 30% ～ 45%。春、秋两季均可播种，但以春播为好，春播宜在 2 月中旬～ 3 月中旬进行。条播或撒播，撒播播种量 3 ～ 3.5kg/亩，条播播种量 2 ～ 2.5kg/ 亩。覆土厚度 2mm，以不见种子为度。用长稻草覆盖，待幼苗大部分出土揭除盖草后，随即撒盖约 2cm 长的短节草，以保持湿润阴凉的环境。间苗、移苗宜在长出 6 ～ 8 片真叶时进行，间出的苗，可及时移植。移植株行距 10cm × 20cm。产苗量 3 万～ 4 万株 / 亩。用材林造林株行距 1m × 2m；薪炭林、肥料林、水土保持林造林株行距 0.5m × 1m。

主要用途： 固沙保土；荒山造林；石漠化治理；工业用材。

复羽叶栾树

科名： 无患子科

学名： *Koelreuteria bipinnata* Franch.

主要特征： 落叶乔木，高达20m。树皮暗灰色；小枝灰色，有短柔毛并有皮孔密生。二回羽状复叶，对生，厚纸质，总叶轴圆筒形，密生绢状灰色短柔毛；小叶9 ~ 15，长椭圆状卵形，长4.5 ~ 7cm，宽1.8 ~ 2.5cm，先端短渐尖，基部圆形，边缘有不整齐的锯齿，下面主脉上有灰色绒毛；小叶柄短，长约2 ~ 3mm。圆锥花序顶生，长约20cm；花黄色。蒴果卵形，长约4cm，宽3cm，先端圆形，有突尖头，3瓣裂。种子圆形，黑色。

主要特性： 喜光，喜温暖湿润气候，深根性，适应性强，耐干旱，抗风，抗大气污染，速生。主要分布在中南及西南等地，是观赏树种。产于我国广东、广西、江西、湖南、浙江、湖北、四川、贵州、云南等地。复羽叶栾树树形优美，高大端正，枝叶茂密而秀丽，花色鲜黄夺目，果色鲜红，形似灯笼，扶以绿叶，为城市园林增添了诸多美景，可做行道树和庭荫树以及荒山绿化树种。

繁殖方式： 种子繁殖。

栽培要点： 选择10 ~ 20年的生长 健壮的复羽叶栾树作为采种母树，在蒴果成熟期及时采收。种子采收后用湿江砂贮藏材料，采用层积催芽的方法，经过冬季低温2 ~ 3个月保湿贮藏后，待播种。在播种时间上可以采用冬播或早春播种，但一般情况下，我们采用在冬季贮藏过的种子进行春季播种，通常在3月上旬进行。按照精平、下粗、上细的原则对播种苗床进行整平。采用压行的方法，播种行距20 ~ 30cm，将处理过的种子均匀播在条行内，每行（约1.1m）播种约40 ~ 50粒，用筛过的细土或砻糠灰均匀覆盖在种子上，一般厚度1 ~ 2cm，浇1次透水，并加盖稻草或其他干草保湿，根据天气情况及时补充水分，确保苗床湿润。栾树属深根性树种，宜多次移植以形成良好的有效根系。栾树作为绿化树种，在城市街道一般以株距5 ~ 8m为宜。

主要用途： 庭荫树、风景树；四旁绿化；荒山造林。

椤木石楠

科名：蔷薇科

学名：*Photinia davidsoniae* Rehd. et Wils.

主要特征：常绿乔木，高6～15m；幼枝黄红色，后成紫褐色，有稀疏平贴柔毛，老时灰色，无毛，有时具刺。叶片革质，长圆形、倒披针形、或稀为椭圆形，长5～15cm，宽2～5cm，先端急尖或渐尖，有短尖头，基部楔形，边缘稍反卷，有具腺的细锯齿，上面光亮，中脉初有贴生柔毛，后渐脱落无毛，侧脉10～12对；叶柄长8～15mm，无毛。花多数，密集成顶生复伞房花序，直径10～12mm；总花梗和花梗有平贴短柔毛，花梗长5～7mm；苞片和小苞片微小，早落；花直径10～12mm；花瓣圆形，直径3.5～4mm，先端圆钝，基部有极短爪，内外两面皆无毛；雄蕊20，较花瓣短；花柱2，基部合生并密被白色长柔毛。萼筒浅杯状，直径2～3mm，外面有疏生平贴短柔毛；萼片阔三角形，长约1mm，先端急尖，有柔毛。果实球形或卵形，直径7～10mm，黄红色，无毛；种子2～4枚，卵形，长4～5mm，褐色。花期5月，果期9～10月。

主要特性喜温暖湿润和阳光充足的环境耐寒耐阴耐干旱不耐水湿，萌芽力强，耐修剪。生长适温10～25℃，冬季能耐-10℃低温。

繁殖方式：种子繁殖或扦插繁殖。

栽培要点：栽培土质以深厚、肥沃和排水良好的沙质壤土为宜。在果实成熟期采种，将果实捣烂漂洗取籽晾干，采用层积沙藏至翌年春播；采用开沟条播，行距20cm，覆土2～3cm厚，浇透水后覆草以保持土壤湿润；播种量为15～18kg/亩；每半个月施1次尿素或三元复合肥，每亩用量约为4kg。扦插苗的苗床宽100cm、长20～30m，床面用高锰酸钾200倍液喷洒消毒，然后铺设基质，将床面整平，24h后可进行扦插。扦插可选用半木质化的嫩枝剪成10～12cm长的段，带1叶1芽；插条采用平切口，切口要平滑，将插条捆成小捆蘸生根剂泥浆。扦插株行距为4cm×6cm，深度为插条的2/3。扦插后1周，将基质含水量控制在60%~70%；多数插条15d左右生根，基质含水量控制在40%，在插条全部生根展叶后，喷施水溶性化肥（0.2%尿素）。栽种前施足基肥，栽后及时供水。

主要用途：根及叶可入药，清热解毒。园林绿化；石漠化治理；家具、油榨坊、农具、器械的优良用材。

猴樟

科名： 樟科

学名： *Cinnamomum bodinieri* Levl.

主要特征： 乔木，高达16m。树皮红褐色；小枝圆柱形，暗紫色，末节有角棱。叶互生，厚纸质，卵形或椭圆状卵形，长8～17cm，宽3～10cm，先端短渐尖，基部圆形，上面幼时稍有细毛，后变光亮，下面初有灰色绢丝状毛，后则稍有短柔毛，呈灰白色，中脉暗红色，侧脉4～6对，互生，下部叶脉有时对生，脉腋有腺点；叶柄长2～3cm。圆锥花序腋生或侧生，长10～15cm，2回叉状分歧；总梗长4～6cm；花被6裂，花被管漏斗状；裂片卵形，先端反曲，内面有白色绢毛，早落；发育雄蕊9，花药4室，第三轮雄蕊花药外向瓣裂，果实球形，径7～8mm，果梗先端膨大，宿存花被的先端反曲，果托盘状。第一、二轮雄蕊长约1mm，花药近圆形，花丝无腺体，第三轮雄蕊稍长，花丝近基部有一对肾形大腺体。退化雄蕊3位于最内轮，心形，近无柄，长约0.5mm。子房卵珠形，长约1.2mm，无毛，花柱长1mm，柱头头状。果球形，直径7～8mm，绿色，无毛；果托浅杯状，顶端宽6mm。花期5～6月，果期7～8月。

主要特性： 产贵州、四川东部、湖北、湖南西部及云南东北和东南部。生于路旁、沟边、疏林或灌丛中，海拔700～1480m。

繁殖方式： 种子繁殖。

栽培要点： 播种圃地应选择土层深厚、肥沃、排水良好的轻、中壤土。在翻耕时应施有机肥作基肥，以改良土壤，增加肥力。2月上旬至3月上旬春播，也可以在冬季随采随播。播前用0.5%的高锰酸钾溶液浸泡2h杀菌，并用50℃温水间歇浸种2～3次催芽。猴樟适当密植育苗要进行二次移植：第一次剪取当年生苗主根移植到二年生苗圃，每亩栽苗5000株以上；第二次在二年生苗圃中，保留移栽苗基部2～3个芽，上梢全部剪除后移植到售苗圃，每亩栽1400株。通过二次移植，可促进植株形成密集须根群，确保销售苗带泥多，耐运输，成活率达99%以上。

主要用途： 果实可入药，驱风、行气、温中、镇痛；四旁绿化。

苦楝

科名：楝科
学名：*Melia azedarach* Linn.

主要特征：落叶乔木，高达10m余；树皮灰褐色，纵裂。分枝广展，小枝有叶痕。叶为2～3回奇数羽状复叶，长20～40cm；小叶对生，卵形、椭圆形至披针形，顶生一片通常略大，长3～7cm，宽2～3cm，先端短渐尖，基部楔形或宽楔形，多少偏斜，边缘有钝锯齿，幼时被星状毛，后两面均无毛，侧脉每边12～16条，广展，向上斜举。圆锥花序约与叶等长，无毛或幼时被鳞片状短柔毛；花芳香；核果球形至椭圆形，长1～2cm，宽8～15mm，内果皮木质，4～5室，每室有种子1颗；种子椭圆形。花期4～5月，果期10～12月。

主要特性：喜温暖、湿润气候，喜光，不耐庇荫，较耐寒，华北地区幼树易受冻害。在酸性、中性和碱性土壤中均能生长，在含盐量0.45%以下的盐渍地上也能良好生长。树势强壮，萌芽力强，抗风，生长迅速，花艳、量多，极具观赏性。耐烟尘，抗二氧化硫和抗病虫害能力强。

繁殖方式：播种繁殖；扦插。

栽培要点：11月可以采种，播种地要求排水良好、平坦。播种前做好平整圃地、打垄、碎土等工作，播种时期在3月下旬至4月上、中旬，播种量为20～30g/m^2，行距为20～25cm，沟深3～5cm。播种后覆土，轻轻镇压。有条件的可采用地膜覆盖，播种后10～15天出苗。楝树每个果核内有种子4～6粒，出苗后呈簇生状。当小苗长至5～10cm时间苗，按株距15cm定苗，每簇留1株壮苗即可。

2月下旬或3月上旬选取直径为0.5cm的苗根或枝条，剪成长15cm的插条后再进行扦插。插条上口平截，下口斜截。扦插株距为15～20cm、行距为30～40cm，深度为长度的1/3，扦插后将周围土壤按实。4月上旬，插穗上的不定芽相继萌发出土。当苗长到5～8cm时，只保留1个萌蘖，培养成苗干，其余的萌蘖抹去。

主要用途：叶、树皮、花、果实可入药，杀虫、止痒；石漠化治理。

刺槐

科名：豆科

学名：*Robinia pseudoacacia* Linn.

主要特征：落叶乔木，高 10 ～ 25m；树皮灰褐色至黑褐色，浅裂至深纵裂，稀光滑。小枝灰褐色，幼时有棱脊，微被毛，后无毛；具托叶刺，长达 2cm；冬芽小，被毛。羽状复叶长 10m ～ 40m；叶轴上面具沟槽；小叶 2 ～ 12 对，常对生，椭圆形、长椭圆形或卵形，长 2 ～ 5cm，宽 1.5 ～ 2.2cm，先端圆，微凹，具小尖头，基部圆至阔楔形，全缘，上面绿色，下面灰绿色，幼时被短柔毛，后变无毛；小叶柄长 1 ～ 3mm；小托叶针芒状，总状花序花序腋生，长 10 ～ 20cm，下垂，花多数，芳香；苞片早落；花梗长 7 ～ 8mm；花萼宿存，有种子 2 ～ 15 粒；种子褐色至黑褐色，微具光泽，有时具斑纹，近肾形，长 5 ～ 6mm，宽约 3mm，种脐圆形，偏于一端。花期 4 ～ 6 月，果期 8 ～ 9 月。

主要特性：有一定的抗旱能力。喜土层深厚、肥沃、疏松、湿润的壤土、沙质壤土、沙土或黏壤土，在中性土、酸性土、含盐量在 0.3% 以下的盐碱性土上都可以正常生长，在积水、通气不良的黏土上生长不良，甚至死亡。喜光，不耐阴。萌芽力和根蘖性都很强。

繁殖方式：种子繁殖。

栽培要点：刺槐过早播种易遭受晚霜冻害，所以播种宜迟不宜早，以“谷雨”节前后为最适宜。畦床条播或大田式播种均可。一般采用大田式育苗，先将苗地耱平，再开沟条播，行距 30 ～ 40cm，沟深 1.0 ～ 1.5cm，沟底要平，深浅要一致，将种子均匀地撒在沟内，然后及时覆土厚 1 ～ 2cm 并轻轻镇压，从播种到出苗 6 ～ 8d，播种量 60 ～ 90kg/hm^2。

主要用途：可入药，止血；道路绿化；石漠化治理；荒地造林。

臭椿

科名： 苦木科
学名： *Ailanthus altissima* （Mill.） Swingle

主要特征： 落叶乔木，高可达20余米，树皮平滑而有直纹；嫩枝有髓，幼时被黄色或黄褐色柔毛，后脱落。叶为奇数羽状复叶，长40 ～ 60cm，叶柄长7 ～ 13cm，有小叶13 ～ 27；小叶对生或近对生，纸质，卵状披针形，长7 ～ 13cm，宽2.5 ～ 4cm，先端长渐尖，基部偏斜，截形或稍圆，两侧各具1或2个粗锯齿，齿背有腺体1个，叶面深绿色，背面灰绿色，揉碎后具臭味。圆锥花序长10 ～ 30cm；花淡绿色，花梗长1 ～ 2.5mm；萼片5，覆瓦状排列，裂片长0.5 ～ 1mm；花瓣5个，长2 ～ 2.5mm，基部两侧被硬粗毛；雄蕊10个，花丝基部密被硬粗毛，雄花中的花丝长于花瓣，雌花中的花丝短于花瓣；花药长圆形，长约1mm；心皮5个，花柱粘合，柱头5裂。翅果长椭圆形，长3 ～ 4.5cm，宽1 ～ 1.2cm；种子位于翅的中间，扁圆形。花期4 ～ 5月，果期8 ～ 10月。

主要特性： 喜光，不耐阴。适应性强，除黏土外，各种土壤和中性、酸性及钙质土都能生长，适生于深厚、肥沃、湿润的砂质土壤。耐寒，耐旱，不耐水湿，长期积水会烂根死亡。深根性。垂直分布在海拔100 ～ 2000m范围内。

繁殖方式： 种子繁殖；根蘖苗分株繁殖。

栽培要点： 一般用播种繁殖。播种育苗容易，以春季播种为宜。先去掉种翅，用始温40℃的水浸种24h，捞出后放置在温暖的向阳处混沙催芽，温度20 ～ 25℃之间，夜间用草帘保温，约10天种子有1/3裂嘴即可播种。行距25 ～ 30cm，覆土1 ～ 1.5cm，略镇压，每亩播种量5kg左右。4 ～ 5天幼苗开始出土，每米留苗8 ～ 10株，每亩苗1.2万～ 1.6万株，当年生苗高60 ～ 100cm。最好移植一次，截断主根，促进侧须根生长。臭椿的根蘖性很强，也可采用分根、分蘖等方法繁殖。

主要用途： 树皮、果实可入药，清热燥湿、止泻、止血；石漠化治理；荒地造林。

栓皮栎

科名： 壳斗科

学名： *Quercus variabilis* Bl.

主要特征： 落叶乔木，高达 30m，胸径达 1m 以上，树皮黑褐色，深纵裂，木栓层发达。小枝灰棕色，无毛；芽圆锥形，芽鳞褐色，具缘毛。叶片卵状披针形或长椭圆形，长 8 ~ 20cm，宽 2 ~ 8cm，顶端渐尖，基部圆形或宽楔形，叶缘具刺芒状锯齿，叶背密被灰白色星状绒毛，侧脉每边 13 ~ 18 条，直达齿端；叶柄长 1 ~ 5cm，无毛。雄花序长达 14cm，花序轴密被褐色绒毛，花被 4 ~ 6 裂，雄蕊 10 枚或较多；雌花序生于新枝上端叶腋；花柱 30；壳斗杯形，包着坚果 2/3，连小苞片直径 2.5 ~ 4cm，高约 1.5cm；小苞片钻形，反曲，被短毛。坚果近球形或宽卵形，高、径约 1.5cm，顶端圆，果脐突起。花期 3 ~ 4 月，果期翌年 9 ~ 10 月。

主要特性： 栓皮栎喜光，常生于山地阳坡，但幼树以有侧方庇荫为好。对气候，土壤的适应性强。能耐 -20℃的低温，在 pH4 ~ 8 的酸性、中性及石灰性土壤中均有生长，亦耐干旱、瘠薄，而以深厚、肥沃、适当湿润而排水良好的壤土和沙质壤土最适宜，不耐积水。

繁殖方式： 种子繁殖。

栽培要点： 种子需进行催芽处理，用 50℃温水浸种，自然冷却，如此反复 3 ~ 4 次，可以提前 10d 左右发芽，发芽率可达 80% ~ 90%；也可以用湿沙层积催芽，待种壳开裂露白时播种。播种一般采取苗床冬播。株行距 10cm × 20cm 或 15cm × 15cm，沟深 6 ~ 7cm，沟内每隔 10 ~ 15cm 平放 1 粒种子，播种量为 2.25 ~ 3.00t/hm^2。

主要用途： 荒山造林；石漠化治理；建筑、车、船、家具、枕木用材；栓皮可作绝缘、隔热、隔音、瓶塞原材料；种子可提取浆纱、酿酒；枝干，培植银耳、木耳、香菇等的材料。

麻栎

科名：壳斗科

学名：*Quercus acutissima* Carruth.

主要特征：落叶乔木，高达30m，胸径达1m，树皮深灰褐色，深纵裂。幼枝被灰黄色柔毛，后渐脱落，老时灰黄色，具淡黄色皮孔。冬芽圆锥形，被柔毛。叶片形态多样，通常为长椭圆状披针形，长8～19cm，宽2～6cm，顶端长渐尖，基部圆形或宽楔形，叶缘有刺芒状锯齿，叶片两面同色，幼时被柔毛，老时无毛或叶背面脉上有柔毛，侧脉每边13～18条；叶柄长1～3（～5）cm，幼时被柔毛，后渐脱落。雄花序常数个集生于当年生枝下部叶腋，有花1～3朵，花柱30；壳斗杯形，包着坚果约1/2，连小苞片直径2～4cm，高约1.5cm；小苞片钻形或扁条形，向外反曲，被灰白色绒毛。坚果卵形或椭圆形，直径1.5～2cm，高1.7～2.2cm，顶端圆形，果脐突起。花期3～4月，果期翌年9～10月。

主要特性：生于海拔60～2200m的山地阳坡，成小片纯林或混交林，喜光，喜湿润气候。耐寒，耐干旱瘠薄，不耐水湿，不耐盐碱，在湿润肥沃深厚、排水良好的中性至微酸性沙壤土上生长最好，排水不良或积水地不宜种植。

繁殖方式：种子繁殖。

栽培要点：垄作播种顺垄开5～7cm深沟，然后均匀摆放种子，种子最好横向放置，每米播种沟播种40～50粒。播种后覆土3～4cm，并稍加镇压。床用播种采用条播，横床每隔20cm开5～7cm深沟，每行播种20～30粒，播种后覆土、镇压。幼苗出土后1个月内地上部分生长缓慢，根系生长较快，所需养分主要依靠子叶贮藏营养，从外界吸收养分的能力较差，因此追肥应在6月雨季到来后进行。追肥以速效氮肥为主（如尿素），可在6月中旬、8月上旬各追肥1次，每次用量为10～15kg/亩。

主要用途：荒山、荒地造林；石漠化治理。

滇楸

科名：紫葳科

学名：*Catalpa fargesii* Bur. f. *duclouxii* （Dode）Gilmour

主要特征：滇楸为植物灰楸的变型，乔木，高达25m，主干端直，树皮有纵裂，枝杈少分歧；幼枝、花序、叶柄均有分枝毛。叶厚纸质，卵形或三角状心形，长13～20cm，宽10～13cm，顶端渐尖，基部截形或微心形，侧脉4～5对，基部有3出脉，叶幼时表面微有分枝毛，背面较密，以后变无毛；叶柄长3～10cm。顶生伞房状总状花序，有花7～15朵。花萼2裂近基部，裂片卵圆形。花冠淡红色至淡紫色，内面具紫色斑点，钟状，长约3.2cm。雄蕊2，内藏，退化雄蕊3枚，花丝着生于花冠基部，花药广歧，长3～4mm。花柱丝形，细长，长约2.5cm，柱头2裂；子房2室，胚珠多数。蒴果细圆柱形，下垂，长55～80cm，果革质，2裂。种子椭圆状线形，薄膜质，两端具丝状种毛，连毛长约5～6cm。花期3～5月，果期6～11月。与原变型的区别：叶片、花序均无毛。

主要特性：喜光，喜温暖湿润的气候，适生于年平均气温10～15℃、年降水量700～1200mm的气候。对土、肥、水条件的要求较严格，适宜在土层深厚肥沃，疏松湿润而又排水良好的中性土、微酸性土和钙质土壤上生长。

繁殖方式：种子繁殖；嫁接繁殖。

栽培要点：砧木处理，在离地面10cm左右处将砧木切断，削平切口，选择树皮平滑的一面用快刀从上至下削一刀，深达木质部，长2cm左右。接穗处理：接穗长10cm左右，带3～4个饱满芽，在靠近最下一节芽的背面或侧面，用快刀将接穗削成一平滑平面，深度稍过髓心，长2.5～3cm，再在背面平削一刀，深达木质部，长略短于正面削口，并将接穗下端削尖。嫁接：将砧木切口上端两侧树皮轻轻撬开，插入接穗，用塑料带从上至下捆紧，接穗和砧木外露部分涂上接蜡。嫁接时间春季在3月中、下旬，秋季在8月中、下旬。但以春季嫁接为好，成活率高、生长快。萌生枝比实生枝嫁接成活率高，今后可将大树枝条切断，让其萌发，再用萌发枝条进行嫁接，以提高成活率。

主要用途：高级家具及装饰用材；根、叶、花均可入药，治耳底痛、胃痛、咳嗽、风湿痛；庭园观赏树、行道树。

梓树

科名：紫葳科

学名：*Catalpa ovata* G. Don

主要特征：落叶乔木，一般高 6m，最高达 15m。树冠伞形，主干通直平滑，呈暗灰色或者灰褐色，嫩枝具稀疏柔毛。圆锥花序顶生，长 10 ～ 18cm，花序梗微被疏毛，长 12 ～ 28cm；花梗长 3 ～ 8mm，疏生毛；花萼圆球形，2 唇开裂，长 6 ～ 8mm；花萼 2 裂，裂片广卵形，顶端锐尖；花冠钟状，浅黄色，长约 2cm，二唇形，上唇 2 裂，长约 5mm，下唇 3 裂，中裂片长约 9mm，侧裂片长约 6mm，边缘波状，筒部内有 2 黄色条带及暗紫色斑点，长约 2.5cm，直径约 2cm；蒴果线形，下垂，深褐色，长 20 ～ 30cm，粗 5 ～ 7mm，冬季不落；叶对生或近于对生，有时轮生，叶阔卵形，长宽相近，长约 25cm，顶端渐尖，基部心形，全缘或浅波状，常 3 浅裂，叶片上面及下面均粗糙，微被柔毛或近于无毛，侧脉 4 ～ 6 对，基部掌状脉 5 ～ 7 条；叶柄长 6 ～ 18cm；种子长椭圆形，两端密生长柔毛，连毛长约 3cm，宽约 3mm，背部略隆起。能育雄蕊 2，花丝插生于花冠筒上，花药叉开；退化雄蕊 3。子房上位，棒状。花柱丝形，柱头 2 裂。花期 6 ～ 7 月，果期 8 ～ 10 月。

主要特性：适应性较强，喜温暖，也能耐寒。土壤以深厚、湿润、肥沃的夹沙土较好。不耐干旱瘠薄。抗污染能力强，生长较快。可利用边角隙地栽培。生于海拔 500 ～ 2500m 的低山河谷，湿润土壤，野生者已不可见，多栽培于村庄附近及公路两旁。

繁殖方式：种子繁殖；嫁接繁殖。

栽培要点：3 ～ 4 月在整好的地上作 1.3m 宽的畦，在畦上开横沟，沟距 33cm，深约 7cm，插幅约 10cm，施人畜粪水，把种子混合于草木灰内，用种子 15kg 左右 / 公顷，匀撒沟里，上盖草木灰或细土 1 层，并盖草，至发芽时揭去。种子发芽后，要注意拔草，苗高 7 ～ 10cm 时匀苗，每隔 7 ～ 10cm，有苗 1 株，并行，耕除草、追肥 1 次，在 6 ～ 7 月再行中除 1 次。第 2 年春季中除草、追肥 1 次。移栽后的 3 ～ 5 年内，每年都要松穴除草 3 次，在春、夏、冬季进行。并自第 3 年起每年冬季要适当剪去侧枝，培育主干，以利生长。在封林以后，即可不加管理。培育 1 年即可移栽。

主要用途：树皮、叶、茎、果实可入药，清热解毒；杀虫止痒；园林绿化。

泡桐

科名： 玄参科

学名： *Paulownia fortunei* Sieb. et Zucc.

主要特征： 落叶乔木，树冠圆锥形、伞形或近圆柱形，幼时树皮平滑而具显著皮孔，老时纵裂；通常假二歧分枝，枝对生，常无顶芽；除老枝外全体均被毛，毛有各种类型，如星状毛、树枝状毛、多节硬毛、粘质腺毛等，有些种类密被星状毛和树枝状毛，肉眼观察似绒毛，故通称绒毛，某些种在幼时或营养枝上密生粘质腺毛或多节硬毛。叶对生，大而有长柄，生长旺盛的新枝上有时 3 枚轮生，心脏形至长卵状心脏形，基部心形，全缘、波状或 3 ～ 5 浅裂，在幼株中常具锯齿，多毛，无托叶。花 3 ～ 5 朵（最少 1 朵，最多 8 朵）成小聚伞花序，具总花梗或无，但因经冬叶状总苞和苞片脱落而多数小聚伞花序组成大型花序，花序枝的侧枝长短不一，使花序成圆锥形、金字塔形或圆柱形。蒴果卵圆形、卵状椭圆形、椭圆形或长圆形，室背开裂，2 片裂或不完全 4 片裂，果皮较薄或较厚而木质化；种子小而多，有膜质翅，具少量胚乳。

主要特性： 泡桐对热量要求较高，对大气干旱的适应能力较强，但因种类不同而有一定差异。对土壤肥力、土层厚度和疏松程度也有较高要求。在水淹、粘重的土壤上生长不良。

繁殖方式： 分根、分蘖繁殖；种子繁殖；嫁接。

栽培要点： 育苗地可选背风向阳、以沙壤土或壤土为主的圃地，做高 15 ～ 20cm 的高垄苗床，选用 1 ～ 2 年生苗根，以直埋根为好，埋根株行距以 1m × 0.8m 或 1m × 1m 为宜，施足基肥，在 6 ～ 8 月生长旺盛期追施速效化肥，促使其快速生长。四旁造林要求挖大穴、施足基肥，山地造林要求带状梯田整地，松土层厚度为 50 ～ 70cm，并施足基肥，以达到造林当年快速生长的目的。以用材林分为主的造林密度为 5m × 5m，每亩栽 26 株；林粮并重的造林密度为 5m × 10m，每亩栽 13 株；以粮为主的造林密度为 4m × 30m，每亩栽 6 株。

主要用途： 绿化；行道树种；叶、花、木材可入药，消炎、止咳、利尿、降压。

马尾松

科名： 松科
学名： *Pinus massoniana* Lamb

主要特征： 乔木，高达45m，胸径1m，树冠在壮年期呈狭圆锥形，老年期内则开张如伞状；干皮红褐色，呈不规则裂片；一年生小枝淡黄褐色，轮生；冬芽圆柱形，针叶2针1束，稀3针1束，长12～20cm，质软，叶缘有细锯齿；长12～20cm，先端尖锐；树脂管4～7个，边生；叶鞘膜质。花单性，雌雄同株；雄花序无柄，柔荑状，腋生在新枝的基部，雄蕊螺旋状排列；雌花序球形，一至数个生于新枝的顶端或上部。球果长卵形，长4～7cm，径2.5～4cm，有短柄，成熟时栗褐色陆续脱落；种鳞近短圆状倒卵形，长约3cm；鳞盾菱形，微隆起或平，横脊微明显，鳞脐微凹，无刺；种长4～5mm，翅长1.5cm。子叶5～8枚。花期4月；球果次年10～12月成熟。

主要特性： 不耐庇阴，喜光、喜温。适生于年均温13～22℃，年降水量800～1800mm，绝对最低温度不到-10℃。对土壤要求不严格，喜微酸性土壤，但怕水涝，不耐盐碱，在石砾土、沙质土、粘土、山脊和阳坡的冲刷薄地上，以及陡峭的石山岩缝里都能生长。

繁殖方式： 种子繁殖。

栽培要点： 播种时间最好在2月下旬至3月上旬，播种方式为条播，播距15～20cm，播沟方向最好与苗床方向平行。经精选、消毒的马尾松良种播种量，每亩3～4kg。早播苗床可覆盖薄膜或稻草，用以保温、保湿，促进种子提早发芽，出土整齐。为保证切根育苗效果，切根时的苗木高度需达12cm，主根长15cm以上。幼苗出土后40d内应特别注意保持苗床湿润。5～7月可每月施化肥1～2次，每亩每次施硫酸铵2～5kg。马尾松苗太密时，可以进行间苗移栽，通常分2次，第1次移栽在5月中、下旬，第2次移栽在7月上、中旬进行。在雨后阴天或阴雨天，略带宿土，不仅可以全部成活，幼苗生长也好。

主要用途： 荒山造林；石漠化治理；工业用材。

福建柏

科名： 柏科

学名： *Fokienia hodginsii* (Dunn) Henry et Thomas

主要特征： 乔木，高达17m；树皮紫褐色，平滑；生鳞叶的小枝扁平，排成一平面，二、三年生枝褐色，光滑，圆柱形。鳞叶2对交叉对生，成节状，生于幼树或萌芽枝上的中央之叶呈楔状倒披针形，通常长4 ~ 7mm，宽1 ~ 1.2mm，上面之叶蓝绿色，下面之叶中脉隆起，两侧具凹陷的白色气孔带，侧面之叶对折，近长椭圆形，多少斜展，较中央之叶为长，通常长5 ~ 10mm，宽2 ~ 3mm，背有棱脊，先端渐尖或微急尖，通常直而斜展，稀微向内曲，背侧面具1凹陷的白色气孔带；生于成龄树上之叶较小，两侧之叶长2 ~ 7mm，先端稍内曲，急尖或微钝，常较中央的叶稍长或近于等长。雄球花近球形，长约4mm。花期3 ~ 4月，种子翌年10 ~ 11月成熟。

主要特性： 福建柏分布于海拔580 ~ 1500m，但在1000 ~ 1300m的常绿阔叶林中较常见。阳性树种，适生于酸性或强酸性黄壤、红黄壤和紫色土，亦适合于偏碱性的钙质土壤。

繁殖方式： 种子繁殖。

栽培要点： 播种繁殖时在惊蛰前3 ~ 5日。播种前种子用0.1%高锰酸钾液消毒20min，然后用清水洗净，阴干，用钙镁磷肥拌种。苗期常有立枯病危害，枝干和根系常有白蚁危害，应注意防治。2 ~ 3月播种。出土后要遮荫。块状整地，挖穴回表土，穴规格为40cm × 30cm × 20cm，株行距以1.7m × 1.3m（300株/亩）或2m × 1.7m（200株/亩）为宜。穴内要清除草根、石块等杂物。选用1 ~ 2年生健壮实生苗造林。造林地以山坡中部以下缓坡及山洼等土层较厚地为宜。每公顷可栽植3000 ~ 3600株。栽植3个月后应及时除草扩穴一次。

主要用途： 庭园绿化；保持水土；抗击台风；石漠化治理；建筑、家具、细木工、雕刻用材；茎可入药，行气止痛；降逆止呕。

藏柏

科名： 柏科
学名： *Cupressus torulosa* D.Don

主要特征： 乔木，高约20m；生鳞叶的枝不排成平面，圆柱形，末端的鳞叶枝细长，径约1.2mm，微下垂或下垂，排列较疏，二、三年生枝灰棕色，枝皮裂成块状薄片。鳞叶排列紧密，近斜方形，长1.2～1.5mm，先端通常微钝，背部平，中部有短腺槽。球果生于长约4mm的短枝顶端，宽卵圆形或近球形，径12～16mm，熟后深灰褐色；种鳞5～6对，顶部五角形，有放射状的条纹，中央具短尖头或近平，能育种鳞有多数种子；种子两侧具窄翅。

主要特性： 产于藏东南，不丹和尼泊尔也有分布。在四川、云南、贵州等地引种栽培，经过培育驯化，在极寒冷和盐碱地也能很好生长，适于温带地区，种在中性、微酸性和钙质土上均能生长，在湿润、深厚、富含钙质的土壤上生长最快。亦能在贫瘠的山地生长。

繁殖方式： 种子繁殖。

栽培要点： 采种母树应选择枝形好、生长旺盛、无病虫害的植株，采用采种刀或高枝剪剪下果枝然后摘果。播种方法可采用条播或撒播。播种后最好用细火土盖种，厚度以不见种子为度，然后用青松毛或稻草覆盖苗床，要经常给播下种子的苗床灌溉，以保持土壤湿润。播种后20d左右，种子即可萌芽出土，当苗木出齐后，分3～4次逐渐揭去覆盖物。适时追肥，增加幼苗所需养分。四旁植树株行距可采用2m×2m或2m×3m的规格，山地造林株行距可采用1m×1.5m或1m×2m的规格。栽植穴视苗木大小而定，以苗根在穴内舒展为宜，穴底可施一定数量的底肥。造林时间以6～8月份阴雨天较好，此时正处于雨季，土壤湿润，空气湿度大，造林容易成活。

主要用途： 绿化；荒山造林；石漠化治理。

柏木

科名： 柏科
学名： *Cupressus funebris* Endl.

主要特征： 乔木，高达35m，胸径2m；树皮淡褐灰色，裂成窄长条片；小枝细长下垂，生鳞叶的小枝扁，排成一平面，两面同形，绿色，宽约1mm；较老的小枝圆柱形，暗褐紫色，略有光泽。鳞叶二型，长1～1.5mm，先端锐尖，中央之叶的背部有条状腺点，两侧的叶对折，背部有棱脊。雄球花椭圆形或卵圆形，长2.5～3mm，雄蕊通常6对，药隔顶端常具短尖头，中央具纵脊，淡绿色，边缘带褐色；雌球花长3～6mm，近球形，径约3.5mm。球果圆球形，径8～12mm，熟时暗褐色；种鳞4对，顶端为不规则五角形或方形，宽5～7mm，中央有尖头或无，能育种鳞有5～6粒种子；种子宽倒卵状菱形或近圆形，扁，熟时淡褐色，有光泽，长约2.5mm，边缘具窄翅。

主要特性： 喜温暖湿润的气候条件，对土壤适应性广，中性、微酸性及钙质上均能生长。耐干旱瘠薄，也稍耐水湿，特别是在上层浅薄的钙质紫色土和石灰土上也能正常生长。较喜光，耐寒性较强。

繁殖方式： 种子繁殖。

栽培要点： 选择20～40年生健壮树木作为采种母树，播种前先用清水选种，再置于45℃的温水中浸种1昼夜，捞出放在箩筐内催芽，待其有半数以上萌动开口时即可播种。以春播为主，也可秋播。采用条播方式，条距20～25cm，播幅5cm，每亩播种量6～8kg，播后覆草，经常浇水，保持苗床湿润。根据种子发芽情况分批揭去盖草，宜早晚或阴天进行，当50%～60%出苗时应揭去一半草，3～4d后再一次揭完。生长初期，地下部分生长量大于地上部分，苗木扎根尚浅，组织幼嫩，含水量高，易遭干旱日灼而死亡。此时可进行第1次间苗。速生期除继续加强除草松土外，还应及时追施速效性肥料，如腐熟人粪尿、尿素等1～2次，保证苗木所需营养供给；速生期中期可进行第2次间苗，1m苗床留苗50～60株；速生期后期忌施氮肥。

主要用途： 荒山绿化；疏林改造；景区美化；石漠化治理；珍贵用材。球果、根、枝叶可入药，治发热烦躁、小儿高烧。

核桃

科名：胡桃科
学名：*Juglans regia*

主要特征：落叶乔木，高达 3 ~ 5m，树皮灰白色，浅纵裂，枝条髓部片状，幼枝先端具细柔毛；2 年生枝常无毛。树皮幼时灰绿色，老时则灰白色而纵向浅裂；小枝无毛，具光泽，被盾状着生的腺体，灰绿色，后来带褐色。羽状复叶长 25 ~ 50cm，小叶 5 ~ 9 个，稀有 13 个，椭圆状卵形至椭圆形，顶生小叶通常较大，长 5 ~ 15cm，宽 3 ~ 6cm，先端急尖或渐尖，基部圆或楔形，有时为心脏形，全缘或有不明显钝齿，表面深绿色，无毛，背面仅脉腋有微毛，小叶柄极短或无，有些外壳坚硬，有些比较软。雄柔荑花序长 5 ~ 10cm，雄花有雄蕊 6 ~ 30 个，萼 3 裂，雌花 1 ~ 3 朵聚生，花柱 2 裂，赤红色。雄花的苞片、小苞片及花被片均被腺毛；雄蕊 6 ~ 30 枚，花药黄色，无毛。雌性穗状花序通常具 1 ~ 3（4）雌花。雌花的总苞被极短腺毛，柱头浅绿色。果实球形，直径约 5cm，灰绿色。幼时具腺毛，老时无毛，内部坚果球形，黄褐色，表面有不规则槽纹。果序短，杞俯垂，具 1 ~ 3 果实；果实近于球状，直径 4 ~ 6cm，无毛；果核稍具皱曲，有 2 条纵棱，顶端具短尖头。

主要特性：核桃喜光，耐寒，抗旱、抗病能力强，适应多种土壤生长，喜肥沃湿润的沙质壤土，喜水、肥，喜阳，同时对水肥要求不严，落叶后至发芽前不宜剪枝，易产生伤流。适宜大部分土地生长。喜石灰性土壤，常见于山区河谷两旁土层深厚的地方。

繁殖方式：嫁接。

栽培要点：砧木用本砧或铁核桃 1 ~ 2 年生实生苗。先将种子砂藏层积 60d 以上，开春时取出播种。条播行距 30 ~ 40cm、株距 12 ~ 15cm，覆土 5cm 左右。枝接适期在立春至雨水之间；芽接适期在春分前后；接后接口和接穗均套塑料袋并装潮湿木屑包扎保温，嫁接成活率达 95% 以上。

主要用途：果实可食用，健脑；果实可入药，治肾虚喘嗽、腰痛；荒地造林。

杜仲

科名： 杜仲科

学名： *Eucommia ulmoides* Oliver

主要特征： 落叶乔木，高达20m，胸径约50cm；树皮灰褐色，粗糙，内含橡胶，折断拉开有多数细丝。嫩枝有黄褐色毛，不久变秃净，老枝有明显的皮孔。芽体卵圆形，外面发亮，红褐色，有鳞片6～8片，边缘有微毛。叶椭圆形、卵形或矩圆形，薄革质，长6～15cm，宽3.5～6.5cm；基部圆形或阔楔形，先端渐尖；上面暗绿色，初时有褐色柔毛，不久变秃净，老叶略有皱纹，下面淡绿，初时有褐毛，以后仅在脉上有毛；侧脉6～9对，与网脉在上面下陷，在下面稍突起；边缘有锯齿；叶柄长1～2cm，上面有槽，被散生长毛。花生于当年枝基部，雄花无花被；花梗长约3mm，无毛。雌花单生，苞片倒卵形，花梗长8mm，子房无毛，1室，扁而长，先端2裂，子房柄极短。翅果扁平，长椭圆形；坚果位于中央，稍突起。早春开花，秋后果实成熟。

主要特性： 喜阳光充足、温和湿润气候，耐寒。可在瘠薄的红土，或岩石峭壁均能生长。

繁殖方式： 种子繁殖；扦插；根插；压条；嫁接。

栽培要点： 1. 种子繁殖宜选新鲜、饱满、黄褐色有光泽的种子于冬季11～12月播种。种子忌干燥，故宜趁鲜播种。条播，行距20～25cm，每亩用种量8～10kg。播种后盖草，保持土壤湿润，以利种子萌发。幼苗出土后，于阴天揭除盖草。每亩可产苗木3万～4万株。2. 嫩枝扦插繁殖春夏之交，剪取一年生嫩枝，剪成长5～6cm的插条，插入苗床，入土深2～3cm，在土温21～25℃下，经15～30d即可生根。如用0.05mL/L奈乙酸处理插条24h，插条成活率可达80%以上。3. 根插繁殖在苗木出圃时，修剪苗根，取径粗1～2cm的根，剪成10～15cm长的根段，进行扦插，粗的一端微露地表，在断面下方可萌发新梢，成苗率可达95%以上。4. 压条繁殖春季选强壮枝条压入土中，深15cm，待萌蘖抽生高达7～10cm时，培土压实。经15～30d，萌蘖基部可发生新根。深秋或翌春挖起，将萌蘖一一分开即可定植。5. 嫁接繁殖用二年生苗作砧木，选优良母本树上一年生枝作接穗，于早春切接于砧木上，成活率可达90%以上。

主要用途： 茎、树皮入用，强壮剂、降血压、抗癌；石漠化治理。

喜树

科名：蓝果树科

学名：*Camptotheca* Acuminata Decne.

主要特征：落叶乔木，高达20余米。树皮灰色或浅灰色，纵裂成浅沟状。小枝圆柱形，平展，当年生枝紫绿色，有灰色微柔毛，多年生枝淡褐色或浅灰色，无毛，有很稀疏的圆形或卵形皮孔；冬芽腋生，锥状，有4对卵形的鳞片，外面有短柔毛。叶互生，纸质，矩圆状卵形或矩圆状椭圆形，长12～28cm，宽6～12cm，顶端短锐尖，基部近圆形或阔楔形，全缘，上面亮绿色，幼时脉上有短柔毛，其后无毛，下面淡绿色，疏生短柔毛，叶脉上更密，中脉在上面微下凹，在下面凸起，侧脉11～15对，在上面显著，在下面略凸起；叶柄长1.5～3cm，上面扁平或略呈浅沟状，下面圆形，幼时有微柔毛，其后几无毛。头状花序近球形，直径1.5～2cm，常由2～9个头状花序组成圆锥花序，顶生或腋生，通常上部为雌花序，下部为雄花序。翅果矩圆形，长2～2.5cm，顶端具宿存的花盘，两侧具窄翅，幼时绿色，干燥后黄褐色，着生成近球形的头状果序。花期5～7月，果期9月。

主要特性：喜温暖湿润，不耐严寒和干燥，对土壤酸碱度要求不严，在酸性、中性、碱性土壤中均能生长，在石灰岩风化的钙质上壤和板页岩形成的微酸性土壤中生长良好，但在土壤肥力较差的粗沙土、石砾土、干燥瘠薄的薄层石质山地，都生长不良。

繁殖方式：种子繁殖。

栽培要点：在15～20年的成熟母树上采种，播前种子需经催芽处理。其步骤是：先用0.5%高锰酸钾液消毒1～2h，然后漂洗干净，用40℃左右温水浸泡12h，然后将种子取出与1/3的鲜河沙混合均匀；如有80%的种子张口露芽时即可播种，一般每亩苗床播种量4～5kg，播后盖土0.5～2cm，用稻草、麦秸等进行覆盖。大概在20～30d后，即可出苗。

主要用途：果实、根、茎、叶可入药，抗癌、清热杀虫；石漠化治理；造纸。

川桂

科名： 樟科

学名： *Cinnamomum wilsonii* Gamble

主要特征： 乔木，高25m，胸径30cm。枝条圆柱形，干时深褐色或紫褐色。叶互生或近对生，卵圆形或卵圆状长圆形，长8.5 ~ 18cm，宽3.2 ~ 5.3cm，先端渐尖，尖头钝，基部渐狭下延至叶柄，但有时为近圆形，革质，边缘软骨质而内卷，上面绿色，光亮，无毛，下面灰绿色，晦暗，幼时明显被白色丝毛但最后变无毛，离基三出脉，中脉与侧脉两面凸起，干时均呈淡黄色，侧脉自离叶基5 ~ 15mm处生出，向上弧曲，至叶端渐消失，外侧有时具3 ~ 10条支脉但常无明显的支脉，支脉弧曲且与叶缘的肋连接，横脉弧曲状，多数，纤细，下面多少明显；叶柄长10 ~ 15mm，腹面略具槽，无毛。圆锥花序腋生，长3 ~ 9cm，单一或多数密集，少花，近总状或为2 ~ 5花的聚伞状，具梗，总梗纤细，长1.5 ~ 6cm，与序轴均无毛或疏被短柔毛。成熟果未见；果托顶端截平，边缘具极短裂片。花期4 ~ 5月，果期6月以后。

主要特性： 生于山谷或山坡阳处或沟边，疏林或密林中，海拔（30 ~ 300）800 ~ 2400m。适于生长在pH值为4.5 ~ 5.5，湿润的酸性沙壤土和壤土。

繁殖方式： 种子繁殖；萌蘖；扦插。

栽培要点： 大面积造林所需苗木常采用种子繁殖，选择12 ~ 15年生，树形端正茂盛，主干高大笔直，皮厚含油足，香气浓的植株作留种母树。每年2 ~ 4月，当果实变为紫黑色，果肉变软时便可采收。采收后要及时将果实放入竹筐内，置清水中把果皮搓烂，掏去果皮和果肉，取出沉于水底层的种子，摊放在室内通风处晾干表面水分。最好随采随播，如不能马上播种可用湿沙贮藏。用1份种子与2份湿润的细河沙混合均匀，铺20cm左右，贮存在室内阴凉避风处。可以这样放置两个月，能保证80%左右的发芽率。

主要用途： 树皮可入药，补肾、散寒祛风；荒山造林。

香椿

科名：楝科

学名：*Toona sinensis*（A. Juss.）Roem.

主要特征：香椿是多年生的落叶乔木，树皮粗糙，深褐色，片状脱落。叶具长柄，偶数羽状复叶，长 30 ~ 50cm 或更长；小叶 16 ~ 20，对生或互生，纸质，卵状披针形或卵状长椭圆形，长 9 ~ 15cm，宽 2.5 ~ 4cm，先端尾尖，基部一侧圆形，另一侧楔形，不对称，边全缘或有疏离的小锯齿，两面均无毛，无斑点，背面常呈粉绿色，侧脉每边 18 ~ 24 条，平展，与中脉几成直角开出，背面略凸起；小叶柄长 5 ~ 10mm。圆锥花序与叶等长或更长，被稀疏的锈色短柔毛或有时近无毛，小聚伞花序生于短的小枝上，多花；花长 4 ~ 5mm，具短花梗。蒴果狭椭圆形，长 2 ~ 3.5cm，深褐色，有小而苍白色的皮孔，果瓣薄；种子基部通常钝，上端有膜质的长翅，下端无翅。花期 6 ~ 8 月，果期 10 ~ 12 月。

主要特性：喜温，适宜在平均气温 8 ~ 10℃的地区栽培，抗寒能力随苗树龄的增加而提高。喜光，较耐湿，适宜生长于河边、宅院周围肥沃湿润的土壤中，一般以砂壤土为好。适宜的土壤酸碱度为 pH5.5 ~ 8.0。

繁殖方式：种子繁殖；分株繁殖。

栽培要点：因香椿种子发芽率较低，播种前，将种子加新高脂膜在 30 ~ 35℃温水中浸泡 24h，捞起后，置于 25℃处催芽。至胚根露出米粒大小时播种（播种时的地温最低在 5℃左右）。上海地区一般在 3 月上中旬。出苗后，长 2 ~ 3 片真叶时间苗，4 ~ 5 片真叶时定苗，行株距为 25cm × 15cm。香椿苗育成后，都在早春发芽前定植。大片营造香椿林的，行株距 7m × 5m。植于河渠、宅后的，都为单行，株距 5m 左右。定植后要浇水 2 ~ 3 次，以提高成活率。

分株繁殖，可在早春挖取成株根部幼苗，植在苗地上，当次年苗长至 2m 左右，再行定植。也可采用断根分蘖方法，于冬末春初，在成树周围挖 60cm 深的圆形沟，切断部分侧根，而后将沟填平，由于香椿根部易生不定根，因此断根先端萌发新苗，次年即可移栽。

主要用途：香椿头，可食用；荒山造林；树皮、叶可入药，消炎、解毒。

任豆

科名： 豆科

学名： *Zenia insignis* Chun

主要特征： 落叶大乔木，高 20 ～ 30m，胸径可达 1m；树皮灰白带褐色；树冠伞形，枝条开展。奇数羽状复叶，互生，长 25 ～ 45cm；托叶大，早落；小叶 19 ～ 21，互生，长圆状披针形，长 5 ～ 9cm，宽 2 ～ 3cm，先端急尖或渐尖，基部圆形，下面密生白色平贴短柔毛；小叶柄长约 2 ～ 3mm。花排列成疏松的顶生聚伞状圆锥花序；花梗和总花梗有黄棕色柔毛；花红色，近辐射对称，长约 14mm；萼片 5 片，几相等；花瓣比萼片稍长，最上面的 1 枚花瓣略宽于其它花瓣；雄蕊 5 枚，其中 4 枚能育，花丝疏生柔毛；子房边缘疏生柔毛，具子房柄，有 3 ～ 8 枚胚珠。荚果褐色，不开裂，长圆形或长圆状椭圆形，长可达 15cm，宽约 3cm，在近轴的一侧有宽约 5 ～ 9mm 的翅，荚内有种子 3 ～ 8 粒，果皮膜质；种子扁圆形，平滑而有光泽，棕黑色。

主要特性： 分布区年平均温 17 ～ 23℃，极端最低温 -4.9℃，年降水量约 1500mm。土壤为棕色石灰岩土，pH 值 6.0 ～ 7.5，在酸性红壤和赤红壤上也能生长。

繁殖方式： 种子繁殖。

栽培要点： 选择壮健母树，于 10 月采种，净种后即可播种；亦可储藏至次年春天播种。播种前用 80 ～ 90℃的热水浸种，软化种皮，促使种子发芽。出土后不宜遮阴。出圃造林宜选用 1 年生壮苗，季节以立春前后苗木萌芽前为好。萌芽力强，当森林遭破坏后，能成为大片灌丛的优势成分，若不砍伐，可以发展成林。根系发达，侧根多，1 年生苗的根可深入土中达 60cm，侧根根幅约可达 51cm。生长迅速，在广西百色平果县的阔叶混交林中，16 年生的树高 18.4m，胸径 19.9cm。种植在广西桂林雁山的 17 年生植株，树高 17m，最大的胸径达 43cm。

主要用途： 园林绿化；石漠化治理；荒山造林；人造板材；家具、建筑用材。

台湾相思

科名： 豆科
学名： *Acacia confusa* Merr.

主要特征： 常绿乔木，高 6 ～ 15m，无毛；枝灰色或褐色，无刺，小枝纤细。苗期第一片真叶为羽状复叶，长大后小叶退化，叶柄变为叶状柄，叶状柄革质，披针形，长 6 ～ 10cm，宽 5 ～ 13mm，直或微呈弯镰状，两端渐狭，先端略钝，两面无毛，有明显的纵脉 3 ～ 8 条。头状花序球形，单生或 2 ～ 3 个簇生于叶腋，直径约 1cm；总花梗纤弱，长 8 ～ 10mm；花金黄色，有微香；花萼长约为花冠之半；花瓣淡绿色，长约 2mm；雄蕊多数，明显超出花冠之外；子房被黄褐色柔毛，花柱长约 4mm。荚果扁平，长 4 ～ 12cm，宽 7 ～ 10mm，干时深褐色，有光泽，种子间微缢缩，顶端钝而有凸头，基部楔形，种子 2 ～ 8 颗，椭圆形，压扁，长 5 ～ 7mm。花期 3 ～ 10 月；果期 8 ～ 12 月。

主要特性： 原产中国台湾，遍布全岛平原、丘陵低山地区，菲律宾也有分布。台湾相思树喜暖热气候，亦耐低温，喜光，亦耐半阴，耐旱瘠土壤，亦耐短期水淹，喜酸性土。可在花岗岩石质山地上生长。

繁殖方式： 种子繁殖。

栽培要点： 7 月荚果熟时由青绿变为褐色，应及时采种，采回果实晒干，取出种子，干藏，千粒重 26.5g，发芽率 80% ～ 90%。容器育苗，播前用沸水烫种不超过 1 分钟，再用冷水浸种 24h，播后 7 天开始发芽，待长出叶柄状后移苗上袋，苗高 20 ～ 25cm 以后可出圃造林。与桉、松、樟树混交造林效果很好，是较理想的伴生树种，混交比例 1：1 或 1：(2 ～ 3）可采用行间混交或行带混交。也可营造纯林，造林密度可大些，株行距 1.5m × 1.5m，每公顷大约 4400 株。培育用材林，造林 8 ～ 10 年开始间伐，间伐强度为 20% ～ 25%；6 ～ 8 年后可进行第二次间伐。

主要用途： 石漠化治理；荒山造林；水土保持；桨橹，农具。

八角

科名：木兰科
学名：*Illicium verum* Hook.f.

主要特征：常绿乔木，高 10 ~ 15m；树冠塔形、椭圆形或圆锥形；树皮深灰色；枝密集。叶不整齐互生，在顶端 3 ~ 6 片近轮生或松散簇生，革质、厚革质，倒卵状椭圆形、倒披针形或椭圆形，长 5 ~ 15cm，宽 2 ~ 5cm，先端骤尖或短渐尖，基部渐狭或楔形；在阳光下可见密布透明油点；中脉在叶上面稍凹下，在下面隆起；叶柄长 8 ~ 20mm。花粉红至深红色，单生叶腋或近顶生，花梗长 15 ~ 40mm；花被片 7 ~ 12 片，常 10 ~ 11 片，常具不明显的半透明腺点，最大的花被片宽椭圆形到宽卵圆形，长 9 ~ 12mm，宽 8 ~ 12mm；雄蕊 11 ~ 20 枚，多为 13、14 枚，长 1.8 ~ 3.5mm，花丝长 0.5 ~ 1.6mm，药隔截形，药室稍为突起，长 1 ~ 1.5mm；心皮通常 8，有时 7 或 9，很少 11，在花期长 2.5 ~ 4.5mm，子房长 1.2 ~ 2mm，花柱钻形，长度比子房长。果梗长 20 ~ 56mm，聚合果，直径 3.5 ~ 4cm，饱满平直，蓇葖多为 8，呈八角形，长 14 ~ 20mm，宽 7 ~ 12mm，厚 3 ~ 6mm，先端钝或钝尖。种子长 7 ~ 10mm，宽 4 ~ 6mm，厚 2.5 ~ 3mm。正糙果 3 ~ 5 月开花，9 ~ 10 月果熟，春糙果 8 ~ 10 月开花，翌年 3 ~ 4 月果熟。

主要特性：喜冬暖夏凉的山地气候，适宜种植在土层深厚，排水良好，肥沃湿润，偏酸性的沙质壤土或壤土上生长良好；在干燥瘠薄或低洼积水地段生长不良。

繁殖方式：种子繁殖。

栽培要点：以裸根苗育苗为例，苗圃地宜选择靠近水源、土层深厚肥沃、排水良好、日照时间短的黄泥山地。整地时挖深 18 ~ 20cm，3 犁 3 耙，打碎土块，除净草、木根和土块后起畦，坡地以等高线整行为好，畦间留人行道 40cm 左右，施堆肥或草皮泥灰 225 ~ 250kg/hm^2。宜条播，种沟深 3 ~ 4cm、行距 15 ~ 20cm、株距 2 ~ 3cm。12 月至翌年 1 月播种，播种量 90 ~ 120kg/hm^2，播后盖烧过的草皮泥拌黄细泥 1.5cm，再盖 1 层茅草并淋透水，以防土壤水分蒸发和暴雨冲走种子。一般经过 20d 左右，种子发芽出土后揭去盖草，随后搭阴棚，经常早晚淋水，保持畦面湿润，勤除杂草、松土、施肥并进行病虫害防治。一般苗高 2 ~ 3cm 追施第 1 次肥，苗高 10 ~ 12cm 追施第 2 次肥，苗高 15 ~ 20cm 追施第 3 次肥，追肥可用稀的人粪尿或尿素，用量为第 1 次 50kg 水溶解尿素 0.2kg 淋施苗木，第 2 次用 0.3kg 尿素，第 3 次用 0.5kg 尿素。苗木大且密时可间苗，一般留苗 3 万 ~ 4 万株 /hm^2 为佳。翌年春苗高 40cm、地径 0.4cm、新顶芽未萌动前，便可淋透后起苗出圃定植，以 2 年生苗造林最佳，成活率较高。

主要用途：荒山造林；果实能入药，温阳散寒、理气止痛、温中健脾。

广东松

科名： 松科

学名： *Pinus kwangtungensis* Chun ex Tsiang

主要特征： 广东松即华南五针松，常绿乔木，高达30m，胸径1.5m；幼树树皮光滑，老树树皮褐色。厚，裂成不规则的鳞状块片；小枝无毛，一年生枝淡褐色，老枝淡灰褐色或淡黄褐色；冬芽茶褐色，微有树脂。针叶5针一束，长3.5 ~ 7mm，径1 ~ 1.5mm，先端尖，边缘有疏生细锯齿，仅腹面每侧有4 ~ 5条白色气孔线；横切面三角形，皮下层由单层细胞组成，树脂道2 ~ 3个，背面2个边生，有时腹面1个中生或无；叶鞘早落。球果柱状矩圆形或圆柱状卵形，通常单生，熟时淡红褐色，微具树脂，通常长4 ~ 9mm，径3 ~ 6mm，稀长达17mm、径7mm，梗长0.7 ~ 2mm；种鳞楔状倒卵形，通常长2.5 ~ 3.5mm，宽1.5 ~ 2.3mm，鳞盾菱形，先端边缘较薄，微内曲或直伸；种子椭圆形或倒卵形，长8 ~ 12mm，连同种翅与种鳞近等长，种子无翅，两侧及顶端具棱脊。花期4 ~ 5月，球果第二年10月成熟。

主要特性： 华南五针松喜生于气候温湿、雨量多、土壤深厚、排水良好的酸性土及多岩石的山坡与山脊上，稍耐干燥瘠薄，常与阔叶树及针叶树混生。

繁殖方式： 种子繁殖。

栽培要点： 采种以50 ~ 60年生的健壮母树为宜。圃地宜选择排水良好，海拔500 ~ 1000m的缓坡山地。清明前后播种，播前消毒，浸种催芽，待胚根露白时播下约一个月幼苗出土。伏天适当遮荫。宜用2 ~ 3年生苗出圃造林。

主要用途： 荒山造林；石漠化治理；树干可割取树脂；树皮可提取栲胶；针叶可提炼芳香油；种子可食用也可榨油。

木荷

科名： 山茶科

学名： *Schima superba* Gardn. et Champ.

主要特征： 大乔木，高 25m，嫩枝通常无毛。叶革质或薄革质，椭圆形，长 7 ~ 12cm，宽 4 ~ 6.5cm，先端尖锐，有时略钝，基部楔形，上面干后发亮，下面无毛，侧脉 7 ~ 9 对，在两面明显，边缘有钝齿；叶柄长 1 ~ 2cm。花生于枝顶叶腋，常多朵排成总状花序，直径 3cm，白色，花柄长 1 ~ 2.5cm，纤细，无毛；苞片 2 片，贴近萼片，长 4 ~ 6mm，早落；萼片半圆形，长 2 ~ 3mm，外面无毛，内面有绢毛；花瓣长 1 ~ 1.5cm，最外 1 片风帽状，边缘多少有毛；子房有毛。蒴果直径 1.5 ~ 2cm。花期 6 ~ 8 月。

主要特性： 喜光，幼年稍耐庇荫。适应亚热带气候，分布区年降水量 1200 ~ 2000mm，年平均气温 15 ~ 22℃。对土壤适应性较强，酸性土如红壤、红黄壤、黄壤上均可生长，但以在肥厚、湿润、疏松的沙壤土生长良好。一年生苗高 30 ~ 50cm 即可出圃造林。造林地宜选土壤比较深厚的山坡中部以下地带。木荷易天然下种更新。萌芽力强，也可萌芽更新。

繁殖方式： 种子繁殖。

栽培要点： 每年 10 ~ 11 月，蒴果呈黄褐色、微裂时采集。蒴果采回后先堆放 3 ~ 5 天，然后摊晒取种，筛选后干藏。2 ~ 3 月播种为宜，选择交通便利，排灌方便，深厚、肥沃、疏松的沙质土壤作苗圃地。深耕细翻，施足基肥后播种，条播或撒播均可，但以条播为好，便于管理及起苗。可采用宽幅条播，行距 20 ~ 30cm，播种沟宽 8 ~ 10cm，深 3cm，亩用种量 7 ~ 9kg。播种后用薄土覆盖，并盖草淋水保湿。15 ~ 20 天后即可出苗，待幼苗大部分出土时，揭除盖草，加强管理。当年生苗长到 30 ~ 50cm，地径 0.5cm 以上时，即可出圃。

必须及时间苗补苗，使苗木分布均匀。间苗分 2 ~ 3 次进行，选阴雨天实施，间掉弱小苗、病虫危害苗和过密苗，7 月底结束，每亩保留 3.5 万 ~ 4.5 万株，间苗后及时浇水。若间掉的幼苗长势好，可带土移植。

主要用途： 防火林带；荒山造林。

赤桉

科名：桃金娘科
学名：*Eucalyptus camaldulensis* Dehnh.

主要特征：大乔木，高25m；树皮平滑，暗灰色，片状脱落，树干基部有宿存树皮；嫩枝圆形，最嫩部分略有棱。幼态叶对生，叶片阔披针形，长6～9cm，宽2.5～4cm；成熟叶片薄革质，狭披针形至披针形，长6～30cm，宽1～2cm，稍弯曲，两面有黑腺点，侧脉以45°角斜向上，边脉离叶缘0.7mm；叶柄长1.5～2.5cm，纤细。伞形花序腋生，有花5～8朵，总梗圆形，纤细，长1～1.5cm；花梗长5～7mm；花蕾卵形，长8mm；萼管半球形，长3mm；帽状体长6mm，近先端急剧收缩，尖锐；雄蕊长5～7mm，花药椭圆形，纵裂。蒴果近球形，宽5～6mm，果缘突出2～3mm，果瓣4片，有时为3或5片。花期12～8月。

主要特性：较适宜的条件为海拔250m以下的地带，年降水量为250～600mm，冬季只有轻霜的生境；最常见于河流沿岸。在中国栽种的面积也较广，从华南到西南均有栽培，是比较理想的树种，生长迅速，有一定的抗旱及耐寒力。

繁殖方式：用0.5%的高锰酸钾溶液浸30min后捞起滤干，然后再放在生根剂ABT3号25mg / kg溶液中浸4h，过滤阴干待播。将经处理过的种子拌以2～3倍的干细火土灰，按每平方米均匀撒播种子35g，播后盖一层以不见种子为宜的细肥土和盖上以不见土为宜的松针叶，再用喷雾器淋透水。最后插竹弓覆盖农膜，一般播后4～7d芽苗可出土，当芽苗80%露出土面时，先行揭去松针叶，并调控好床内温、湿度和施以低浓度（1%）的腐熟人尿。当小苗长至3～4cm时，就可去揭农膜炼苗。当圃地的小苗长到5cm左右时即可移入容器袋内。移苗前应先把苗圃地和容器内的土分别淋透水，然后拔苗并用剪刀剪去1cm左右的根后移栽。移栽时，先用竹签在容器内土的中央插一个小洞，将苗植入稍加压实。以培育纸浆原料丰产林的赤桉，一般6～8年进行主伐，可适当密植，以1.5m×2m或1m×2m的株行距为宜，每3330～4995株/hm^2。

主要用途：枕木、木桩；枝叶可入药，清热解毒，防腐止痒。

菜豆树

科名： 紫葳科

学名： *Radermachera* Sinica (Hance) Hemsl.

主要特征： 小乔木，高达 10m；叶柄、叶轴、花序均无毛。二回羽状复叶，稀为三回羽状复叶，叶轴长约 30cm；小叶卵形至卵状披针形，长 4 ~ 7cm，宽 2 ~ 3.5cm，顶端尾状渐尖，基部阔楔形，全缘，侧脉 5 ~ 6 对，向上斜伸，两面均无毛，侧生小叶片在近基部的一侧疏生少数盘菌状腺体；侧生小叶柄长在 5mm 以下，顶生小叶柄长 1 ~ 2cm。顶生圆锥花序，直立，长 25 ~ 35cm，宽 30cm；苞片线状披针形，长可达 10cm，早落，苞片线形，长 4 ~ 6cm。花萼蕾时封闭，锥形，内包有白色乳汁，萼齿 5 个，卵状披针形，中肋明显，长约 12mm。花冠钟状漏斗形，白色至淡黄色，长 6 ~ 8cm，裂片 5 片，圆形，具皱纹，长约 2.5cm。雄蕊 4，2 强，光滑，退化雄蕊存在，丝状。子房光滑，2 室，胚珠每室二列，花柱外露，柱头 2 裂。蒴果细长，下垂，圆柱形，稍弯曲，多沟纹，渐尖，长达 85cm，径约 1cm，果皮薄革质，小皮孔极不明显；隔膜细圆柱形，微扁。种子椭圆形，连翅长约 2cm，宽约 5mm。花期 5 ~ 9 月，果期 10 ~ 12 月。

主要特性： 性喜高温多湿、阳光足的环境。耐高温，畏寒冷，宜湿润，忌干燥。生于山谷或平地疏林中。栽培宜用疏松肥沃、排水良好、富含有机质的壤土和沙质壤土。

繁殖方式： 种子繁殖；扦插；压条。

栽培要点： 可于 12 月底，待其蒴果接近开裂、种子充分成熟时，采收长条状蒴果，晾干后脱出带翅的种粒，搓揉后扬去膜质种翅碎片，将其干藏至来年春天播种。也可将其浸泡 2 ~ 3h 后拌和于湿沙中，薄摊于棚室内的大塑料盆中，保持种、沙湿润，经常检查防止出现霉变，待其种粒萌发后再行下地播种。干藏的种子，于 3 ~ 4 月间，先浸泡 3 ~ 4 个小时，捞出后其稍加摊晾，再与沙土混合后撒播于做好的苗床上，轻覆薄土，加盖薄膜保湿，待其种粒出苗后揭去薄膜，搭疏荫棚遮光。

3 月至 4 月间，当环境气温达 15℃左右时，剪取 1 ~ 2 年生木质化枝，长 15 ~

20cm，剪去全部叶片，下切口最好位于节下 0.5cm 处，将其扦插于沙壤苗床上，插穗入土深度约为穗长的 1/3 ～ 1/2。在其下切愈合生根期间，应喷水维持苗床湿润。待其长出完好的根系后，方可将其带土团移栽上盆，最好 2 ～ 3 株合栽，可及早成形出售。

于 3 ～ 4 月间，在 2 年生壮枝或茎干的节下，进行环状剥皮，剥皮宽度一般为被压条茎干直径的 2 ～ 3 倍。在环剥口下，捆绑一块 15cm × 20cm 的塑料薄膜。并将压条绑靠于粗大的主干上，以防下垂被风折断。到了秋末，待其环剥口长出较完好的根系后，再将其切离母株另行上盆栽种。

主要用途：盆栽；荒山造林；石漠化治理。

光皮树

科名： 山茱萸科

学名： *Swida wilsoniana* （Wanger.) Sojak

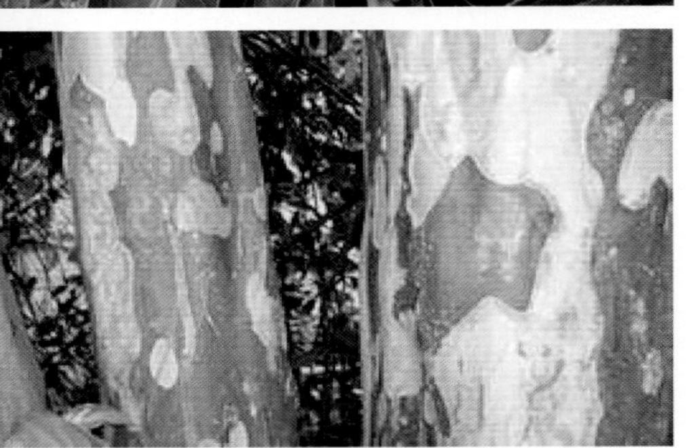

主要特征： 光皮树即光皮梾木，落叶乔木，高5～18m，稀达40m；树皮灰色至青灰色，块状剥落；幼枝灰绿色，略具4棱，被灰色平贴短柔毛，小枝圆柱形，深绿色，老时棕褐色，无毛，具黄褐色长圆形皮孔。冬芽长圆锥形，长3～6mm，密被灰白色平贴短柔毛。叶对生，纸质，椭圆形或卵状椭圆形，长6～12cm，宽2～5.5cm，先端渐尖或突尖，基部楔形或宽楔形，边缘波状，微反卷，上面深绿色，有散生平贴短柔毛，下面灰绿色，密被白色乳头状突起及平贴短柔毛，主脉在上面稍显明，下面凸出，侧脉3～4对，弓形内弯，在上面稍显明，下面微凸起；叶柄细圆柱形，长0.8～2cm，幼时密被灰白色短柔毛，老后近于无毛，上面有浅沟，下面圆形。顶生圆锥状聚伞花序，宽6～10cm，被灰白色疏柔毛。核果球形，直径6～7mm，成熟时紫黑色至黑色，被平贴短柔毛或近于无毛；核骨质，球形，直径4～4.5mm，肋纹不显明。花期5月；果期10～11月。

主要特性： 较喜光。耐寒，亦耐热。喜生于石灰岩的林间。在排水良好、湿润肥沃的壤土中生长旺盛。深根性，萌芽力强。

繁殖方式： 种子繁殖。

栽培要点： 选择向阳的房前屋后、渠道旁边、溪河两岸、田头地尾、山窝山脚和平原岗地，土层深厚、质地疏松、肥沃湿润、排水良好、PH值在5.5～7.5之间的土壤栽植。采用大穴整地，穴距3m×3m，每亩挖穴75个，要求穴大70cm见方，穴深60cm。每穴施入厩肥或土杂肥100kg、稻草10kg、火烧土或草木灰10kg、石灰0.5kg、钙镁磷肥0.5kg，分层施入并回填表土充分拌匀踩实，覆盖松土30cm高，待其陷实才可栽植。早春苗木萌动前选择阴天或小雨天起苗种植，起苗后要防止风吹日晒，并要做到随起随运随栽，每穴栽1株，要做到苗根舒展，苗干端正，栽深适度，松土培蔸，如土壤干燥，要浇定根水。

主要用途： 石漠化治理；荒山造林；绿化。

阴香

科名： 樟科

学名： *Cinnamomum burmanni* （Nees et T.Nees）Blume

主要特征： 乔木，高达14m，胸径达30cm；树皮光滑，灰褐色至黑褐色，内皮红色，味似肉桂。枝条纤细，绿色或褐绿色，具纵向细条纹，无毛。叶互生或近对生，稀对生，卵圆形、长圆形至披针形，长5.5 ~ 10.5cm，宽2 ~ 5cm，先端短渐尖，基部宽楔形，革质，上面绿色，光亮，下面粉绿色，晦暗，两面无毛，具离基三出脉，中脉及侧脉在上面明显，下面十分凸起，侧脉自叶基3 ~ 8mm处生出，向叶端消失，横脉及细脉两面微隆起，多少呈网状；叶柄长0.5 ~ 1.2cm，腹平背凸，近无毛。圆锥花序腋生或近顶生，比叶短，长2 ~ 6cm，少花，疏散，密被灰白微柔毛，最末分枝为3花的聚伞花序。花绿白色，长约5mm；花梗纤细，长4 ~ 6mm，被灰白微柔毛。花被内外两面密被灰白微柔毛，花被筒短小，倒锥形，长约2mm，花被裂片长圆状卵圆形，先端锐尖。果卵球形，长约8mm，宽5mm；果托长4mm，顶端宽3mm，具齿裂，齿顶端截平。花期主要在秋、冬季，果期主要在冬末及春季。

主要特性： 喜阳光，喜暖热湿润气候及肥沃湿润土壤。稍耐阴，喜排水良好，深厚肥沃的砂质壤土栽培。

繁殖方式： 种子繁殖。

栽培要点： 成熟时果皮黑色，采回后，堆沤数天，待果肉充分软化后，用冷水浸渍，搓去果皮，用清水冲去果肉，摊开晾干。宜采后即播或沙藏，沙藏最好不超过20d。阴香种子较大，千粒重达150g，故播种宜采用穴播或条播，发芽率为60% ~ 70%。幼苗期间适当遮荫，以免日灼。用于四旁绿化造林的，最好培育3 ~ 5年生的大苗栽种。造林后的当年春末夏初抚育1次，进行松土、培蔸、正苗、补蔸，保证幼林全苗。秋天再抚育1次，以后，每年至少抚育2次，连续抚育3 ~ 4年，直到郁闭成林。

主要用途： 四旁绿化；荒山造林。

南酸枣

科名： 漆树科

学名： *Choerospondias axillaris* (Roxb.) Burtt et Hill.

主要特征： 落叶乔木，高 8 ～ 20m；树皮灰褐色，片状剥落，小枝粗壮，暗紫褐色，无毛，具皮孔。奇数羽状复叶长 25 ～ 40cm，有小叶 3 ～ 6 对，叶轴无毛，叶柄纤细，基部略膨大；小叶膜质至纸质，卵形或卵状披针形或卵状长圆形，长 4 ～ 12cm，宽 2 ～ 4.5cm，先端长渐尖，基部多少偏斜，阔楔形或近圆形，全缘或幼株叶边缘具粗锯齿，两面无毛或稀叶背脉腋被毛，侧脉 8 ～ 10 对，两面突起，网脉细，不显；小叶柄纤细，长 2 ～ 5mm。雄花序长 4 ～ 10cm，被微柔毛或近无毛；苞片小；花萼外面疏被白色微柔毛或近无毛，裂片三角状卵形或阔三角形，先端钝圆，长约 1mm，边缘具紫红色腺状睫毛，里面被白色微柔毛；花瓣长圆形，长 2.5 ～ 3mm，无毛，具褐色脉纹，开花时外卷；雄蕊 10，与花瓣近等长，花丝线形，长约 1.5mm，无毛，花药长圆形，长约 1mm，花盘无毛；雄花无不育雌蕊；雌花单生于上部叶腋，较大；子房卵圆形，长约 1.5mm，无毛，5 室，花柱长约 0.5mm。核果椭圆形或倒卵状椭圆形，成熟时黄色，长 2.5 ～ 3cm，径约 2cm，果核长 2 ～ 2.5cm，径 1.2 ～ 1.5cm，顶端具 5 个小孔。

主要特性： 喜光，略耐阴；喜温暖湿润气候，不耐寒；适生于深厚肥沃而排水良好的酸性或中性土壤，不耐涝。耐干旱瘠薄，浅根性，萌芽力强，生长迅速，树龄可达 300 年以上。

繁殖方式： 嫁接；种子繁殖。

栽培要点： 南酸枣落叶后至萌芽前均可挖苗种植，一般在立春前后种植。种植密度一般株距为 7m、行距为 6m。种植原则是宜稀不宜密，坡度小宜稀，立地条件好宜稀，否则宜密。从实践经验看，每 1 亩种 15 株左右比较适宜。密度过大，树冠会相应变小，结果面也小，影响产量。如果种植地周边没有野生南酸枣树，就必须种植少量南酸枣雄株，以保证有雄花授粉。

主要用途： 果实，可加工成食品；荒山造林；石漠化治理。

翅荚香槐

科名：豆科

学名：*Cladrastis platycarpa*（Maxim.）Makino

主要特征：大乔木，高30m，胸径80～120cm；树皮暗灰色，多皮孔。一年生枝被褐色柔毛，旋即秃净。奇数羽状复叶；小叶3～4对，互生或近对生，长椭圆形或卵状长圆形，基部的最小，顶生的最大，通常长4～10cm，宽3～5.5cm，先端渐尖，基部钝圆或宽楔形，侧生小叶基部稍偏斜，上面无毛，下面近中脉处被疏柔毛或无毛，中脉上面稍凹陷，下面明显隆起，侧脉6～8对，近边缘网结，细脉明显；小叶柄长3～5mm，密被灰褐色柔毛；小托叶钻状，长达2mm，无毛。圆锥花序长30cm，径15cm；花序轴和花梗被疏短柔毛，花梗细，长3～4mm；花萼阔钟状，与花梗等长，密枝棕褐色绢毛，萼齿5，三角形，近等长；花冠白色，芳香，旗瓣长圆形。荚果扁平，长椭圆形或长圆形，长4～8cm，宽1.5～2cm，两侧具翅，不开裂，有种子1～2粒，稀4粒；种子长圆形，长约8mm，宽3mm，压扁，种皮深褐色或黑色。花期4～6月，果期7～10月。

主要特性：翅荚香槐为喜光树种，在酸性、中性、石灰性土壤上均能适生。

繁殖方式：种子繁殖。

栽培要点：10月下旬到11月上旬，当荚果呈现黄褐色时，即用高枝剪或采种钩剪下。剥出种子，再将种子晒1～2天，凉透后装入麻袋，挂在阴凉通风处到明春播种。或将荚果晒2～3d，凉透后装入麻袋，挂在阴凉通风处，到明春带荚播种。种子千粒重34～36g，每千克约14000粒。发芽率60%～70%。选取排灌方便，沙质壤土的圃地，每亩均匀撒施菜饼300kg，钙镁磷肥50kg，耕耙后筑畦。早春条播，条距25cm，播种沟深1cm，每亩播种量2.5kg。播种后覆焦泥灰厚约1cm，再盖狼衣草。春播后20～30d，种子发芽出土，揭取苗床覆盖的草，并及时除草，施追肥。1年生苗高约1m，根颈处直径约1.2cm，可出圃造林。每亩产苗约1.5万株。

主要用途：庭荫树，风景区；建筑用材；石漠化治理；荒山造林。

枳椇

科名：鼠李科

学名：*Hovenia* acerba

主要特征：落叶阔叶高大乔木，树高可达10～25m，小枝红褐色，叶互生，广卵形，长8～17cm，宽6～12cm，先端尖或长尖、边缘具锯齿，叶柄具锈色细毛，花两性或为杂性。聚伞花序腋生或顶生，花绿色，花瓣5，倒卵形，两性花有雄蕊5朵、雌蕊1朵，子房3室，每室1胚珠，果实灰褐色或紫褐色，果柄肉质肥大，红褐色，无毛，成熟后味甘可食。种子扁圆、红褐色，有光泽。花期5～6月，果实成熟期10～11月。

主要特性：为阳性树种，深根性，略抗寒；性喜温暖湿润的气候条件。对土壤要求不严，而以深厚、肥沃、湿润、排灌良好的中性至微酸性土壤生长最好。

繁殖方式：种子繁殖。

栽培要点：用种子繁殖。种子需沙藏90d后再播。春季条播，行距30cm，沟深2～3cm，将种子均匀播入沟内，覆土后稍加镇压，浇水，保持土壤湿润。当苗高35～40cm时，按行株距4m×3m挖穴种植，每穴栽1株。移栽后，每年中耕除草4次，每年春、秋季各追施厩肥、堆肥等1次。冬季剪去阴枝、弱枝。促进树干直立粗壮。

主要用途：庭园绿化、行道绿；石漠化治理；荒山造林。

油松

科名： 松科

学名： *Pinus tabulaeformis* Carriere

主要特征： 针叶常绿乔木，高达25m，胸径可达1m以上；树皮灰褐色或褐灰色，裂成不规则较厚的鳞状块片，裂缝及上部树皮红褐色；枝平展或向下斜展，老树树冠平顶，小枝较粗，褐黄色，无毛，幼时微被白粉；冬芽矩圆形，顶端尖，微具树脂，芽鳞红褐色，边缘有丝状缺裂。针叶2针一束，深绿色，粗硬，长10～15cm，径约1.5mm，边缘有细锯齿，两面具气孔线；横切面半圆形，二型层皮下层，在第一层细胞下常有少数细胞形成第二层皮下层，树脂道5～8个或更多，边生，多数生于背面，腹面有1～2个，稀角部有1～2个中生树脂道，叶鞘初呈淡褐色，后呈淡黑褐色。雄球花圆柱形，长1.2～1.8cm，在新枝下部聚生成穗状。球果卵形或圆卵形，长4～9cm，有短梗，向下弯垂，成熟前绿色，熟时淡黄色或淡褐黄色，常宿存树上近数年之久；中部种鳞近矩圆状倒卵形，长1.6～2cm，宽约1.4cm，鳞盾肥厚、隆起或微隆起，扁菱形或菱状多角形，横脊显著，鳞脐凸起有尖刺；种子卵圆形或长卵圆形，淡褐色有斑纹，长6～8mm，径4～5mm，连翅长1.5～1.8cm；子叶8～12枚，长3.5～5.5cm；初生叶窄条形，长约4.5cm，先端尖，边缘有细锯齿。花期4～5月，球果第二年10月成熟。

主要特性： 油松为喜光、深根性树种，喜干冷气候，在土层深厚、排水良好的酸性、中性或钙质黄土上均能生长良好。

繁殖方式： 种子繁殖；萌蘖。

栽培要点： ①整地作床：在整地前，先施硫酸亚铁25kg，然后用锨深翻20cm，再耧平作床，畦宽1.5m，长20～50m，打埂做畦，种植高50cm左右的苗按1.5m×1.5m的株行距定点挖穴，每畦一行，每亩栽300株。②挖穴栽苗：栽植油松时，每畦一行，定点在畦的中央，穴为30cm×30cm，下留松土4～5cm，若是草绳包装的土球，可以不解开；若是尼龙绳和塑料包装的，必须解下，免得造成栽死苗的恶果。将苗栽好后，平好畦面，就可以浇灌。若苗叶发黄，是缺铁，需施硫酸亚铁。

主要用途： 建筑用材；石漠化治理；荒山绿化。

日本落叶松

科名： 松科
学名： *Larix kaempferi*（Lamb.）Carr.

主要特征： 落叶乔木，高达30m，胸径1m；树皮暗褐色，纵裂粗糙，成鳞片状脱落；枝平展，树冠塔形；幼枝有淡褐色柔毛，后渐脱落，一年生长枝淡黄色或淡红褐色，有白粉，直径约1.5mm，二、三年生枝灰褐色或黑褐色；短枝上历年叶枕形成的环痕特别明显，直径2～5mm，顶端叶枕之间有疏生柔毛；冬芽紫褐色，顶芽近球形，基部芽鳞三角形，先端具长尖头，边缘有睫毛。叶倒披针状条形，长1.5～3.5cm，宽1～2mm，先端微尖或钝，上面稍平，下面中脉隆起，两面均有气孔线，尤以下面多而明显，通常5～8条。雄球花淡褐黄色，卵圆形，长6～8mm，径约5mm；雌球花紫红色，苞鳞反曲，有白粉，先端3裂，中裂急尖。球果卵圆形或圆柱状卵形，熟时黄褐色，种子倒卵圆形，长3～4mm，径约2.5mm，种翅上部三角状，中部较宽，种子连翅长1.1～1.4cm。花期4～5月，球果10月成熟。

主要特性： 为喜光树种，抗风力差。对气候的适应性强。有一定的耐寒性。对落叶松早期落叶病有较强抗性。生长速度中等偏快。枝条萌芽力较强。

繁殖方式： 种子；嫁接；扦插。

栽培要点： 种子播种后未出土前温室温度保持在38℃，湿度要保持在75%左右。种子出土后苗木进入生长阶段湿度要减少到55%～65%，温度在10～28℃之间。苗木进入生长阶段需要大量养分，这时要在严格控制湿度的同时，喷营养液2次/周。前期以氮肥为主，后期多施磷钾肥，浓度不得超过0.5%。当苗木生长到茎杆红色半木质化程度时，进行间苗。当苗木根茎全部木质化时，进行定苗。11月底到翌年2月下旬，苗木进入休眠期，要控制好温湿度。进入翌年2月下旬，增加光照，提高温度，恢复苗木生长。在苗木全部展叶后及时喷肥。当苗木根团形成、苗高达到30cm时，就可进行炼苗。此时通风口要全部打开，棚膜要逐渐去掉，水分也要逐渐减少，使苗木逐渐适应露天环境。炼苗后即可出圃，进行造林。

主要用途： 园林树种；建筑材料；工业用材；石漠化治理。

马褂木

科名： 木兰科

学名： *Liriodendron chinense* (Hemsl.) Sarg.

主要特征： 乔木，高达 40m，胸径 1m 以上，小枝灰色或灰褐色。叶马褂状，长 4 ~ 18cm，近基部每边具 1 侧裂片，先端具 2 浅裂，下面苍白色，叶柄长 4 ~ 16cm。花杯状，花被片 9，外轮 3 片绿色，萼片状，向外弯垂，内两轮 6 片、直立，花瓣状、倒卵形，长 3 ~ 4cm，绿色，具黄色纵条纹，花药长 10 ~ 16mm，花丝长 5 ~ 6mm，花期时雌蕊群超出花被之上，心皮黄绿色。聚合果长 7 ~ 9cm，具翅的小坚果长约 6mm，顶端钝或钝尖，具种子 1 ~ 2 颗。花期 5 月，果期 9 ~ 10 月。

主要特性： 喜光及温和湿润气候，有一定的耐寒性，喜深厚肥沃、适湿而排水良好的酸性或微酸性土壤（pH4.5 ~ 6.5），在干旱土地上生长不良，也忌低湿水涝。通常生于海拔 900 ~ 1000m 的山地林中或林缘，呈星散分布，也有组成小片纯林。

繁殖方式： 种子繁殖和扦插。

栽培要点： 将种子用一定湿度的中沙分层混藏，底面铺 35 ~ 40cm 湿沙，上面加盖麻袋等覆盖物，有利于透气和减少水分蒸发，隔 10 ~ 15d 适量洒水和翻动 1 次，保持湿度。一般在雨水至惊蛰期间播种比较好。采用条播，条距 25 ~ 30cm，播种沟深 2 ~ 3cm，可将沙与种子拌匀，然后均匀地撒播在播种沟里，播种量 150 ~ 225kg/hm^2。播种后，覆盖焦泥灰或黄心土，盖土厚 1.5 ~ 2cm，以看不见种子为宜，然后用稻草或其他草类覆盖。当幼苗开始出土时，要将草揭完，揭草通常选在阴天或傍晚进行。揭草后，注意中耕除草和病虫害防治，雨后用波尔多液或 0.5% 高锰酸钾喷洒，以叶面追肥为主，少量多次。应在 4 月底 5 月初的阴天或小雨天进行间苗、补苗。硬枝扦插。选择 1 年生健壮 0.5cm 粗以上的穗条，剪成长 15 ~ 20cm 插条，下口斜剪，每段应具有 2 ~ 3 个芽，插入土中 2/3，扦插前用 50mg/L Ⅱ号 ABT 生根粉加 500mg/L 多菌灵浸扦插枝条基部 30min 左右。插条应随采随插，插好后要有遮荫设施，勤喷水，成活率可达75%左右。嫩枝扦插。剪取当年生半木质化嫩枝，可保留1～2个叶片或半叶，6～9月采用全光喷雾法扦插，扦插基质采用珍珠岩或比较适中的干净河沙，要保持叶面湿润，成活率一般在50%～60%。扦插后50d，对插条进行根外施肥。一般3月上中旬进行栽植。应选在比较背阴的山谷和山坡中下部。庭园绿化和行道树栽培应选择土壤深厚、肥沃、湿润的地段。栽植地在秋末冬初进行全面清理，定点挖穴，穴径60～80cm，深50～60cm，翌年3月上中旬施肥回土后栽植，用苗一般为2年生，起苗后注意防止苗木水分散失，保护根系，株行距以2×2m～2×3m为宜。

主要用途：荒山造林；四旁绿化。

枫香

科名：金缕梅科

学名：*Liquidambar formosana* Hance.

主要特征：落叶乔木，高达40m，小枝有柔毛。叶互生，轮廓宽卵形，掌状3裂，边缘有锯齿，掌状脉3～5条，托叶红色条形，早落。雄性短穗状花序常多个排成总状，雄蕊多数，花丝不等长，花药比花丝略短。雌性头状花序有花24～43朵，花序柄长3～6cm，偶有皮孔，无腺体；萼齿4～7个，针形，长4～8mm，子房下半部藏在头状花序轴内，上半部游离，有柔毛，花柱长6～10mm，先端常卷曲。头状果序圆球形，木质，直径3～4cm；蒴果下半部藏于花序轴内，有宿存花柱及针刺状萼齿。种子多数，褐色，多角形或有窄翅。果序较大，径3～4cm，宿存花柱长达1.5cm；刺状萼片宿存。花期3～4月；果10月成熟。花单性同株，雄花排成柔荑花序，无花瓣，雄蕊多数，顶生，雌花圆头状，悬于细长花梗上，生于雄花下叶腋处；子房半下位2室，头状果实有短刺，花柱宿存；孔隙在果面上散放小形种子，果实落地后常收集为中药，名路路通。

主要特性：喜温暖湿润气候，喜光，幼树稍耐阴，耐干旱瘠薄土壤，不耐水涝。在湿润肥沃而深厚的红黄壤土上生长良好。深根性，主根粗长，抗风力强，不耐移植及修剪。种子有隔年发芽的习性，不耐寒，黄河以北不能露地越冬，不耐盐碱及干旱。

繁殖方式：种子繁殖。

栽培要点：枫香播种可冬播，也可春播。冬播较春播发芽早而整齐。播种后25天左右种子开始发芽，45d幼苗基本出齐。当幼苗基本出齐时，要及时揭草，第一次揭去1/2，5d后再揭剩下的部分。揭草后，幼苗长至3～5cm时，应选阴天或小雨天，及时进行间苗和补苗。将较密的苗木用竹签移出，去掉泥土，将根放在0.01%ABT3号或ABT6号生根粉溶液中浸1～2分钟，再按8cm×12cm的株行距，栽于缺苗的苗床上，然后浇透水即可。间苗后，每平方米保留枫香苗70～80株。幼苗揭草后41天或移栽后30天，可适当追施一些氮肥，第一次追肥浓度要小于0.1%（每亩约施1.5kg）。以后视苗木生长情况，每隔 1 个月左右追肥一次，浓度在 0.5% ～ 1% 之间（每亩约施 3 ～ 4kg）。整个生长季节施肥 2 ～ 3 次。施肥应在下午 3 点以后进行。施肥浓度大于 0.8% 时，施肥后应及时用清水冲洗。下雨时，要及时排除苗圃地的积水；天气持续干旱时，要对苗地进行浇灌。在苗木生长期间，要及时松土除草。苗小时，一定要用人工拔草。枫香苗木长到 30cm 以上时，可用 1/3000 浓度果尔除草剂进行化学除草，每亩每次用量为 15ml。

主要用途：树脂供药用，解毒止痛，止血生肌；荒山绿化；石漠化治理。

顶果树

科名： 豆科

学名： *Acrocarpus fraxinifolius* Wight er Arn.

主要特征： 大乔木，高达40m，胸径40 ~ 80（150）cm；树干通直，枝下高达20m以上；嫩枝黄绿色，老枝灰褐色。二回偶数羽状复叶，长30 ~ 60cm，羽片3 ~ 8对，顶部一回羽状复叶；小叶4 ~ 8对，对生或近对生，卵形，长5 ~ 9（13）cm，宽3 ~ 6cm；嫩时总叶柄、小叶柄和叶下面被黄褐色柔毛。总状花序腋生，花大而密；萼钟形，5个齿裂；花瓣5个，淡紫红色，长为萼齿的一倍；雄蕊5个，与花瓣互生，花丝长为花瓣2倍，花药丁字着生。荚果具长柄，扁平，长舌形，长8 ~ 16cm，宽22.5cm，沿腹缝线一侧具狭翅；种子卵圆形，有光泽。

主要特性： 主要分布于季节性雨林，为乔木层上层的常见成分。分布区年平均温18 ~ 22℃，1月平均温一般为10 ~ 14℃，极端最低温可达-4.3℃年降水量1200 ~ 2000mm，相对湿度75% ~ 80%。对土壤的适应幅较广，在石灰岩土或红、黄壤上都能生长。多生长在山谷、下坡疏林中或石山圆洼地里。

繁殖方式： 种子或扦插繁殖。

栽培要点： 荚果于6 ~ 7月成熟，熟后可在母树上宿存半年。一般保存二年的种子发芽率仍能达50%以上。一年四季都可播种，以春季为好。种皮坚硬，应用95%的浓硫酸浸泡30 ~ 50分钟后洗净播种，发芽率在93% ~ 96%；也可用细砂磨伤种皮或用冷水浸种12h再用热水烫种，都能软化种皮，促进发芽。还可在春季用1年生枝条扦插繁殖。

主要用途： 纤维工业的原料；石漠化治理。

肥牛树

科名：大戟科

学名：*Cephalomappa sinensis* (Chun et How) Kosterm.

主要特征：常绿乔木，高达 25m；嫩枝被短柔毛，后变无毛。叶革质，长椭圆形或长倒卵形，长 6 ～ 15cm，宽 3 ～ 9cm，顶端渐尖或长渐尖，基部阔楔形，具 2 个细小斑状腺体，叶缘淡紫色，浅波状或疏生细齿；侧脉 5 ～ 6 对，网脉明显；叶柄长 3 ～ 5mm，具微柔毛；托叶披针形，长 1 ～ 2mm，脱落。花序长 1.5 ～ 2.5cm，无分枝或具 1 ～ 2 个短分枝，被短柔毛，具 1 ～ 3 朵雌花和 1 ～ 3 个由 9 ～ 13 朵雄花排成的团伞花序，雄花几无梗，苞片长卵形，长 1 ～ 1.5mm，宿存，雌花具短花梗，苞片长约 2mm；雄花：花蕾时近球形，长约 3.5mm，无毛，花萼裂片 3 ～ 4 枚；雄蕊 4 枚，有时 3 或 8 枚，花丝长约 3mm，基部合生，花药长约 2.5mm，药隔短突出；不育雌蕊柱状，顶部 2 裂；雌花：花萼长约 2.5mm，5 个深裂，花萼裂片长三角形；子房球形，具小瘤体，花柱长约 7mm，下半部合生，顶部各 2 浅裂，密生小乳头。蒴果，直径约 1.5cm，具 3 个分果片，密生三棱的瘤状刺；果梗长 2 ～ 3mm；种子近球形，直径 8mm，具浅褐色斑纹。花期 3 ～ 4 月，果期 5 ～ 7 月。

主要特性：产于亚热带气候的广西西部石灰岩山区，喜欢夏凉冬温，年温差较小，日温差大，年降雨量 1400 ～ 1500mm 的岩溶山原气候。

繁殖方式：种子繁殖。

栽培要点：果熟时很快脱落，种子寿命短，应及时采收，不宜暴晒，宜在室内晾干，随即播种，发芽率可达 80% ～ 90%，约半个月开始发芽出土，宜蔽荫。当苗高达 50 ～ 70cm 时，可出圃造林。如经营饲料林，宜用头木更新，即当植株胸径在 5 ～ 6cm 时，在离地面 1.3m 处砍断，促进其萌发新枝。

主要用途：饲料；石漠化治理。

降香黄檀

科名：蝶形花科

学名：*Dalbergia odorifera* T. Chen

主要特征：半落叶乔木，高 10 ～ 25m，胸径可达 80cm。树冠广伞形，分枝较少。树皮浅灰黄色，略粗糙。小枝具密极小皮孔，老枝有近球形侧芽。奇数羽状复叶，长 15 ～ 26cm，小叶 7 ～ 13，近纸质，卵形或椭圆形，长 3.5 ～ 8cm，宽 1.5 ～ 4.0cm，先端急尖，钝头，基部圆形或宽楔形。圆锥花序腋生，由多数聚伞花序组成，长 4 ～ 10cm；花淡黄色或乳白色；花瓣近等长，均具爪；雄蕊 9 朵 1 组。荚果舌状，长椭圆形，扁平，不开裂，长 5 ～ 8cm，宽 1.5 ～ 1.8cm，果瓣革质，有种子部分明显隆起，通常有种子 1 颗，稀 2 颗；种子肾形。花叶同时抽出，10 ～ 12 月果实陆续成熟。

主要特性：分布区常年气温较高，年平均温 23 ～ 25℃，极端最低温 6.6℃，阳性树种。对立地条件要求不严，在陡坡、山脊、岩石裸露、干旱瘦瘠地均能适生。

繁殖方式：种子繁殖。

栽培要点：当荚果变为黄褐色时即可采摘、晒干、揉碎果皮、取出种子。播前用清水浸泡 24h，均匀撒播苗床上，半月内开始发芽。当长出真叶时即可移入营养袋或分床移植。用 1 年生苗出圃造林，或用半年生营养袋苗造林。造林地宜选在海拔 500m 以下的山地阳坡或半阳坡。

主要用途：定香剂；绿化；供作药用和工艺美术材料。

云南石梓

科名： 马鞭草科

学名： *Gmelina arborea* Roxb.

主要特征： 落叶乔木，高达15m，胸径30～50cm，树干直；树皮灰棕色，呈不规则块状脱落；幼枝、叶柄、叶背及花序均密被黄褐色绒毛；幼枝方形略扁，有棱，老后渐圆，具皮孔，叶痕明显突起。叶片厚纸质，广卵形，长8～19cm，宽4.5～15cm，顶端渐尖，基部浅心形至阔楔形，近基部有2至数个黑色盘状腺点，基生脉三出，侧脉3～5对，第3回侧脉近平行，在背面显著隆起；叶柄圆柱形，长3.5～10cm，有纵沟。聚伞花序组成顶生的圆锥花序，总花梗长15～30cm；花萼钟状，长3～5mm，外面有黑色盘状腺点，顶端有5个三角形小齿；花冠长3～4cm，黄色，外面密被黄褐色绒毛，内面无毛，两面均疏生腺点，二唇形，上唇全缘或2浅裂，下唇3裂，中裂片长而大，裂片顶端钝圆；雄蕊4个，2个强，长雄蕊及花柱略伸出花冠喉部；子房无毛，具腺点；花柱疏生腺点，柱头不等长2裂。核果椭圆形或倒卵状椭圆形，长1.5～2cm，成熟时黄色，干后黑色，常仅有1颗种子。花期4～5月，果期5～7月。

主要特性： 多分布于南向河谷，属偏干性气候，土壤为赤红壤、淋溶石炭岩土。它对水热及土壤、地形条件生态幅较广，山坡、山脊、平坝均能生长。

繁殖方式： 种子繁殖。

栽培要点： 种子千粒重400～900g，发芽率高达80%以上。播种前沙藏催芽。植苗造林或直播造林均可。用种子繁殖。种仁富含油脂，不宜久藏，须随采即播，在砂床内点播，深约2cm，不用覆土，7～10d开始发芽，约6个月苗高达1m以上时，可出圃定植。

主要用途： 家具、建筑及雕刻；石漠化治理。

马占相思

科名： 豆科
学名： *Acacia mangium* Willd.

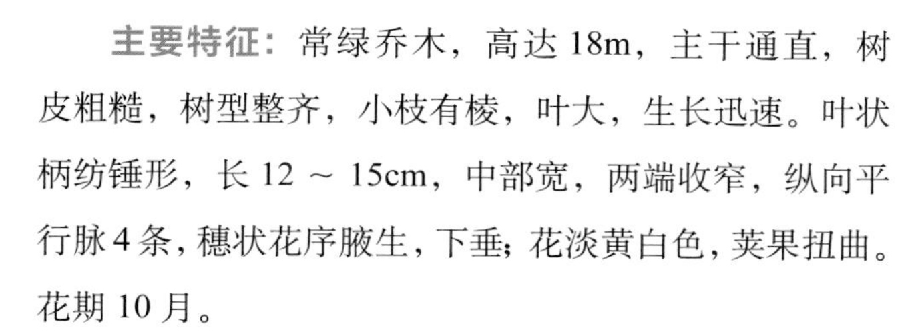

主要特征： 常绿乔木，高达18m，主干通直，树皮粗糙，树型整齐，小枝有棱，叶大，生长迅速。叶状柄纺锤形，长12 ~ 15cm，中部宽，两端收窄，纵向平行脉4条，穗状花序腋生，下垂；花淡黄白色，荚果扭曲。花期10月。

主要特性： 马占相思原产澳大利亚昆士兰沿海，以及巴布亚新几内亚的西南部和印度尼西亚东部，分布在0° 50′ ~ 19° S，主要集中在16° ~ 18° 30′ S，一般分布在海拔100m以下，最高达800m。马占相思生长在沿海平地及缓坡，为典型低海拔树种。它分布在红树林的后面、沿海区的沿河川地、排水良好的平地、低山及山脚，通常生于酸性砖红壤上。喜光、浅根性。根部有菌根菌共生。福建漳浦中西林场于1991年在干燥瘠薄的林地上引种，6年生平均树高7.6m，平均胸径8.1cm。

繁殖方式： 种子繁殖。

栽培要点： 马占相思9 ~ 10月开花，翌年5 ~ 6月果实成熟。相思树种皮坚硬，且外层裹有蜡质，不易吸水膨胀，播种前用5 ~ 10倍于种子体积的沸水（100℃）浸种至冷却，再用清水浸种一昼夜，取出种子晾干置于沙床常温催芽。苗期主要注意水肥管理，气温 >20℃以上，播后5 ~ 7d种子即发芽出土，3 ~ 5天发生真叶。点播后应经常淋水，保持容器内的营养土湿润。出苗30d，每隔7 ~ 10d施一次1:100的复混肥。培育3个月，地径达0.20 ~ 0.25cm，苗高15 ~ 20cm，即可出圃造林。

清除杂灌练山后整地，按2m × 3m（111株/亩）或2m × 4m（83株/亩）株行距挖大明坑，坑面宽67cm，深33cm，底宽37cm。回坑时，每坑放200 ~ 250g自配制的复混肥（钙镁磷肥60%+桐麸30%+10%氯化钾）作基肥。造林时间选择在3 ~ 4月中旬雨季种植。

主要用途： 纸浆材、人造板、家具；树皮可提取栲胶；树叶可制作饲料；绿化。

苏木

科名：苏木科

学名：*Caesalpinia sappan* L.

主要特征：小乔木，高达6m，具疏刺，除老枝、叶下面和荚果外，多少被细柔毛；枝上的皮孔密而显著。二回羽状复叶长30 ~ 45cm；羽片7 ~ 13对，对生，长8 ~ 12cm，小叶10 ~ 17对，紧靠，无柄，小叶片纸质，长圆形至长圆状菱形，长1 ~ 2cm，宽5 ~ 7mm，先端微缺，基部歪斜，以斜角着生于羽轴上；侧脉纤细，在两面明显，至边缘附近连结。圆锥花序顶生或腋生，长约与叶相等；苞片大，披针形，早落；花梗长15mm，被细柔毛；花托浅钟形；萼片5片，稍不等，下面一片比其他的大，呈兜状；花瓣黄色，阔倒卵形，长约9mm，最上面一片基部带粉红色，具柄；雄蕊稍伸出，花丝下部密被柔毛；子房被灰色绒毛，具柄，花柱细长，被毛，柱头截平。荚果木质，稍压扁，近长圆形至长圆状倒卵形，长约7cm，宽3.5 ~ 4cm，基部稍狭，先端斜向截平，上角有外弯或上翘的硬喙，不开裂，红棕色，有光泽；种子3 ~ 4颗，长圆形，稍扁，浅褐色。花期5 ~ 10月；果期7月至翌年3月。

主要特性：喜向阳，忌阴和积水，耐旱。多分布在雨量较少的地区。耐轻霜。一般热带和南亚热带地区都可种植。对土壤要求不严，适于砂壤、粘壤及冲积土上种植。

繁殖方式：种子繁殖。

栽培要点：可用塑料袋育苗和苗床育苗，2月份选饱满无虫蛀、有光泽、坚实的种子播入袋内土中或苗床上。每袋播种1 ~ 2颗；苗床育苗按行距20cm × 5cm开沟点播。待苗高30cm左右时，选择阴雨天移苗定植。大田直播，雨季选阴雨天进行，每穴播种2 ~ 3颗，深1.5 ~ 2cm，盖草保湿，出苗时揭去稻草。直播苗高20cm时出苗，每穴留粗壮苗1株。

主要用途：可入药，活血祛瘀，消肿定痛；石漠化治理。

李子

科名： 蔷薇科

学名： *Prunus salicina* Lindl.

主要特征： 落叶乔木，高 9 ～ 12m；树冠广圆形，树皮灰褐色，起伏不平；老枝紫褐色或红褐色，无毛；小枝黄红色，无毛；冬芽卵圆形，红紫色，有数枚覆瓦状排列鳞片，通常无毛，稀鳞片边缘有极稀疏毛。叶片长圆倒卵形、长椭圆形，稀长圆卵形，长 6 ～ 12cm，宽 3 ～ 5cm，先端渐尖、急尖或短尾尖，基部楔形，边缘有圆钝重锯齿，常混有单锯齿，幼时齿尖带腺，上面深绿色，有光泽，侧脉 6 ～ 10 对，不达到叶片边缘，与主脉成 45° 角，两面均无毛，有时下面沿主脉有稀疏柔毛或脉腋有髯毛；托叶膜质，线形，先端渐尖，边缘有腺，早落；叶柄长 1 ～ 2cm，通常无毛，顶端有 2 个腺体或无，有时在叶片基部边缘有腺体。花通常 3 朵并生；花梗长 1 ～ 2cm，通常无毛；花径 1.5 ～ 2.2cm。核果球形、卵球形或近圆锥形，直径 3.5 ～ 5cm，栽培品种可达 7cm，黄色或红色，有时为绿色或紫色，梗凹陷入，顶端微尖，基部有纵沟，外被蜡粉；核卵圆形或长圆形，有皱纹。花期 4 月，果期 7 ～ 8 月。

主要特性： 对气候的适应性强，对土壤只要土层较深，有一定的肥力，不论何种土质都可以栽种。

繁殖方式： 嫁接；扦插；分株。

栽培要点： 常用砧木有毛桃、中国李。接穗采自优质高产的母树，选取树冠外围中上部生长发育充实的一年生枝条，一般随采随接成活率高，也可以利用冬季修剪的枝条加以贮藏供作接穗。嫁接可芽接或切接。芽接于 6 ～ 8 月进行，切接在 1 ～ 2 月进行。一年生枝扦插极易生根成苗。此外冬季掘取直径 7 ～ 8mm 的根段进行扦插也易成活。根际萌蘖可供分株繁殖，通常根际堆土，促进水平根上形成不定芽，萌芽抽梢后翌年将根蘖苗与母株分离，成为独立的小苗进行移植。

主要用途： 果实可食用；石漠化治理。

枇杷

科名：蔷薇科

学名：*Eriobotrya japonica*（Thunb.）Lindl.

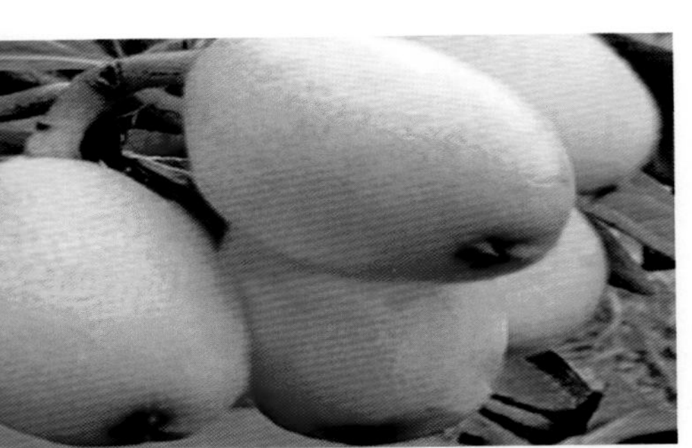

主要特征：常绿小乔木，高可达10m；小枝粗壮，黄褐色，密生锈色或灰棕色绒毛。叶片革质，披针形、倒披针形、倒卵形或椭圆长圆形，长12～30cm，宽3～9cm，先端急尖或渐尖，基部楔形或渐狭成叶柄，上部边缘有疏锯齿，基部全缘，上面光亮，多皱，下面密生灰棕色绒毛，侧脉11～21对；叶柄短或几无柄，长6～10mm，有灰棕色绒毛；托叶钻形，长1～1.5cm，先端急尖，有毛。圆锥花序顶生，长10～19cm，具多花；总花梗和花梗密生锈色绒毛；花梗长2～8mm；苞片钻形，长2～5mm，密生锈色绒毛；花直径12～20mm；萼筒浅杯状，长4～5mm，萼片三角卵形，长2～3mm，先端急尖，萼筒及萼片外面有锈色绒毛；花瓣白色，长圆形或卵形，长5～9mm，宽4～6mm，基部具爪，有锈色绒毛；雄蕊20，远短于花瓣。果实球形或长圆形，直径2～5cm，黄色或桔黄色，外有锈色柔毛，不久脱落；种子1～5，球形或扁球形，直径1～1.5cm，褐色，光亮，种皮纸质。花期10～12月，果期5～6月。枇杷表面被有绒毛，未熟时青绿色，较硬实，芳香气味较浓。成熟后外皮一般为淡黄色，亦有颜色较深，接近橙红色的。

主要特性：枇杷喜光，稍耐阴，喜温暖气候和肥水湿润、排水良好的土壤，稍耐寒，不耐严寒，生长缓慢。

繁殖方式：种子；嫁接。

栽培要点：以播种繁殖为主，可嫁接。播种可于6月采种后立即进行。嫁接一般以切接为主，可在3月中旬或至5月进行，砧木可用枇杷实生苗和石楠。定植于萌芽前3月下旬至4月上旬，也可在梅雨期5～6月或10月进行。定植苗需多带须根和附土，以利成活。栽植地点以向南而风少处为好。

主要用途：果实可食用；叶可入药，清肺胃热，降气化痰。

柿

科名：柿科

学名：*Diospyros kaki* Thunb.

主要特征：落叶大乔木，高达 10 ~ 14m，径可达 65cm，树皮深灰色至灰黑色，或者黄灰褐色至褐色，沟纹较密，裂成长方块状。树冠球形或长圆球形，老树冠直径达 10 ~ 13m，有达 18m 的。枝开展，带绿色至褐色，无毛，散生纵裂的长圆形或狭长圆形皮孔；嫩枝初时有棱，特征有棕色柔毛或绒毛或无毛。冬芽小，卵形，长 2 ~ 3mm，先端钝。叶纸质，卵状椭圆形至倒卵形或近圆形，通常较大，长 5 ~ 18cm，宽 2.8 ~ 9cm，先端渐尖或钝，基部楔形，中脉在上面凹下，有微柔毛，在下面凸起，侧脉每边 5 ~ 7 条，上面平坦或稍凹下，下面略凸起，下部的脉较长，上部的较短，向上斜生，稍弯，将近叶缘网结，小脉纤细，在上面平坦或微凹下，连结成小网状；叶柄长 8 ~ 20mm，上面有浅槽。花雌雄异株，但间或有雄株中有少数雌花，雌株中有少数雄花的，花序腋生，为聚伞花序；雄花序小，长 1 ~ 1.5cm，弯垂，有短柔毛或绒毛，有花 3 ~ 5 朵，通常有花 3 朵；总花梗长约 5mm，有微小苞片；雄花小，长 5 ~ 10mm；花萼钟状，两面有毛，深 4 裂，裂片卵形，长约 3mm，有睫毛。果形有球形、扁球形、球形而略呈方形、卵形，直径 3.5 ~ 8.5cm 不等，基部通常有棱，有种子数颗；种子褐色，椭圆状，长约 2cm，宽约 1cm，侧扁，花期 5 ~ 6 月，果期 9 ~ 10 月。

主要特性：适生于中性土壤，较能耐寒，但较能耐瘠薄，抗旱性强，不耐盐碱土。

繁殖方式：嫁接。

栽培要点：从优良品种的母株上，选择一年生的秋梢或当年的春梢，粗 0.3 ~ 0.5cm，芽子充实饱满的枝条作插穗。生长季节嫁接所用的接穗，要剪去叶片，保留部分叶柄，取中段，用湿布、湿草保护，严防风吹日晒，尽量做到随采随接。

主要用途：果实可食用。

苦丁茶

科名：冬青科
学名：*Ilex latifolia* Thunb.

主要特征：苦丁茶即大叶冬青。常绿大乔木，高达20m，胸径60cm，全体无毛；树皮灰黑色；分枝粗壮，具纵棱及槽，黄褐色或褐色，光滑，具明显隆起、阔三角形或半圆形的叶痕。叶生于1～3年生枝上，叶片厚革质，长圆形或卵状长圆形，长8～28cm，宽4.5～9cm，先端钝或短渐尖，基部圆形或阔楔形，边缘具疏锯齿，齿尖黑色，叶面深绿色，具光泽，背面淡绿色，中脉在叶面凹陷，在背面隆起，侧脉每边12～17条，在叶面明显，背面不明显；叶柄粗壮，近圆柱形，长1.5～2.5cm，直径约3mm，上面微凹，背面具皱纹；托叶极小，宽三角形，急尖。由聚伞花序组成的假圆锥花序生于二年生枝的叶腋内，无总梗；主轴长1～2cm，基部具宿存的圆形、覆瓦状排列的芽鳞，内面的膜质，较大。花淡黄绿色，4基数。雄花：假圆锥花序的每个分枝具3～9花，呈聚伞花序状，总花梗长2mm；苞片卵形或披针形，长5～7mm，宽3～5mm；花梗长6～8mm，小苞片1～2枚，三角形。果球形，直径约7mm，成熟时红色，宿存柱头薄盘状，基部宿存花萼盘状，伸展，外果皮厚，平滑。分核4，轮廓长圆状椭圆形，长约5mm，宽约2.5mm，具不规则的皱纹和尘穴，背面具明显的纵脊，内果皮骨质。花期4月，果期9～10月。

主要特性：生于海拔250～1500m的山坡常绿阔叶林中、灌丛中或竹林中。

繁殖方式：种子。

栽培要点：种子需用湿沙储存1～1.5年，要变温处理。用40℃的温水浸泡12h，置于5℃低温下处理24h，再用40℃的温水浸泡10h，用0.3%的高锰酸钾溶液浸种20～30min，取出用清水泡8～10h，置于沙床内催芽。经3个月左右，种子陆续萌动。此法，种子可提前9～12个月发芽，发芽率达30%左右。

主要用途：叶（苦丁茶），清热解毒、清头目、除烦渴、止泻。

化香

科名：胡桃科

学名：*Platycarya strobilacea* Sieb.et Zucc.

主要特征：落叶小乔木，高 2 ～ 5m；树皮纵深裂，暗灰色；枝条褐黑色，幼枝棕色有绒毛，髓实心。奇数羽状复叶互生，长 15 ～ 30cm；小叶 7 ～ 15，长 3 ～ 10cm，宽 2 ～ 3cm，薄革质，顶端长渐尖，边缘有重锯齿，基部阔楔形，稍偏斜，表面暗绿色，背面黄绿色，幼时有密毛。花单性，雌雄同穗状花序，直立；雄花序在上，长 4 ～ 10cm，有苞片披针形，长 3 ～ 5mm，表面密生褐色绒毛，雄蕊通常 8；雌花序在下，长约 2cm，有苞片宽卵形，长约 5mm；花柱短，柱头 2 裂。果序球果状，长椭圆形，暗褐色；小坚果扁平，直径约 5mm，有 2 狭翅。花期 5 ～ 6 月，果期 7 ～ 10 月。

主要特性：为喜光性树种，喜温暖湿润气候和深厚肥沃的砂质土壤，对土壤的要求不严，酸性、中性、钙质土壤均可生长。耐干旱瘠薄，深根性，萌芽力强。

繁殖方式：种子，扦插。

栽培要点：为喜光性树种，喜温暖湿润气候和深厚肥沃的砂质土壤，对土壤的要求不严。种子即采即播，也可第二年春播。

主要用途：根皮、树皮、叶和果实为制栲胶的原料；种子可榨油；石漠化治理。

高山松

科名：松科

学名：*Pinus densata* Mast. var. *pygmaea* Hsueh

主要特征：中国特有植物，常绿乔木，高达30m，胸径达1.3m；树干下部树皮暗灰褐色，深裂成厚块片，上部树皮红色，裂成薄片脱落；一年生枝粗壮，黄褐色，有光泽，无毛，二、三年生枝皮逐渐脱落，内皮红色；冬芽卵状圆锥形或圆柱形，先端尖，微被树脂，芽鳞栗褐色，披针形，先端彼此散开，边缘白色丝状。针叶2针一束，稀3针一束或2针3针并存，粗硬，长6～15cm，径1.2～1.5mm，微扭曲，两面有气孔线，边缘锯齿锐利；横切面半圆形或扇状三角形，二型皮下层，第一层细胞连续，第二层不连续排列，稀有第三层细胞，树脂道3～7（～10）个，边生，稀角部的树脂道中生；叶鞘初呈淡褐色，老则暗灰褐色或黑褐色。球果卵圆形，长5～6cm，径约4cm，有短梗，熟时栗褐色，常向下弯垂；中部种鳞卵状矩圆形，长约2.5cm，宽1.3cm，鳞盾肥厚隆起，微反曲或不反曲，横脊显著，由鳞脐四周辐射状的纵横纹亦较明显，鳞脐突起，多有明显的刺状尖头；种子淡灰褐色，椭圆状卵圆形，微扁，长4～6mm，宽3～4mm，种翅淡紫色，长约2cm。花期5月，球果第二年10月成熟。

主要特性：常生长于海拔1500～4500m的地区，常生长在河谷、山坡、林中、山谷和阳坡，目前已由人工引种栽培。喜光、深根性树种，能生于干旱瘠薄的环境。

繁殖方式：种子。

栽培要点：高山松种子的原产地要与本地区自然条件基本相同，如海拔必须在2000m以上，气温、气候、土壤等应适应本地区种植。选购的种子，首先要看种子的形态特征，好的种子应是黄褐色或褐色，夹杂物少，无病虫害的饱满种子。选购后不宜立即播种，应进一步精选，选出最优质的种子。

每年2～3月是育苗的最佳时期，在播种的前一周，就要把装好的育苗袋在苗床上摆放整齐，待播前1～2d进行种子处理，一般采取“一泡二消”的方法。即先把引进的高山松种子放在 15 ～ 25℃的清水中浸泡 8 ～ 10h，漂去空壳和杂质，选出饱满的高山松种子晾干表皮水分，不能暴晒，以免种子失去生命力；接着，把晾好的高山松种子放入 0.5% 的高锰酸钾溶液中浸泡 2h，取出种子用水冲洗干净，晾干后即可播种。经高锰酸钾消毒的种子可促进种子迅速发芽，出苗整齐，还可防治猝倒病。

主要用途：松针药用，祛风活络、止痛安神；石漠化治理。

云贵鹅耳枥

科名： 桦木科

学名： *Carpinus pubescens* Burk.

主要特征： 乔木，高5～10m；树皮棕灰色；小枝暗褐色，被短柔毛或渐变无毛。叶厚纸质，长椭圆形、矩圆状披针形、卵状披针形，少有椭圆形，长5～8cm，宽2～3.5cm，顶端渐尖、长渐尖，较少锐尖，基部圆楔形、近圆形、微心形，有时稍不对称，边缘具规则的密细重锯齿，上面光滑，下面沿脉疏被长柔毛及脉腋间具簇生的髯毛，余则无毛，侧脉12～14对；叶柄长4～15mm，疏被短柔毛或无毛。果序长5～7cm，直径1～2.5cm；序梗长2～3cm，序梗、序轴均疏被长柔毛至几无毛；果苞厚纸质或纸质，半卵形，较少半宽卵形，长10～25mm，两面沿脉疏被长柔毛，外侧的基部无裂片，内侧的基部边缘微内折或具耳突，中裂片内侧边缘直或微内弯，外侧边缘具锯齿或不甚明显的细齿，顶端锐尖或钝。小坚果宽卵圆形，长3～4mm，密被短柔毛，上部被长柔毛，极少下部几无毛，疏生或无树脂腺体。

主要特性： 稍耐阴，喜肥沃湿润土壤，也耐干旱瘠薄。生于海拔450～1500m的山谷或山坡林中，也生于山顶或石山坡的灌木林中，特喜生长石灰岩母质发育的土壤上。

繁殖方式： 种子繁殖。

栽培要点： 母树结实率高，种子较易萌发，种子成熟自然掉落第二年可发芽。

主要用途： 石漠化治理。

墨西哥柏木

科名： 柏科

学名： *Cupressu lusitanica* Miller

主要特征： 乔木，在原产地高达30m，胸径1m；树皮红褐色，纵裂；生鳞叶的小枝不排成平面，下垂，末端鳞叶枝四棱形，径约1mm。鳞叶蓝绿色，被蜡质白粉，先端尖，背部无明显的腺点。球果圆球形，较小，径1 ~ 1.5cm，褐色，被白粉；种鳞3 ~ 4对，顶部有一尖头，发育种鳞具多数种子；种子有棱脊，具窄翅。

主要特性： 喜温暖湿润气候，抗寒抗热抗旱能力低于柏木，在极端低温低于-8℃时即受冻害，在高温多雨和干热河谷气候下生长不良，幼林风倒现象严重。适生区年均温度10 ~ 20℃，年降水量900 ~ 2200mm。对土壤要求不严，耐瘠薄，在深厚疏松肥沃之地生长最好。喜中性至微碱性（pH6 ~ 8）土壤，对石灰岩山地、紫色土等造林困难地有突出适应能力。在低海拔地区生长不良，分枝严重。云贵高原，四川海拔500m以上山地。

繁殖方式： 种子繁殖。

栽培要点： 播前用0.5%高锰酸钾液浸种消毒2h，然后在50℃温水中间歇浸种3 ~ 4d，待种子膨胀后拿出晾干，然后用钙镁磷肥与湿沙拌种，使种子提前10 ~ 15d发芽，且幼苗出土整齐、均匀。

1. 点播：采用点播，株行距8cm×24cm，每穴放种两粒，点播深度2cm，然后覆盖细碎土盖没种子，厚度约2cm。播后盖稻草，厚度以不见床土为准。

2. 条播：条播沟深2 ~ 3cm，播种行距15 ~ 20cm，播种沟播15粒到20粒种子，播后覆土厚1 ~ 1.5cm，以不见种子为度，床面覆盖稻草或塑料薄膜保湿，以不见泥土为度。

主要用途： 优良用材；水土保持；荒山绿化；石漠化治理。

中山柏

科名：柏科

学名：*Cupressus lusitanica* 'ZhongShanbai'

主要特征：中山柏是墨西哥柏木的栽培变种。江苏植物研究所1956年引种墨西哥柏木，1973年发现速生优株，1979年正式命名。速生树种，22年生树高14m，胸径35cm。树皮红褐色，纵裂；生鳞叶的小枝不排成平面，下垂，末端鳞叶枝四棱形，径约1mm。鳞叶蓝绿色，被蜡质白粉，先端尖，背部无明显的腺点。球果圆球形，较小，径1～1.5cm，褐色，被白粉；种鳞3～4对，顶部有一尖头，发育种鳞具多数种子；种子有棱脊，具窄翅。

主要特性：喜温暖湿润气候，抗寒抗热抗旱能力低于柏木，在极端低温低于-8℃时即受冻害，在高温多雨和干热河谷气候下生长不良，幼林风倒现象严重。适生区年均温度10～20℃，年降水量900～2200mm。对土壤要求不严，耐瘠薄，在深厚疏松肥沃之地生长最好。喜中性至微碱性（pH6～8）土壤，对石灰岩山地、紫色土等造林困难地有突出适应能力。在低海拔地区生长不良，分枝严重。

繁殖方式：种子繁殖。

栽培要点：选择20～40年生健壮树木作为采种母树。果实成熟后，在种鳞微开裂时采集，采后将球果暴晒2～3d即可脱粒，净种后，可盛入木箱等容器内贮藏。圃地选在地势平坦，土壤肥沃湿润，向阳的沙质壤土、壤土或黏质壤土为宜，酸性土及干燥瘠薄的土壤不宜作园地。播种前整好苗床，床面要求平整，土壤细碎。筑床前施底肥，筑床后淋清粪水，若拌磷肥（过磷酸钙）效果更好。播前先用清水选种，再置于45℃的温水中浸种1昼夜，捞出放在箩筐内催芽，待其有半数以上萌动开口时即可播种。以春播为主，也可秋播。采用条播方式，条距20～25cm，播幅5cm，每亩播种量6～8kg，播后覆草，经常浇水，保持苗床湿润。以后根据种子发芽情况分批揭去盖草，宜早晚或阴天进行，当50%～60%出苗时应揭去一半草，3～4d后再一次揭完（亦可再分两批揭除）。

主要用途：优良用材；水土保持；荒山绿化；观赏树种；石漠化治理。

铅笔柏

科名： 柏科

学名： *Sabina virginiana*

主要特征： 铅笔柏即北美圆柏。乔木，在原产地高达30m；树皮红褐色，裂成长条片脱落；枝条直立或向外伸展，形成柱状圆锥形或圆锥形树冠；生鳞叶的小枝细，四棱形，径约0.8mm。常见于景观用途。鳞叶排列较疏，菱状卵形，先端急尖或渐尖，长约1.5mm，背面中下部有卵形或椭圆形下凹的腺体；刺叶出现在幼树或大树上，交互对生，斜展，长5～6mm，先端有角质尖头，上面凹，被白粉。雌雄球花常生于不同的植株之上，雄球花通常有6对雄蕊。球果当年成熟，近圆球形或卵圆形，长5～6mm，蓝绿色，被白粉；种子1～2粒，卵圆形，长约3mm，有树脂槽，熟时褐色。

主要特性： 适应性强，抗污染，能耐干旱，又耐低湿，既耐寒还能抗热，抗瘠薄，在各种土壤上均能生长。

繁殖方式： 种子；嫁接；扦插。

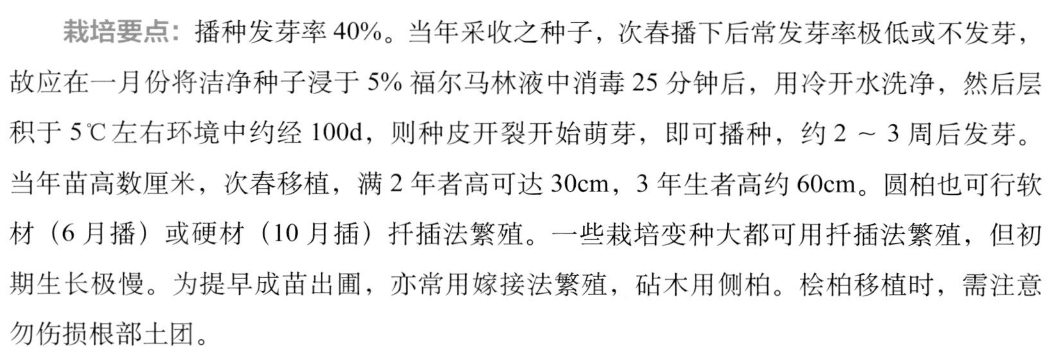

栽培要点： 播种发芽率40%。当年采收之种子，次春播下后常发芽率极低或不发芽，故应在一月份将洁净种子浸于5%福尔马林液中消毒25分钟后，用冷开水洗净，然后层积于5℃左右环境中约经100d，则种皮开裂开始萌芽，即可播种，约2～3周后发芽。当年苗高数厘米，次春移植，满2年者高可达30cm，3年生者高约60cm。圆柏也可行软材（6月播）或硬材（10月插）扦插法繁殖。一些栽培变种大都可用扦插法繁殖，但初期生长极慢。为提早成苗出圃，亦常用嫁接法繁殖，砧木用侧柏。桧柏移植时，需注意勿伤损根部土团。

主要用途： 用材、园林绿化及观赏树种；石漠化治理

冲天柏

科名： 柏科
学名： *Cupressus duclouxian* Hichel

主要特征： 我国特有种，常绿乔木，高达25m，胸径80cm；树干端直，树皮灰褐色，裂成长条片脱落；枝条密集，树冠近圆形或广圆形；小枝不排成平面，不下垂，一年生枝四棱形，径约1mm，末端分枝径约0.8mm，绿色，二年生枝上部稍弯，向上斜展，近圆形，径约2.5mm，褐紫色。鳞叶密生，近斜方形，长约1.5mm，先端微钝，有时稍尖，背面有纵脊及腺槽，蓝绿色，微被蜡质白粉，无明显的腺点。雄球花近球形或椭圆形，长约3mm，雄蕊6 ～ 8对，花药黄色，药隔三角状卵形，中间绿色，周围红褐色，边缘半透明。球果圆球形，径1.6 ～ 3cm，生于长达2mm的粗壮短枝的顶端；种鳞4 ～ 5对，熟时暗褐色或紫褐色，被白粉，顶部五角形或近方形，宽8 ～ 15mm，具不规则向四周放射的皱纹，中央平或稍凹，有短尖头，能育种鳞有多数种子；种子褐色或深褐色，长3 ～ 4.5mm，两侧具窄翅。

主要特性： 散生于干热或干燥山坡之林中，或成小面积纯林（如丽江雪山等地）。喜生于气候温和、夏秋多雨、冬春干旱的山区，在深厚、湿润的土壤上生长迅速。在贵州的垂直分布约800 ～ 1800m。对环境适应幅度较宽，分布区平均温度在13 ～ 15℃左右，≥ 10℃的年积温在3000 ～ 4500℃左右，年降水量900 ～ 1000mm，年平均相对湿度65% ～ 70%。冲天柏对土壤要求不严，酸性土、石灰土均能生长，尤喜钙质土类。在土壤肥沃、土层深厚的地方生长良好。

繁殖方式： 种子繁殖。

栽培要点： 播种前，种子需进行消毒，并用45 ～ 60℃的温水侵种催芽。适当早播，春播最迟不超过3月下旬。

播种多采取条播，播种量每亩7.5kg左右，播沟15 ～ 20cm，播距20cm，撒种均匀，播后回筛0.5 ～ 1cm厚的黄心土或火烧土，并用山草或松针覆盖。当幼苗大部分出土时，选择阴天或早晚分批揭除覆盖物。适时松土、除草、施肥、间苗。

主要用途： 建筑、家具用材；石漠化治理。

滇朴树

科名： 榆科
学名： *Celtis kunmingensis* Cheng et Hong

主要特征： 别称昆明朴。落叶乔木；树高一般都在15～20m，冠幅也达20多米。小枝无毛。叶常为卵形、卵状椭圆形或带菱形，长4～11cm，宽3～6cm，基部通常偏斜，一侧近圆形，一侧楔形，先端微急渐长尖或近尾尖，边缘具明显或不明显的锯齿，无毛或仅下面基部脉腋有毛，叶柄长6～16mm。果通常单生，近球形，直径约8mm，熟时蓝黑色，果梗长15～22mm，核具4肋，表面有浅网孔状凹陷。

主要特性： 喜光，稍耐阴，耐水湿，但有一定抗旱性，喜肥沃、湿润而深厚的中性土壤，在石灰岩的缝隙中亦能生长良好。深根性，抗风力强。生长较慢。有一定的抗污染、抗烟尘及有毒气体能力。滇朴树在冬季短暂落叶，以昆明为例，一般在12月底完全落叶，到1月下旬就开始长叶。该树的优点是生长快速，一般一年树苗可以达到1.5m以上，10年树龄的树一般都在10多米高。树型好，树冠成圆形，树下可以有大的阴影区，树龄长，云南很多达百年的滇朴，一样茂盛地生长着。滇朴树质坚硬，不能直接作材，但可以用加工成组合木材后进行现代拼制的新型木材，质量异常高级。

繁殖方式： 种子繁殖。

栽培要点： ①出苗期管理：滇朴播种时地温较低，出苗时间长，一般需10～15d。此时管理要点是拱棚内湿度控制，要保持白天棚内湿度80%左右。②幼苗期管理：待滇朴幼苗出土后，选择阴天或傍晚揭草。应及时浇水，以保持土壤湿润，浇水必须在早、晚进行；对棚内温度进行控制，温度必须控制在15～18℃；松土除草应选择土壤湿润时进行；施肥应根据幼苗长势追施肥料。一般采用0.2%的磷酸二氢钾，叶面喷施，追肥时间应在晴天下午4点以后或阴天进行，喷施以叶片背面为主。

主要用途： 庭荫树；绿化；石漠化治理。

桉树

科名： 桃金娘科
学名： *Eucalyptus robusta* Smith

主要特征： 密荫大乔木，高 20m；树皮宿存，深褐色，厚 2cm，稍软松，有不规则斜裂沟；嫩枝有棱。幼态叶对生，叶片厚革质，卵形，长 11cm，宽达 7cm，有柄；成熟叶卵状披针形，厚革质，不等侧，长 8 ~ 17cm，宽 3 ~ 7cm，侧脉多而明显，以 80° 开角缓斜走向边缘，两面均有腺点，边脉离边缘 1 ~ 1.5mm；叶柄长 1.5 ~ 2.5cm。伞形花序粗大，有花 4 ~ 8 朵，总梗压扁，长 2.5cm 以内；花梗短、长不过 4mm，有时较长，粗而扁平；花蕾长 1.4 ~ 2cm，宽 7 ~ 10mm；蒴管半球形或倒圆锥形，长 7 ~ 9mm，宽 6 ~ 8mm；帽状体约与萼管同长，先端收缩成喙；雄蕊长 1 ~ 1.2cm，花药椭圆形，纵裂。蒴果卵状壶形，长 1 ~ 1.5cm，上半部略收缩，蒴口稍扩大，果瓣 3 ~ 4，深藏于萼管内。花期 4 ~ 9 月。

主要特性： 适生于酸性的红壤、黄壤和土层深厚的冲积土，但在土层深厚、疏松、排水好的地方生长良好。主根深，抗风力强。多数根颈有木瘤，有贮藏养分和萌芽更新的作用。一般造林后 3 ~ 4 年即可开花结果。

繁殖方式： 播种；嫁接；扦插。

栽培要点： 在整地并实施基肥后，要选择合适的种植时间。春季温度适宜，雨水充沛，桉树树苗成活率较高，是较为理想的造林时间。在种植时，首先要选择健壮的幼苗，并进行防病、防虫处理，保持幼苗湿润，在种植时做到脱袋、深栽、压实。其后，应根据桉树树苗的成活率进行补栽。

桉树苗在栽植成功后的 3 ~ 6 个月内，长势还较弱，为保证幼苗能有充足的光照和养分，要注意清除杂草，避免其与树苗竞争生长元素，且春季正是杂草生长旺季，除草是必须工作。同时，为保证土壤肥力的释放，还要进行松土作业，在作业时应注意与树苗根部保持一定距离，避免伤害根部。

主要用途： 造纸与纸浆；炼油。

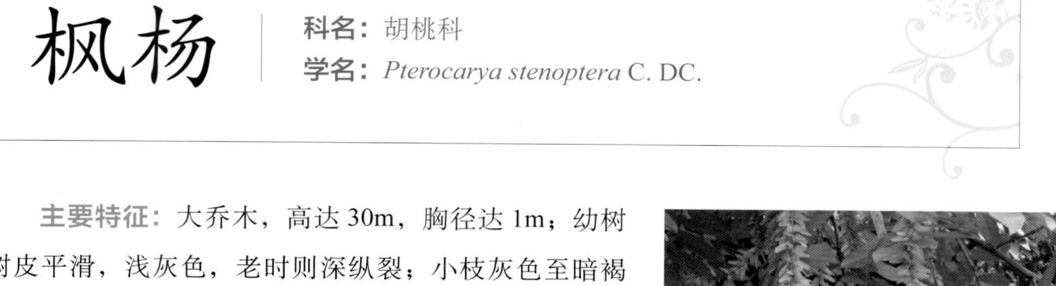

枫杨

科名： 胡桃科

学名： *Pterocarya stenoptera* C. DC.

主要特征： 大乔木，高达30m，胸径达1m；幼树树皮平滑，浅灰色，老时则深纵裂；小枝灰色至暗褐色，具灰黄色皮孔；芽具柄，密被锈褐色盾状着生的腺体。叶多为偶数或稀奇数羽状复叶，长8～16cm（稀达25cm），叶柄长2～5cm，叶轴具翅至翅不甚发达，与叶柄一样被有疏或密的短毛；小叶10～16枚（稀6～25枚），无小叶柄，对生或稀近对生，长椭圆形至长椭圆状披针形，长8～12cm，宽2～3cm，顶端常钝圆或稀急尖，基部歪斜，上方1侧楔形至阔楔形，下方1侧圆形，边缘有向内弯的细锯齿，上面被有细小的浅色疣状凸起，沿中脉及侧脉被有极短的星芒状毛，下面幼时被有散生的短柔毛，成长后脱落而仅留有极稀疏的腺体及侧脉腋内留有1丛星芒状毛。雄性柔荑花序长6～10cm，单独生于去年生枝条上叶痕腋内，花序轴常有稀疏的星芒状毛。雄花常具1（稀2或3）枚发育的花被片，雄蕊5～12枚。雌性柔荑花序顶生，长约10～15cm，果翅狭，条形或阔条形，长12～20mm，宽3～6mm，具近于平行的脉。花期4～5月，果熟期8～9月。

主要特性： 喜深厚肥沃湿润的土壤，以温度不太低，雨量比较多的暖温带和亚热带气候较为适宜。喜光树种，不耐庇荫。耐湿性强。

繁殖方式： 种子繁殖。

栽培要点： 选择10～20年生，干形通直，发育良好，无病虫害的母树上采种。以秋播为好，也可春播。春播时(2～3月)先用60～80℃温水浸种，冷却后换清水浸种1～2d，然后按20～25cm行距条播，每亩播种量8～10kg。发芽后当幼苗高达10～15cm进行间苗，并做好除草松土、排灌、施肥和病虫害防治工作。每亩产苗量0.8万～1.5万株，当苗高1.5～2m、地径1～2cm时，可出圃栽植。

主要用途： 防护林；行道树；可入药，治气管炎。

羽叶楸

科名： 紫葳科

学名： *Stereospermum colais* (Buch.-Ham. ex Dillwyn) Mabberley

主要特征： 落叶乔木，高 15 ～ 35m，胸径 15 ～ 80cm。一回羽状复叶，长 25 ～ 50cm；小叶 3 ～ 6 对，长椭圆形，长 8 ～ 14cm，宽 2.5 ～ 6cm，顶端长渐尖至尾状渐尖，基部阔楔形至圆形，全缘，无毛，小叶柄长 1 ～ 2cm。圆锥花序顶生，长 20 ～ 40cm；花序轴、花梗均被微柔毛；苞片及小苞片早落；花梗长 3 ～ 4mm。花多数，微芳香，昼开夜闭。花萼钟状，紫色，无毛，长和宽均为 4 ～ 5mm，3 ～ 5 裂。花冠淡黄色，微弯，长约 2cm，基部圆筒状，檐部微二唇形，上唇 2 裂，下唇 3 裂，靠近喉部被髯毛。花丝长约 1cm，无毛。柱头 2 裂，内藏。蒴果细长，四棱柱形，微弯曲，长 30 ～ 70cm，粗约 1cm，果皮厚，近木质，隔膜粗 4 ～ 7mm。种子卵圆形，两端具有白色膜质翅，连翅长 28mm，宽约 5mm。花期 5 ～ 7 月，果期 9 ～ 11 月。

主要特性： 喜光，喜温暖湿润气候，适生肥沃土壤，生长于海拔 150 ～ 1800m 的干热河谷、疏林中。其中广西羽叶楸生于石灰岩密林或散生，海拔 400m 左右。在越南也有分布。可用于石漠化治理。

相关物种： 1. 羽叶楸（原变种）Stereospermum colais（Buch. -Ham. ex Dillwya）Mabberley var. colais。

2. 广西羽叶楸（变种）Stereospermum colais （Buch.-Ham. ex Dillwya）Mabberley var. puberula （Dop）D. D. Tao。

3. 毛叶羽叶楸 Stereospermum neuranthum Kurz。

4. 伏毛萼羽叶楸 Stereospermum strigillosum C. Y. Wu & W. C. Yin。

主要用途： 建筑、家具及室内装饰用材；石漠化治理。

繁殖方式： 播种繁殖。

栽培要点： 以 1 ～ 2 年生裸根苗木，栽培时间为 3 ～ 4 月份的阴雨天为宜，栽植前应挖规格不小于 0.6m × 0.6m × 0.5m 的种植穴，栽植时一定要注意，不能栽植过深，填土可以高于原土 2 ～ 3cm，栽完浇水，除栽植时施足基肥外应松土除草合理追肥。

花红李

科名： 蔷薇科

学名： *Prunus salicina* Lindl.

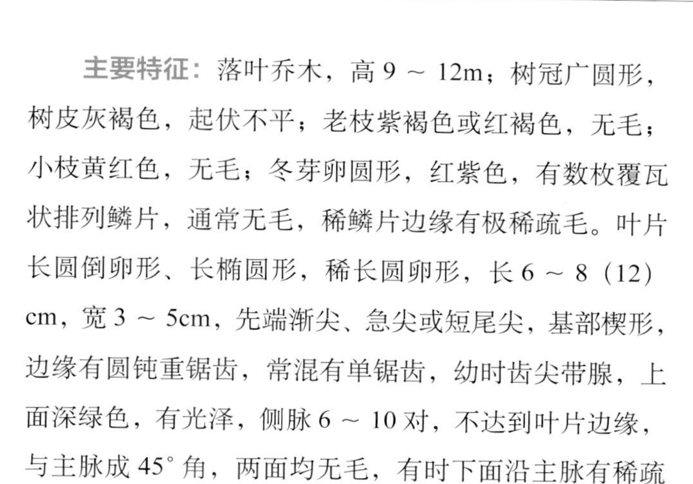

主要特征： 落叶乔木，高 9 ～ 12m；树冠广圆形，树皮灰褐色，起伏不平；老枝紫褐色或红褐色，无毛；小枝黄红色，无毛；冬芽卵圆形，红紫色，有数枚覆瓦状排列鳞片，通常无毛，稀鳞片边缘有极稀疏毛。叶片长圆倒卵形、长椭圆形，稀长圆卵形，长 6 ～ 8（12）cm，宽 3 ～ 5cm，先端渐尖、急尖或短尾尖，基部楔形，边缘有圆钝重锯齿，常混有单锯齿，幼时齿尖带腺，上面深绿色，有光泽，侧脉 6 ～ 10 对，不达到叶片边缘，与主脉成 45° 角，两面均无毛，有时下面沿主脉有稀疏柔毛或脉腋有髯毛；托叶膜质，线形，先端渐尖，边缘有腺；叶柄长 1 ～ 2cm，通常无毛，顶端有 2 个腺体或无，有时在叶片基部边缘有腺体花通常 3 朵并生；花梗 1 ～ 2cm，通常无毛；花直径 1.5 ～ 2.2cm；萼筒钟状。

主要特性： 对气候的适应性强，对土壤只要土层较深，有一定的肥力，不论何种土质都可以栽种。

繁殖方式： 嫁接；扦插；分株。

栽培要点： 砧木选用矮化砧木，与所嫁接品种具有较强的亲和力，宜选用果色鲜艳、丰产、生长势稍弱的品种。接穗采自优质高产的母树，选取树冠外围中上部生长发育充实的一年生枝条，一般随采随接成活率高，也可以利用冬季修剪的枝条加以贮藏供作接穗。嫁接可芽接或切接。芽接于 6 ～ 8 月进行，切接在 1 ～ 2 月进行。一年生枝扦插极易生根成苗。此外冬季取直径 7 ～ 8mm 的根段进行扦插也易成活。根际萌蘖可供分株繁殖，通常根际堆土，促进水平根上形成不定芽，萌芽抽梢后翌年将根蘖苗与母株分离，成为独立的小苗进行移植。

主要用途： 果实可食用。

板栗

科名： 壳斗科

学名： *Castanea mollissima*

主要特征： 落叶乔木，高 15 ~ 20m。树皮深灰色；小枝有短毛或散生长绒毛；无顶芽。叶互生，排成 2 列，卵状椭圆形至长椭圆状披针形，长 8 ~ 18cm，宽 4 ~ 7cm，先端渐尖，基部圆形或宽楔形，边缘有锯齿，齿端芒状，下面有灰白色星状短绒毛或长单毛，侧脉 10 ~ 18 对，中脉有毛；叶柄长 1 ~ 1.5cm，有毛；托叶早落。花单性，雌雄同株；雄花序穗状，直立，长 15 ~ 20cm，雄花萼 6 裂，雄蕊 10 ~ 12；雌花集生于枝条上部的雄花序基部，2 ~ 3 朵生于一有刺的总苞内，雌花萼 6 裂，子房下位，6 室，每室 1 ~ 2 胚珠，仅 1 枚发育，柱头顶生，点状。壳斗球形，直径 3 ~ 5cm，内藏坚果 2 ~ 3 个，成熟时裂为 4 瓣；坚果半球形或扁球形，暗褐色，直径 2 ~ 3cm。花期 5 月，果期 8 ~ 10 月。

主要特性： 板栗对气候土壤条件的适应范围较为广泛。其适宜的年平均气温为 10.5 ~ 21.7℃，如果温度过高，冬眠不足，就会导致生长发育不良，气温过低则易使板栗遭受冻害。板栗既喜欢墒情潮湿的土壤，但又怕雨涝的影响，如果雨量过多，土壤长期积水，极易影响根系尤其是菌根的生长。因此，在低洼易涝地区不宜发展栗园。板栗对土壤酸碱度较为敏感，适宜在 PH 值 5 ~ 6 的微酸性土壤上生长，这是因为栗树是高锰植物，在酸性条件下，可以活化锰、钙等营养元素，有利于板栗的吸收和利用。年平均气温为 13.7 ~ 14.1℃，年降水量 782 ~ 946mm，比较适宜栗树的生长发育。

繁殖方式： 嫁接。

栽培要点： 实生苗 6 年左右开始开花结果，开花迟产量低，生产上常用 2 ~ 3 龄的实生苗作砧木，在展叶前后嫁接。定植不宜过深，以苗木的根颈露地为好。及时治虫害。

主要用途： 果实可食用；水土保持。

柑橘

科名：芸香科

学名：*Citrus reticulata* Blanco

主要特征：常绿小乔木或灌木，高约2m。小枝较细弱，无毛，通常有刺。叶长卵状披针形，长4 ～ 8cm。花黄白色，单生或簇生叶腋。果扁球形，径5 ～ 7cm，橙黄色或橙红色，果皮薄易剥离。春季开花，10 ～ 12月果熟。性喜温暖湿润气候，耐寒性较柚、酸橙、甜橙稍强。

主要特性：柑橘为喜光植物，然而阳光过分强烈，则生长发育不良。适宜生长的年平均温度在15℃以上，最佳生长温度为23 ～ 29℃，超过35℃停止生长，-2℃即受冻害。柑橘夏季一般不需降温，在霜降前入室，清明后出室，可安全越冬。

繁殖方式：压条；扦插；嫁接。

栽培要点：柑橘结果前幼树施肥的目的是迅速扩大

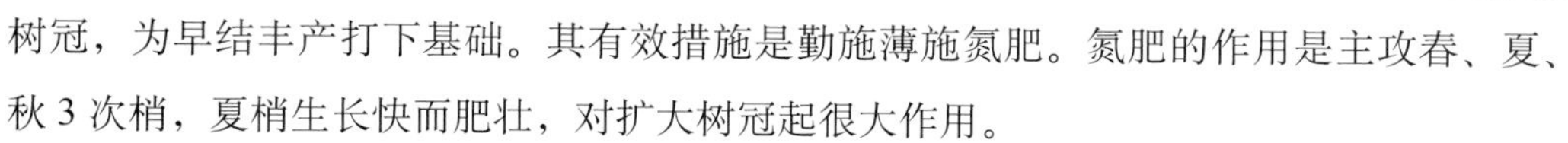

树冠，为早结丰产打下基础。其有效措施是勤施薄施氮肥。氮肥的作用是主攻春、夏、秋3次梢，夏梢生长快而肥壮，对扩大树冠起很大作用。

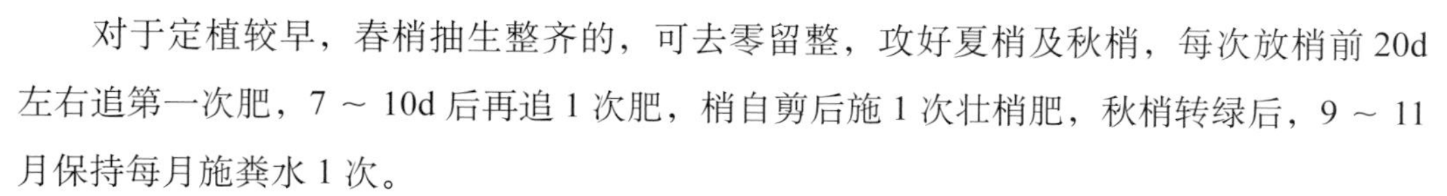

对于定植较早，春梢抽生整齐的，可去零留整，攻好夏梢及秋梢，每次放梢前20d左右追第一次肥，7 ～ 10d后再追1次肥，梢自剪后施1次壮梢肥，秋梢转绿后，9 ～ 11月保持每月施粪水1次。

定植较晚，受伤根未恢复的，春梢难发或发得较晚，且不整齐，因而影响到夏秋梢抽发的，在施肥时应采用勤施薄施，用量由少到多、由淡到浓的办法，每月最好施3 ～ 4次肥，开始时淋粪水或50L水对100 ～ 150g尿素，溶后可浇10 ～ 12株树。随着梢量增加，可略增加施肥用量，但夏、秋干旱季节不宜多加，9 ～ 11月每月追施1次水肥。

主要用途：果实可食用，广泛用于食品加工。

地盘松

科名： 松科

学名： *Pinus yunnanensis* var.*pygmaea*

主要特征： 常绿乔木，枝轮生，冬芽显著，芽鳞多数，覆瓦状排列。嫩枝上长有针叶，针叶是着生在枝叶交接处的节状叶枕上，每根松针的外围都有一层厚厚的角质层和一层蜡质的外膜，地盘松主干不明显，基部分生多干，呈丛生状，高 40 ～ 50cm 至 1 ～ 2m 不等；树皮灰褐色，枝较平滑。针叶较粗硬，2 ～ 3 针一束，长 7 ～ 13cm；二型皮下层，树脂道 2 个，中生或其中 1 个边生。球果常多个丛生，卵圆形或椭圆状卵圆形，长 4 ～ 5cm，熟后宿存树上，种鳞不张开，鳞盾灰褐色，隆起，鳞脐平或稍突起，小尖刺通常早落，不显著。

主要特性： 分布在四川木里；云南宾川、昭觉等地。生长于海拔 2200 ～ 3100m 的地区，常在干燥瘠薄的阳坡形成高山矮林或灌丛，尚未由人工引种栽培。

繁殖方式： 种子繁殖。

栽培要点： 圃地应该选择排水性良好的缓坡山地，海拔应在 2000m 左右。清明前后播种，播前消毒，播种方式为条播，播距 15 ～ 20cm，播沟方向最好与苗床方向平行。经精选、消毒的地盘松良种播种量，每亩 3 ～ 4kg。早播苗床可覆盖薄膜或稻草，用以保温、保湿，促进种子提早发芽，出土整齐。为保证切根育苗效果，切根时的苗木高度需达 12cm，主根长 15cm 以上。幼苗出土后 40d 内应特别注意保持苗床湿润。5 ～ 7 月可每月施化肥 1 ～ 2 次，每亩每次施硫酸铵 2 ～ 5kg。马尾松苗太密时，可以进行间苗移栽，通常分 2 次，第 1 次移栽在 5 月中、下旬，第 2 次移栽在 7 月上、中旬进行。在雨后阴天或阴雨天，略带宿土，不仅可以全部成活，幼苗生长也好。

主要用途： 幼果可入药，升阳消气；石漠化治理。

高山栎

科名：壳斗科
学名：*Quercus semecarpifolia* Smith

主要特征：常绿乔木，高达30m。小枝幼时被星状毛，后渐脱落，具长圆形皮孔。叶片椭圆形或长椭圆形，长5～12cm，宽3～6.5cm，顶端圆钝，基部浅心形，全缘或具刺状锯齿，叶面无毛或有稀疏星状毛，叶背被棕色星状毛及糠秕状粉末，侧脉每边8～14条；叶柄长2～6mm，无毛或有微毛。雄花序生于新枝基部，长3～5cm，除花序轴被灰褐色长毛外均无毛。果序长2～7cm，果序轴无毛，着生坚果1～2个。壳斗浅碗形或碟形，通常近于平展，包着坚果基部，直径1.5～2.5cm，高5～8mm；小苞片披针形，长2～3mm，被灰白色短绒毛，顶端褐色。坚果近球形，直径2～3cm，无毛或近顶部微有毛，有时带紫褐色；果脐平坦或微突起，径约6mm。

主要特性：生于海拔2600～4000m的山坡、山谷栎林或松栎林中。能在干旱贫瘠的山地生长，在湿润、肥沃、深厚和排水性良好的中性至微酸性土壤上生长最好。抗污染、抗尘土、抗风能力都较强。耐寒力强，不耐炎热。

繁殖方式：种子繁殖。

栽培要点：种子掉落后，应立即收取，每天拾取1～2次，将无虫害种子放在通风背阴处摊晾，播种前，将种子浸泡在流水中，无流水时，也可浸泡在水缸或水泥池中，2～3天换水1次。播种在春季进行，在生长季节长的地方，垅作播种。在第二年春季进行切根移植，主根保留15～20cm。

主要用途：荒山造林；石漠化治理。

旱冬瓜

科名： 桦木科
学名： *Alnus nepalensis* D.Don

主要特征： 又名蒙自桤木（《中国树木分类学》），尼泊尔桤木（《中国植物志》），冬瓜树（云南），为桦木科桤木属大乔木，高约18m，胸径1m；小树树皮光滑绿色，老树树皮黑色粗糙纵裂；枝条无毛，幼枝有时疏被黄柔毛；芽具柄，芽鳞2枚，光滑。叶纸质，卵形、椭圆形，长10～16cm，顶端渐尖或骤尖，稀钝圆，基部宽楔形，稀近圆形，边缘具疏齿或全缘，叶面翠绿，光滑无毛，背面灰绿，密生腺点，幼时疏被棕色柔毛，沿中脉较密，或多或少宿存，脉腋间具黄色髯毛，侧脉12～16对；叶柄粗壮，长1.5～2.5cm，近无毛。雄花序多数组成圆锥花序，下垂。果序长圆形，长约2cm，直径约8mm，序梗短，长2～3cm，由多数组成顶生，直立圆锥状大果序；果苞木质，宿存，长约4mm，顶端圆，具5浅裂。果为小坚果，长圆形，长约2mm，翅膜质，宽为果的1/2，稀与果等宽。

主要特性： 抗径流能力和抗土壤侵蚀能力较强，生长迅速，适应性广，砍伐后伐桩萌芽力强，具有良好的天然更新和萌蘖更新能力。

繁殖方式： 种子繁殖。

栽培要点： 元旦前后旱冬瓜种子开始成熟，当果实大部分由绿色变为黄褐色时即可采集。采回的果实晒2～3天，再放于通风干燥地方阴干，3～4天后，果苞开裂种子脱出。筛去杂质后及时进入冷库冷藏，冷藏温度以0～5℃为宜。播种前先用0.2%的高锰酸钾溶液浸泡种子半小时，再漂洗几次后用常温水浸泡24小时，沥水稍晾干后即可播种。按每平方米50g种子的用量散播在苗床表面上，盖疏松、透气及保湿性好的育苗专用基质，厚度以不见种子为宜，喷500～600倍液的多菌灵溶液，再搭50cm高的塑料薄膜拱棚保温保湿。一星期开始出苗，三个星期基本出齐。旱冬瓜容易移栽，但当有5～6片真叶时移栽成活率最高。造林苗以袋苗为好，选择高度30～40cm高为宜，也可以选择更大的苗造林，造林以农历6月24日前后为宜，这段时间雨水丰富，空气湿度大，造林容易且成活率高。

主要用途： 供制家具、器皿；树皮含单宁入药可消炎止血；水土保持；荒山造林。

花楸树

科名： 蔷薇科

学名： *Sorbus pohuashanensis* (Hance) Hedl.

主要特征： 乔木，高达 8m；小枝粗壮，圆柱形，灰褐色，具灰白色细小皮孔，嫩枝具绒毛，逐渐脱落，老时无毛；冬芽长大，长圆卵形，先端渐尖，具数枚红褐色鳞片，外面密被灰白色绒毛。奇数羽状复叶，连叶柄在内长 12 ～ 20cm，叶柄长 2.5 ～ 5cm；小叶片 5 ～ 7 对，间隔 1 ～ 2.5cm，基部和顶部的小叶片常稍小，卵状披针形或椭圆披针形，长 3 ～ 5cm，宽 1.4 ～ 1.8cm，先端急尖或短渐尖，基部偏斜圆形，边缘有细锐锯齿，基部或中部以下近于全缘，上面具稀疏绒毛或近于无毛，下面苍白色，有稀疏或较密集绒毛，间或无毛，侧脉 9 ～ 16 对，在叶边稍弯曲，下面中脉显著突起；叶轴有白色绒毛，老时近于无毛；托叶草质，宿存，宽卵形，有粗锐锯齿。复伞房花序具多数密集花朵，总花梗和花梗均密被白色绒毛，成长时逐渐脱落；花梗长 3 ～ 4mm；花直径 6 ～ 8mm；萼筒钟状，外面有绒毛或近无毛，内面有绒毛；萼片三角形，先端急尖，内外两面均具绒毛；花瓣宽卵形或近圆形，长 3.5 ～ 5mm，宽 3 ～ 4mm，先端圆钝，白色，内面微具短柔毛；雄蕊 20 个，几与花瓣等长；花柱 3 个，基部具短柔毛，较雄蕊短。果实近球形，直径 6 ～ 8mm，红色或桔红色，具宿存闭合萼片。花期 6 月，果期 9 ～ 10 月。

主要特性： 常生于山坡或山谷杂木林内，海拔 900 ～ 2500m。

繁殖方式： 种子繁殖。

栽培要点： 播种繁殖，种子采后须先沙藏层积，春天播种。播种前 4 个月将种子用 40℃温水浸泡 24h，再用 0.5% 的高锰酸钾水溶液消毒 3h 后，捞出种子用清水冲洗数次，按种沙比例 1 ∶ 3 混合后置于 0 ～ 5℃条件下，种沙湿度为饱和持水量的 80%，要经常翻动，70d 后种子陆续发芽，70 ～ 100 天种子发芽率达到高峰。播种前一周取出种子，放入室内阴凉处，并检查发芽情况，准备播种。

主要用途： 庭园风景树；木材可做家具；果实可酿酒。

桦树

科名：桦木科
学名：*Betula*

主要特征：落叶乔木或灌木，有的白色树皮片状剥落；花单性，雌雄同株。柔荑花序，雄花序2～4枚簇生，雄蕊通常2枚，花丝短，顶端分叉；雌花序单一或2～5枚生于短枝的顶端，圆柱状、矩圆状或近球形。坚果具膜质翅，果苞革质，先端3裂。种子单生，具膜质种皮。桦树喜光，不耐庇荫。种子小而带翅易传播。在林区的皆伐迹地和火烧迹地上，桦树能作为先锋树种迅速侵入，形成纯林；但当桦林形成以后，一些耐阴的树种如云杉等便可逐渐侵入而形成混交林；最后又逐渐被后来者所更替。桦树是速生树种，幼年生长快，在立地条件中等地方，一般50年以后进入衰老期。15年左右开始结实，且结实较丰，大、小年不明显。

主要特性：喜光，不耐阴。较喜湿润，对土壤要求不严，在较肥沃的棕色森林土生长良好。萌芽力强，采伐后可自行萌芽更新。速生，在立地条件中等的地方，年生长量可达1m，15年左右开始结实。

繁殖方式：种子繁殖。

栽培要点：秋季种子成熟后随采随播。育苗前种子需用温水浸种，苗高40～50cm即可出圃造林。造林地宜选在火烧迹地、小块采伐迹地、林缘坡地或林中空地为好。春季育苗时，种子需用温水（35℃左右）浸种，播后注意除草松土、灌水、遮阴，当年苗高40～50cm时可出圃造林。造林地宜选择在火烧迹地、小块皆伐迹地、林缘坡地或林中空地。造林后1～3年内每年抚育1～2次，几年后即可郁闭成林。主要病害有桦树心腐病、桦树白粉病、桦树锈病等，害虫有杨柳光叶甲和舞毒蛾等，但均不严重。老树多心腐病，应以培育中、小径材为主。

主要用途：桦树汁可食用；胶合板、卷轴、枪托、细木工家具及农具用材；石漠化治理。

云南黄杞

科名： 胡桃科

学名： *Engelhardia spicata* Lesch.

主要特征： 大乔木，高达15～20m；小枝后来无毛，仅被有腺体，暗褐色或赤褐色，皮孔显著。叶为偶数或稀奇数羽状复叶，长25～35cm，叶柄及叶轴最后变为无毛；小叶4～7对，对生或几乎互生，具0.5～1cm长的小叶柄，长成后薄革质，长椭圆形至长椭圆状披针形，长7～15cm，宽2～5cm，顶端短渐尖，基部阔楔形，全缘，上面无毛而仅散生腺体，下面中脉及小叶柄有疏短柔毛，最后变无毛，侧脉每边10～13条。雄性柔荑花序通常集合成圆锥状花序束，自叶痕腋内无叶的侧枝上生出。雄花较密集，几乎无柄，苞片3裂，有柔毛，花被片4枚，花药具毛，药隔具1凸头伸出于花药顶端。雌性柔荑花序单独生于侧枝顶端或生于雄性圆锥状花序束的顶端。果实球状，直径3.5mm左右，上部被刚毛。11月开花，1～2月果成熟。

主要特性： 产于我国云南和广西。分布于印度、泰国、越南、菲律宾和印度尼西亚。生于海拔550～2100m的山坡杂木林中。

繁殖方式： 种子繁殖。

栽培要点： 采种的母树需为长势好、无病害的植株，树龄在壮龄期，生长在光线充足的地方。一般当果实由青开始变黄，果皮、果翅还没有干黑时为采收的最好时期。采回的种子要存放在阴凉处，并能随采随播为好。播种前先用木板条把畦面刮平整，有大土块要打细，然后整成畦边略高一些的播种床。黄杞的种子细小，宜采用撒播的方式。每亩播种量大约为10～15kg，用细表土和火烧土各一半混匀后作盖土，厚度以刚好看不到种子为好。然后在畦面盖草，注意淋水保湿，等待种子发芽。待种子发芽率达到70%～80%时即可将草揭去，但由于黄杞苗期怕日灼，揭草后不可在日光下暴晒，需设棚遮荫，棚高70～90cm，透光度在20%～30%为好。

主要用途： 家具用材；茎、枝皮，可提制栲胶。

台湾相思

科名：含羞草科
学名：*Acacia confusa* Merr.

主要特征：常绿乔木。树冠圆形。高 6 ～ 15m，无毛。枝灰色或褐色，无刺。苗期第一片真叶为羽状复叶，长大后小叶退化；托叶三角形，肉质；叶柄叶状，镰形，长 6 ～ 10cm，宽 5 ～ 13mm，两端渐尖，无毛，有 3 ～ 7 条隆起的平行脉。头状花序球形，单生或 2 ～ 3 个簇生于叶腋，直径约 1cm，总花梗纤弱，长 8 ～ 10mm；花金黄色，有微香；花萼长约为花冠之半；花瓣淡绿色，长约 2mm；雄蕊多数，明显超出花冠之外；子房被黄褐色柔毛，花柱长约 4mm。荚果扁平，长 4 ～ 12cm，宽 7 ～ 10mm，幼时有黄褐色柔毛，种子间微缢缩，先端钝而有凸头，基部楔形；种子 2 ～ 8 颗，椭圆形，压扁，长 5 ～ 7mm。花期 3 ～ 10 月，果期 8 ～ 12 月。

主要特性：生长迅速，耐干旱。产我国台湾、福建、广东、广西、云南；菲律宾、印度尼西亚、斐济亦有分布。

繁殖方式：种子繁殖。

栽培要点：3 ～ 5 月开花，7 ～ 9 月荚果成熟。荚果成熟时呈褐色，能自行开裂，宜及时采种，除杂晒干。种子含水率以 9% ～ 10% 为宜，可混以石灰或草木灰，袋装或陶器贮藏，1 年内发芽率与新鲜种子相差无几。种皮坚硬，富油蜡质，极难吸水，宜将种子浸于沸水中，搅拌约 2 ～ 3 分钟，再用冷水浸种 24 小时，然后播种，发芽率可达 70% ～ 80%。如为苗圃育苗，一年生苗高可达 60 ～ 70cm，宜在苗高 30cm 时栽植。如为容器育苗，苗高 20 ～ 25cm 时即可出栽，效果比裸根苗好。造林株行距一般宜 1.5m × 1.5m ～ 2m × 2m，侵蚀裸露地可 1m × 1.5m 或 1m × 2m，营造薪炭林或在坡度较陡或冲刷严重的地方造林 1m × 1m。台湾多采用直播造林，生长与植苗造林相同。此外，在花岗岩石质山地还可用飞机播种营造台湾相思纯林或与马尾松的混交林。

主要用途：海滨绿化；石漠化治理。

湿地松

科名：松科

学名：*Pinus elliottii* Engelm

主要特征：乔木，在原产地高达30m，胸径90cm；树皮灰褐色或暗红褐色，纵裂成鳞状块片剥落；枝条每年生长3～4轮，春季生长的节间较长，夏秋生长的节间较短，小枝粗壮，橙褐色，后变为褐色至灰褐色，鳞叶上部披针形，淡褐色，边缘有睫毛，干枯后宿存数年不落，故小枝粗糙；冬芽圆柱形，上部渐窄，无树脂，芽鳞淡灰色。针叶2～3针一束并存，长18～25cm，稀达30cm，径约2mm，刚硬，深绿色，有气孔线，边缘有锯齿；树脂道2～9（11）个，多内生；叶鞘长约1.2cm。球果圆锥形或窄卵圆形，长6.5～13cm，径3～5cm，有梗，种鳞张开后径5～7cm，成熟后至第二年夏季脱落；种鳞的鳞盾近斜方形，肥厚，有锐横脊，鳞脐瘤状，宽5～6mm，先端急尖，长不及1mm，直伸或微向上弯；种子卵圆形，微具3棱，长6mm，黑色，有灰色斑点，种翅长0.8～3.3cm，易脱落。

主要特性：适生于低山丘陵地带，耐水湿，生长势常比同地区的马尾松或黑松为好，很少受松毛虫危害。在中性以至强酸性红壤丘陵地以及表土50～60cm以下铁结核层和沙黏土地均生长良好，而在低洼沼泽地边缘尤佳，故名，但也较耐旱，在干旱贫瘠低山丘陵能旺盛生长。

繁殖方式：种子繁殖。

栽培要点：根据湿地松的主要适生立地因子进行选地。湿地松为喜光、不耐阴的强阳性树种，需充足的光照条件。在原产地的分布区属亚热带季风湿润气候类型，该树种又是一个喜温暖湿润、适于夏雨冬旱的亚热带树种，适生地平均气温16～23.2℃，对气温的适应性较强。湿地松是具有外生菌根的喜酸树种，pH值一般要求在4～6之间。湿地松深根性、侧根粗而密，主要分布于根基下30cm的深度范围内，要求0～40cm深度范围内的土壤疏松，通透性好，如土壤粘重板结，其生长就受到影响。湿地松喜湿不耐渍，要求土壤排水良好。宜选择低山丘陵区山体中、下部，坡度小于20°，坡向为全坡向，土层较深厚（不低于50cm），排水、肥力中等，采伐迹地应对采伐剩余物及杂灌进行清理。

主要用途：家具用材；石漠化治理；荒山绿化。

黄山松

科名： 松科
学名： *Pinus taiwanensis* Hayata

主要特征： 乔木，高达30m，胸径80cm；树皮深灰褐色，裂成不规则鳞状厚块片或薄片；枝平展，老树树冠平顶；一年生枝淡黄褐色或暗红褐色，无毛，不被白粉；冬芽深褐色，卵圆形或长卵圆形，顶端尖，微有树脂，芽鳞先端尖，边缘薄有细缺裂。针叶2针一束，稍硬直，长5～13cm，多为7～10cm，边缘有细锯齿，两面有气孔线；横切面半圆形，单层皮下层细胞，稀出现1～3个细胞宽的第二层，树脂道3～9个，中生，叶鞘初呈淡褐色或褐色，后呈暗褐色或暗灰褐色，宿存。雄球花圆柱形，淡红褐色，长1～1.5cm，聚生于新枝下部成短穗状。球果卵圆形，长3～5cm，径3～4cm，几无梗，向下弯垂，成熟前绿色，熟时褐色或暗褐色，后渐变呈暗灰褐色，常宿存树上6～7年；中部种鳞近矩圆形，长约2cm，宽1～1.2cm，近鳞盾下部稍窄，基部楔形，鳞盾稍肥厚隆起，近扁菱形，横脊显著，鳞脐具短刺；种子倒卵状椭圆形，具不规则的红褐色斑纹，长4～6mm，连翅长1.4～1.8cm；子叶6～7枚，长2.8～4.5cm，下面无气孔线；初生叶条形，长2～4cm，两面中脉隆起，边缘有尖锯齿。花期4～5月，球果第二年10月成熟。

主要特性： 生长在海拔600m以上的山地、山坡、石灰岩山顶和松林中，常组成单纯林。为喜光、深根性树种，喜凉润、空中相对湿度较大的高山气候，在土层深厚、排水良好的酸性土及向阳山坡生长良好；耐瘠薄，但生长迟缓。

繁殖方式： 种子繁殖。

栽培要点： 由于低山地带黄山松常与马尾松混生，采种时务须严格区分，以免混淆。黄山松球果有短柄，鳞盾肥厚隆起，横脊明显，鳞脐有短刺，与马尾松显然各异，不难区分。苗圃应选择在山地就近，春分前后播种，每亩播种量5～6kg。播前要施足基肥，播后要覆土，以不见种子为度，然后覆草，约1个月即陆续出土，待70%种子出土后，即可逐渐揭除盖草，以后进行间苗及肥培管理。在人、畜活动较少处亦可直播造林。

主要用途： 园林绿化；石漠化治理。

川滇桤木

科名： 壳斗科

学名： *Alnus ferdinandi-coburgii*

主要特征： 乔木，高可达 20m；树皮暗灰色，平滑；枝条暗灰色或灰褐色，无毛；幼枝红褐色或黄褐色，幼时密被黄色短柔毛，后渐变无毛；芽具柄，具 2 枚芽鳞。叶卵形、长卵形，有时矩圆状倒卵形，较少披针形，长 5 ~ 16cm，宽 3 ~ 7cm，顶端骤尖或锐尖，较少渐尖或圆，基部近圆形或近楔形，边缘具疏细齿或几不明显的疏锯齿，上面无毛，下面密生腺点，沿脉的两侧密被黄色短柔毛，脉腋间具簇生的髯毛，侧脉 12 ~ 17 对；叶柄长 1 ~ 2cm，密被黄色短柔毛或仅上面的槽沟内有毛。雄花序单生。果序直立，很少下垂，单生，近球形至矩圆形，长 1.5 ~ 3cm，直径 1 ~ 1.5cm；序梗粗壮，长 1.5 ~ 3cm，密被黄色短柔毛；果苞木质，长 3 ~ 4mm，顶端具 5 枚半圆形的裂片。小坚果长约 3mm，果翅厚纸质，宽仅为果的 1/3 ~ 1/4。

主要特性： 分布于中国大陆的贵州、四川、云南等地，生长于海拔 1500 ~ 3000m 的地区，见于岸边的林中、山坡及潮湿地。

繁殖方式： 种子繁殖。

栽培要点： 种子用 40℃温水浸种 4h，撒播于苗床上。苗床由山地红壤、河砂、泥碳土、牛粪混合组成。

主要用途： 可入药，凉血解毒；荒地绿化。

川楝

科名：楝科

学名：*Melia toosendan* Sieb. et Zucc.

主要特征：乔木，高10余米；幼枝密被褐色星状鳞片，老时无，暗红色，具皮孔，叶痕明显。二回羽状复叶长35～45cm，每1羽片有小叶4～5对；具长柄；小叶对生，具短柄或近无柄，膜质，椭圆状披针形，长4～10cm，宽2～4.5cm，先端渐尖，基部楔形或近圆形，两面无毛，全缘或有不明显钝齿，侧脉12～14对。圆锥花序聚生于小枝顶部之叶腋内，长约为叶的1/2，密被灰褐色星状鳞片；花具梗，较密集；萼片长椭圆形至披针形，长约3mm，两面被柔毛，外面较密；花瓣淡紫色，匙形，长9～13mm，外面疏被柔毛；雄蕊管圆柱状，紫色，无毛而有细脉，顶端有3裂的齿10枚，花药长椭圆形，无毛，长约1.5mm，略突出于管外；花盘近杯状；子房近球形，无毛，6～8室，花柱近圆柱状，无毛，柱头不明显的6齿裂，包藏于雄蕊管内。核果大，椭圆状球形，长约3cm，宽约2.5cm，果皮薄，熟后淡黄色；核稍坚硬，6～8室。花期3～4月，果期10～11月。

主要特性：生于海拔500～2100m的杂木林和疏林内或平坝、丘陵地带湿润处，常栽培于村旁附近或公路边。

繁殖方式：种子繁殖。

栽培要点：11～12月采摘浅黄色成熟果实作种，用清水浸泡2～3d，去果肉，取出果核，晾干，用湿沙贮藏催芽。翌年2月下旬至3月下旬播种。条播，按行距30cm开横沟，深约6cm，株距12cm。每穴放果核1枚，随即施入稀粪水，覆土8～10cm。播后1个月左右出苗，每枚果核可出苗3～5株。苗高10～15cm时中耕除草1次，施人粪尿；苗高18～20cm时，进行第2次中耕除草。培育1年，于冬季或第2年春季发芽前移栽。按行株距（2.5～3.5）cm×（2.5～3.5）cm开穴，每穴栽苗1株，填上压实，浇足水。

幼树要加强管理，以利成活。成年树每年春、秋季中耕除草，结合追肥；冬季进行修枝；遇旱及时灌水。

主要用途：果实可驱虫；荒山造林。

第一节　灌木在石漠化土地恢复中的地位与作用

当草灌群落发展到一定时期，以蔷薇科为主的阳性藤刺大量生长，群落高度达2～3m，种类较多，有白刺花、竹叶椒、云实、扛香藤、火棘等。草灌阶段的灌木树种在这一阶段均有出现，但数量和作用都大大降低。此外，光皮桦、凤凰润楠、毛叶合欢、响叶杨等乔木树种幼苗和幼树与灌木树种混生，在高度上与灌木仍属同一层次，只是有零星几株的高度超过3m。草本的物种数量和个体数减少，但盖度仍然达到52%，在群落中还占据重要地位，草本以耐阴的物种为主，有求米草、苞子草、旱茅、石芒草、地石榴、矮蔗草等。此阶段最明显的特征是灌木层以刺生藤本和刺生灌木为主。

第二节　石漠化治理中的常用灌木树种

青刺尖

科名： 蔷薇科

学名： *Prinsepia utilis* Royle

主要特征： 又名扁核木，梅花刺。落叶灌木，高1～2m。枝具棱，灰绿色，常有白色粉霜，具枝刺，长8～20mm。单叶互生或丛生，厚纸质至革质；狭卵形至披针形，长3～6.5cm，宽1～2.2cm，基部钝圆或楔尖，先端渐尖或短尖，边缘具细锯齿，或几为全缘，两面无毛；叶柄长5～10mm；托叶细小，宿存或脱落。总状花序腋生或生于侧枝顶端，有花3～8朵，白色；萼片5片，近圆形；花瓣5片，倒阔卵形或扁圆形；雄蕊多数多列；雌蕊1个，子房上位。核果椭圆形，成熟时暗紫红色，有粉霜，基部有花后膨大的萼片。花期3～4月。果期6～7月。

主要特性： 喜光，耐寒，深根性，耐干旱贫瘠，忌水湿，在深厚肥沃的土壤上生长较好，生于山坡或溪谷两岸灌木丛中及洼地、路旁；分布云南、贵州、四川、台湾等地。

繁殖方式： 种子繁殖。

栽培要点： 播种后，以保持育苗地土壤湿润为度，视需要浇水，并及时除草。待苗出齐后，在苗木的速生期（出苗后1～5个月）于叶面喷施0.5%尿素3～4次，速生后期叶面喷施5‰磷酸二氢钾2～3次。雨季（7～9月），每15天叶面喷施300倍多菌灵或甲基托布津，以防治叶斑病；每15天叶面喷施600倍敌杀死防治蚜虫（Adelgoidea）。苗出齐后，按苗木株距6～8cm的要求及时除去过密苗木。注意防止鼠害。

主要用途： 根、果实可供药用，消炎、治伤、防冻等功能；荒地绿化。

车桑子

科名： 无患子科

学名： *Dodonaea viscosa* (L.) Jacq.

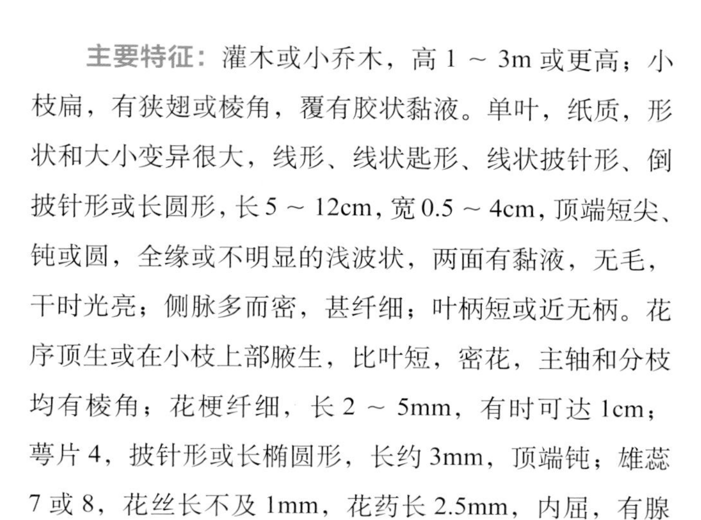

主要特征： 灌木或小乔木，高 1 ～ 3m 或更高；小枝扁，有狭翅或棱角，覆有胶状黏液。单叶，纸质，形状和大小变异很大，线形、线状匙形、线状披针形、倒披针形或长圆形，长 5 ～ 12cm，宽 0.5 ～ 4cm，顶端短尖、钝或圆，全缘或不明显的浅波状，两面有黏液，无毛，干时光亮；侧脉多而密，甚纤细；叶柄短或近无柄。花序顶生或在小枝上部腋生，比叶短，密花，主轴和分枝均有棱角；花梗纤细，长 2 ～ 5mm，有时可达 1cm；萼片 4，披针形或长椭圆形，长约 3mm，顶端钝；雄蕊 7 或 8，花丝长不及 1mm，花药长 2.5mm，内屈，有腺点；子房椭圆形，外面有胶状黏液，2 或 3 室，花柱长约 6mm，顶端 2 或 3 深裂。蒴果倒心形或扁球形，2 或 3 翅，高 1.5 ～ 2.2cm，连翅宽 1.8 ～ 2.5cm，种皮膜质或纸质，有脉纹；种子每室 1 或 2 颗，透镜状，黑色。花期秋末，果期冬末春初。

主要特性： 喜温暖湿润的气候，在阳光充足、雨量充沛的环境生长良好。一般分布于低海拔地带。对土壤要求不严，以沙质壤土种植为宜。

繁殖方式： 用种子繁殖。

栽培要点： 选 5 年生以上的壮龄母株留种，采回后晾干置通风处贮藏。春播，开沟条播，行距 30cm，种子粒距 5cm，覆土 2 ～ 3cm，浇水保湿。当苗高 35cm 左右移栽。按行株距 150cm × 150cm 开穴，每穴栽 1 株，稍压紧，浇足定根水。

主要用途： 荒地造林；石漠化治理；根：消肿解毒，用于牙痛，风毒流注；叶：淡，平。清热渗湿，消肿解毒。用于小便淋沥，癃闭，肩部漫肿，疮痒疔疖，会阴部肿毒，烫、烧伤；全株：外用于疮毒，湿疹，瘾疹，皮疹。花、果实：用于顿咳。

清香木

科名：漆树科

学名：*Pistacia weinmannifolia* J. Poisson Franch

主要特征：灌木或小乔木，高 2 ～ 8m，稀达 10 ～ 15m；树皮灰色，小枝具棕色皮孔，幼枝被灰黄色微柔毛。偶数羽状复叶互生，有小叶 4 ～ 9 对，叶轴具狭翅，上面具槽，被灰色微柔毛，叶柄被微柔毛；小叶革质，长圆形或倒卵状长圆形，较小，长 1.3 ～ 3.5cm，宽 0.8 ～ 1.5cm，稀较大（5cm × 1.8cm），先端微缺，具芒刺状硬尖头，基部略不对称，阔楔形，全缘，略背卷，两面中脉上被极细微柔毛，侧脉在叶面微凹，在叶背明显突起；小叶柄极短。花序腋生，与叶同出，被黄棕色柔毛和红色腺毛；花小，紫红色，无梗，苞片 1，卵圆形，内凹，径约 1.5mm，外面被棕色柔毛，边缘具细睫毛。核果球形，长约 5mm，径约 6mm，成熟时红色，先端细尖。较北或较高海拔其幼枝、叶轴毛被不脱，而较南或较低海拔有时其枝、叶完全无毛，且小叶较大而对数较少。

主要特性：阳性树种，但亦稍耐阴，喜温暖，喜光照充足，要求土层深厚，蓄积水。生于山谷疏林中、山坡、山坡灌丛、石灰岩山林中、石灰岩山坡、疏林中，海拔 580 ～ 2700m 的石灰山林下或灌丛中。

繁殖方式：种子繁殖，扦插。

栽培要点：种子繁殖：播种季节。春秋皆可，清香木幼苗有三怕：一是怕水涝。土壤应尽量保持干燥、疏松，一般不浇或尽量少浇水。二是怕阴。苗期应及时间苗，增加苗木透光度，通风透气。三是怕肥害。扦插：春秋皆可扦插。在树木休眠期，选取壮年母树 1 年生健壮枝，截成 10 ～ 15cm 长的插穗，上切口距芽 1 ～ 1.5cm，下截口距芽 0.3 ～ 0.5cm。扦插基质选择通透性好、持水量中等，pH 值中性或微酸性的插壤为宜。扦插之前，基质要消毒。插穗用 ABT 生根粉药剂（参照说明书使用）浸渍基部。浸渍时间为 12 ～ 24 小时。开沟埋植，插穗插入土壤 2/3 左右，插后覆盖塑料薄膜。

主要用途：荒地绿化；园林绿化；叶皮可入药，消炎解毒；树皮可提取单宁，用作药物单体，化妆品及作鞣革原料；可做饲料。

石榴

科名： 石榴科

学名： *Punica granatum* L.

主要特征： 落叶灌木或小乔木，在热带是常绿树。树冠丛状自然圆头形。树根黄褐色。生长强健，根际易生根蘖。树高可达5～7m，一般3～4m，但矮生石榴仅高约1m或更矮。树干呈灰褐色，上有瘤状突起，干多向左方扭转。树冠内分枝多，嫩枝有棱，多呈方形。小枝柔韧，不易折断。一次枝在生长旺盛的小枝上交错对生，具小刺。刺的长短与品种和生长情况有关。旺树多刺，老树少刺。芽色随季节而变化，有紫、绿、橙三色。叶对生或簇生，呈长披针形至长圆形，或椭圆状披针形，长2～8cm，宽1～2cm，顶端尖，表面有光泽，背面中脉凸起；有短叶柄。花两性，依子房发达与否，有钟状花和筒状花之别，前者子房发达，善于受精结果，后者常凋落不实。雄蕊多数，花丝无毛。雌蕊具花柱1个，长度超过雄蕊，心皮4～8个，子房下位，成熟后变成大型而多室、多子的浆果，每室内有多数子粒；外种皮肉质，呈鲜红、淡红或白色，多汁，甜而带酸，即为可食用的部分；内种皮为角质，也有退化变软的，即软籽石榴。果石榴花期5～6月，榴花似火，果期9～10月。花石榴花期5～10月。

主要特性： 生于海拔300～1000m的山上。喜温暖向阳的环境，耐旱、耐寒，也耐瘠薄，不耐涝和荫蔽。对土壤要求不严，但以排水良好的夹沙土栽培为宜。

繁殖方式： 扦插；压条繁殖；种子繁殖。

栽培要点： 扦插：选用树势健壮植株作为母株。定植点挖直径60～70cm、深50～60cm的栽植坑，坑外用腐熟土杂肥5kg左右再与表层土混合备用，每坑插2～3支1～2年生80～100cm长的插条，插条与地面夹角成50°～60°，插入坑内40～50cm深，然后边填土边踏实，最后灌水并修好树盘，覆盖地膜或覆草保墒。压条繁殖：萌芽前将母树根际较大的萌蘖从基部环割造伤促发生根，然后培土8～10cm，保持土壤湿度。秋后将生根植株断离母株成苗。种子繁殖：秋季落叶后至翌年春季萌芽前均可栽植或换盆。

主要用途： 盆景；石漠化治理；叶、皮可入药，收敛止泻，角毒杀虫。

膏桐

科名：大戟科

学名：*Jatropha curcas* L.

主要特征：高 2 ～ 5m，树皮光滑，苍白色；枝粗壮，圆柱形，具有突起的叶痕；叶片近圆形或卵状圆形，长宽相近；花单性，雌雄同株，花期较长；果实幼时绿色，逐渐变黄，干时为黑棕色；种子为黑色、椭圆形，长 15 ～ 20mm，直径 11mm。小桐树喜光、喜暖热气候，根系粗壮发达，耐干旱瘠薄，在石砾质土、粗质土、石灰岩裸露地能生长。小桐树结果不分大小年，第三年结果，第五年进入盛果期，产量逐年增加，年均亩产量 500kg 以上，果实可连续采摘长达三十年以上。小桐树生长有较高的光热条件要求，栽培期年平均温度宜为 8 ～ 35℃，年有效积温为 2000 ～ 3000℃，年日照量不少于 800h，最好在 1000h 以上。光照十足时，生长旺盛，结果多，种仁出油率高。

主要特性：喜光阳性植物，因其根系粗壮发达，可在干旱、贫瘠、退化的土壤上生长。

繁殖方式：扦插繁殖；种子繁殖。

栽培要点：膏桐具有极强生殖力，点播或扦插繁殖都极易存活，且更新能力强，每亩种植密度为 133 ～ 144 棵，第 3 年结果，第 4 年进入盛果期，产量逐年增加。小桐树结果不分大小年，只要管理得当，肥料充足，年年丰产丰收，可连续采摘果实长达 30 年以上。每亩小桐树年产果籽约 500 ～ 1000kg，产值约 1000 ～ 2000 元 / 亩。

主要用途：保水固土；防沙漠化；改良土壤；石漠化治理；生物柴油原料。

火棘

科名： 蔷薇科

学名： *Pyracantha fortuneana* （Maxim.）Li

主要特征： 常绿灌木或小乔木，高可达3m；侧枝短，先端成刺状，嫩枝外被锈色短柔毛，老枝暗褐色，无毛；芽小，外被短柔毛。叶片倒卵形或倒卵状长圆形，长1.5～6cm，宽0.5～2cm，先端圆钝或微凹，有时具短尖头，基部楔形，下延连于叶柄，边缘有钝锯齿，齿尖向内弯，近基部全缘，两面皆无毛；叶柄短，无毛或嫩时有柔毛。花集成复伞房花序，直径3～4cm，花梗和总花梗近于无毛，花梗长约1cm；花直径约1cm；萼筒钟状，无毛；萼片三角卵形，先端钝；花瓣白色，近圆形，长约4mm，宽约3mm；雄蕊20个，花丝长3～4mm，药黄色；花柱5个，离生，与雄蕊等长，子房上部密生白色柔毛。果实近球形，直径约5mm，橘红色或深红色。花期3～5月，果期8～11月。

主要特性： 喜强光，耐贫瘠，抗干旱，不耐寒；对土壤要求不严，而以排水良好、湿润、疏松的中性或微酸性壤土为好。

繁殖方式： 种子繁殖；扦插。

栽培要点： 种子繁殖，火棘果实10月成熟，可在树上宿存到次年2月，采收种子以10～12月为宜，采收后及时除去果肉，将种子冲洗干净，晒干备用。火棘以秋播为好，播种前可用万分之二浓度的赤霉素处理种子，在整理好的苗床上按行距20～30cm，开深5cm的长沟，撒播沟中，覆土3cm。

扦插繁殖，1～2年生枝，剪成长12～15cm的插穗，下端马耳形，在整理好的插床上开深10cm小沟，将插穗呈30°斜角摆放于沟边，穗条间距10cm，上部露出床面2～5cm，覆土踏实，扦插时间从11月至翌年3月均可进行，成活率一般在90%以上。

主要用途： 可作绿篱；园林造景；石漠化治理；果实、根、叶入药，清热解毒。

紫穗槐

科名： 豆科

学名： *Amorpha fruticosa* Linn.

主要特征： 落叶灌木，丛生，高 1 ~ 4m。小枝灰褐色，被疏毛，后变无毛，嫩枝密被短柔毛。叶互生，奇数羽状复叶，长 10 ~ 15cm，有小叶 11 ~ 25 片，基部有线形托叶；叶柄长 1 ~ 2cm；小叶卵形或椭圆形，长 1 ~ 4cm，宽 0.6 ~ 2.0cm，先端圆形，锐尖或微凹，有一短而弯曲的尖刺，基部宽楔形或圆形，上面无毛或被疏毛，下面有白色短柔毛，具黑色腺点。穗状花序常 1 至数个顶生和枝端腋生，长 7 ~ 15cm，密被短柔毛；花有短梗；荚果下垂，长 6 ~ 10mm，宽 2 ~ 3mm，微弯曲，顶端具小尖，棕褐色，表面有凸起的疣状腺点。花、果期 5 ~ 10 月。

主要特性： 喜光、耐寒、耐旱、耐湿、耐盐碱、抗风沙、抗逆性强、根系发达，萌芽性强又能固氮。在沙地、黏土、中性土、盐碱土（能在 0.7% 以下含盐量的盐渍化土壤上生长）、酸性土、低湿地及土质瘠薄的山坡上均能生长。

繁殖方式： 种子繁殖；插条繁殖；压根繁殖。

栽培要点： 播种前必须进行种子处理：因荚果皮含有油脂，可影响种子膨胀速度及发芽率。选择苗圃地以地势平坦，土质肥沃，土壤深厚，灌水方便的中性壤土为好。

插条繁殖，紫穗槐插穗含有大量养分，扦插成活率很高，但插条要注意保护芽苞不受伤，苗床最好用沙，或一半沙一半土，畦呈龟背形，四周开沟，以利排水，穗条应选择强壮为佳，老枝条或嫩枝条成活率低。应剪取 15cm 长，插入土中 7 ~ 8cm，株距 8 ~ 10cm，行距 20 ~ 25cm，每天要浇水，保持土壤湿润，并要搭好遮荫的棚，约一周后即有新根生长，又见芽苞萌动状，这说明插条成活了。

压根繁殖，立地条件按上述，在春季选择较粗壮根进行压根育苗。紫穗槐根特点发芽力强，遇土疏松湿润，富有腐殖质，便可生新根长新芽。因此，只要稍培土促其生根萌芽，压根即为苗木新株。

主要用途： 花，清热、凉血、止血；防护林，石漠化治理。

香叶树

科名： 樟科

学名： *Lindera communis* Hemsl.

主要特征： 常绿灌木或小乔木，高 3 ~ 4m，胸径可达 25cm；树皮淡褐色。当年生枝条纤细，平滑，具纵条纹，绿色，干时棕褐色，或疏或密被黄白色短柔毛，基部有密集芽鳞痕，一年生枝条粗壮，无毛，皮层不规则纵裂。顶芽卵形，长约 5mm。叶互生，通常披针形、卵形或椭圆形，长 4 ~ 9cm，宽 1.5 ~ 3cm，先端渐尖、急尖、骤尖或有时近尾尖，基部宽楔形或近圆形；薄革质至厚革质；上面绿色，无毛，下面灰绿或浅黄色，被黄褐色柔毛，后渐脱落成疏柔毛或无毛，边缘内卷；羽状脉，侧脉每边 5 ~ 7 条，弧曲，与中脉上面凹陷，下面突起，被黄褐色微柔毛或近无毛；叶柄长 5 ~ 8mm，被黄褐色微柔毛或近无毛。伞形花序具 5 ~ 8 朵花，单生或二个同生于叶腋，总梗极短；总苞片 4 片，早落。果卵形，长约 1cm，宽 7 ~ 8mm，也有时略小而近球形，无毛，成熟时红色；果梗长 4 ~ 7mm，被黄褐色微柔毛。花期 3 ~ 4 月，果期 9 ~ 10 月。

主要特性： 常见于干燥砂质土壤，散生或混生于常绿阔叶林中。耐阴，喜温暖气候，耐干旱瘠薄，在湿润、肥沃的酸性土壤上生长较好。

繁殖方式： 种子繁殖。

栽培要点： 采种时，选择生长健壮、主干通直、树冠发达、无病虫害的香叶树为采种母树。将晾干备用的种子均匀撒播在沙床上，要求种子密布不重叠，然后用新鲜湿润的中细沙覆盖，厚度约 3cm，可延长芽苗在沙中生长的时间，延缓顶芽膨大变绿，从而增加芽苗的高度，利于切根移栽。移栽时间，每年 3 月上旬。移栽方法，随起苗、随切根、随移栽。起芽苗时要小心，千万不能碰掉子叶，否则将大大影响移栽成活率。

主要用途： 解毒消肿；散瘀止痛；景观绿化；石漠化治理。

女贞

科名： 木犀科

学名： *Ligustrum lucidum* Ait.

主要特征： 常绿灌木或乔木，高可达25m。叶片常绿，革质，卵形、长卵形或椭圆形至宽椭圆形，长6～17cm，宽3～8cm，先端锐尖至渐尖或钝，基部圆形或近圆形，有时宽楔形或渐狭，叶缘平坦，上面光亮，两面无毛，中脉在上面凹入，下面凸起，侧脉4～9对，两面稍凸起或有时不明显；叶柄长1～3cm，上面具沟，无毛。圆锥花序顶生，长8～20cm，宽8～25cm；花序梗长0～3cm；花序轴及分枝轴无毛，紫色或黄棕色，果实具棱；花序基部苞片常与叶同型，小苞片披针形或线形，长0.5～6cm，宽0.2～1.5cm，凋落；花无梗或近无梗，长不超过1mm；花萼无毛，长1.5～2mm，齿不明显或近截形；花冠长4～5mm，花冠管长1.5～3mm，裂片长2～2.5mm，反折；花丝长1.5～3mm，花药长圆形，长1～1.5mm；花柱长1.5～2mm，柱头棒状。果肾形或近肾形，长7～10mm，径4～6mm，深蓝黑色，成熟时呈红黑色，被白粉；果梗长0～5mm。花期5～7月，果期7月至翌年5月。

主要特性： 产于长江以南至华南、西南各地，向西北分布至陕西、甘肃。朝鲜也有分布，印度、尼泊尔有栽培。常见于沙壤土、轻黏土。

繁殖方式： 种子繁殖。

栽培要点： 种子成熟后，常被蜡质白粉，要适时采收，选择树势壮、树姿好、抗性强的树作为采种母树。采收后用2份湿沙和1份种子进行湿藏，翌春3月底至4月初。用热水浸种，捞出后湿放4～5d后即可播种。为打破女贞种子休眠，播前先用550mg/kg赤霉素溶液浸种48h，每天换1次水，然后取出晾干。放置3～5d后，再置于25～30℃的条件下水浸催芽，注意每天换水。播种育苗于3月上中旬至4月播种。播种前将去皮的种子用温水浸泡1天，采用条播行距为20cm，覆土厚1.5～2.0cm。播种量为105kg/hm^{2}左右。女贞出苗时间较长，约需1个月。播后最好在畦面盖草保墒。

主要用途： 园林绿化；荒山造林；石漠化治理。

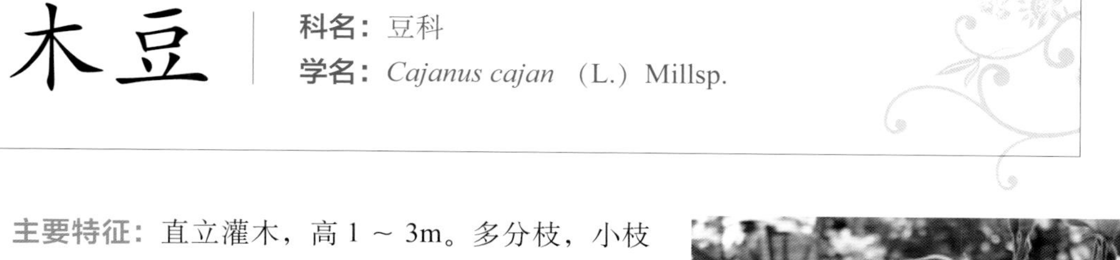

木豆

科名： 豆科

学名： *Cajanus cajan*（L.）Millsp.

主要特征： 直立灌木，高1～3m。多分枝，小枝有明显纵棱，被灰色短柔毛。叶具羽状3小叶；托叶小，卵状披针形，长2～3mm；叶柄长1.5～5cm，上面具浅沟，下面具细纵棱，略被短柔毛；小叶纸质，披针形至椭圆形，长5～10cm，宽1.5～3cm，先端渐尖或急尖，常有细凸尖，上面被极短的灰白色短柔毛，下面较密，呈灰白色，有不明显的黄色腺点；小托叶极小；小叶柄长1～2mm，被毛。总状花序长3～7cm；总花梗长2～4cm；花数朵生于花序顶部或近顶部；苞片卵状椭圆形。荚果线状长圆形，长4～7cm，宽6～11mm，于种子间具明显凹入的斜横槽，被灰褐色短柔毛，先端渐尖，具长的尖头；种子3～6颗，近圆形，稍扁，种皮暗红色，有时有褐色斑点。花、果期2～11月。

主要特性： 木豆根系发达，根瘤菌固氮，具共生菌可溶解岩石中的磷酸铁吸取磷分，改良土质作用巨大，适应性强，耐旱、耐寒、耐瘠薄。

繁殖方式： 种子繁殖。

栽培要点： 一般以营养袋育苗效果最好。营养袋育苗基本步骤及要点为：土壤消毒→土壤拌肥为木豆生长提供充分的养分→木豆浸种约13h→药剂拌种，主要用呋喃丹，防治地下害虫→播种每袋1粒→盖土，厚约1.5cm→浇水→可喷1次甲基托布津预防病害→置于19～25℃左右的地方→投放鼠药防止老鼠偷食；苗床育苗基本步骤及要点为：选择苗床，一般选择地面平整、土壤疏松、养料充足、水源方便的地块为苗床→苗床整理，主要是整地、施肥→木豆浸种约13h→药剂拌种（主要用呋喃丹）→播种→盖土，厚度约1.5cm→浇上足够的水→投放鼠药、塑料薄膜围栏防治老鼠→1周后开始出芽→2周后开始出土并长出1对真叶→在苗长到30cm高时喷洒1次甲基托布津预防病害。

主要用途： 水土保持；石漠化治理；荒山造林。

金银花

科名：忍冬科
学名：*Lonicera japonica* Thunb.

主要特征：幼枝红褐色，密被黄褐色、开展的硬直糙毛、腺毛和短柔毛，下部常无毛。叶纸质，卵形至矩圆状卵形，有时卵状披针形，稀圆卵形或倒卵形，极少有1至数个钝缺刻，长3～5cm，顶端尖或渐尖，少有钝、圆或微凹缺，基部圆或近心形，有糙缘毛，上面深绿色，下面淡绿色，小枝上部叶通常两面均密被短糙毛，下部叶常平滑无毛而下面多少带青灰色；叶柄长4～8mm，密被短柔毛。总花梗通常单生于小枝上部叶腋，与叶柄等长或稍较短，下方者则长达2～4cm，密被短柔后，并夹杂腺毛。果实圆形，直径6～7mm，熟时蓝黑色，有光泽；种子卵圆形或椭圆形，褐色，长约3mm，中部有1凸起的脊，两侧有浅的横沟纹。花期4～6月（秋季亦常开花），果熟期10～11月。

主要特性：金银花适应性很强，喜阳、耐阴，耐寒性强，也耐干旱和水湿，对土壤要求不严。生于山坡灌丛或疏林中、乱石堆、山坡路旁及村庄篱笆边，海拔最高达1500m。

繁殖方式：种子繁殖；扦插。

栽培要点：4月播种，将种子在35～40℃温水中浸泡24h，取出拌2～3倍湿沙催芽，等裂口达30%左右时播种。在畦上按行距21～22cm开沟播种，覆土1cm，每2天喷水1次，10余日即可出苗，秋后或第2年春季移栽，每1hm^{2}用种子15kg左右。扦插一般在雨季进行。在夏秋阴雨天气，选健壮无病虫害的1～2年生枝条截成30～35cm，摘去下部叶子作插条，随剪随用。在选好的土地上，按行距1.6m、株距1.5m挖穴，穴深16～18cm，每穴5～6根插条，分散形斜立着埋土内，地上露出7～10cm，左右，填土压实（透气透水性好的沙质土为佳）。

主要用途：石漠化治理；荒山绿化；花可入药，清热解毒、降血降火。

银合欢

科名： 豆科

学名： *Leucaena glauca* （L.) Benth.

主要特征： 灌木或小乔木，高 2 ～ 6m；幼枝被短柔毛，老枝无毛，具褐色皮孔，无刺；托叶三角形，小。羽片 4 ～ 8 对，长 5 ～ 16cm，叶轴被柔毛，在最下一对羽片着生处有黑色腺体 1 枚；小叶 5 ～ 15 对，线状长圆形，长 7 ～ 13mm，宽 1.5 ～ 3mm，先端急尖，基部楔形，边缘被短柔毛，中脉偏向小叶上缘，两侧不等宽。头状花序通常 1 ～ 2 个腋生，直径 2 ～ 3cm；苞片紧贴，被毛，早落；总花梗长 2 ～ 4cm；花白色；花萼长约 3mm，顶端具 5 细齿，外面被柔毛；花瓣狭倒披针形，长约 5mm，背被疏柔毛；雄蕊 10 枚，通常被疏柔毛，长约 7mm；子房具短柄，上部被柔毛，柱头凹下呈杯状。荚果带状，长 10 ～ 18cm，宽 1.4 ～ 3cm，顶端凸尖，基部有柄，纵裂，被微柔毛；种子 6 ～ 25 颗，卵形，长约 7.5mm，褐色，扁平，光亮。花期 4 ～ 7 月；果期 8 ～ 10 月。

主要特性： 银合欢喜温暖湿润的气候条件，耐旱能力强，耐瘠薄盐碱，不耐水渍，对土壤要求不严，在 pH7.2 左右的石灰岩土壤上生长较好，在岩石缝隙中也能生长。生于低海拔的荒地或疏林中。

繁殖方式： 种子繁殖。

栽培要点： 苗圃地在前一年的冬季进行深犁，在次年育苗前进行整地，用 50mm 福尔马林（甲醛）药剂处理；拌 5% 的生石灰。用手播或机器撒播，在播种前，种子用始温 100℃的开水浸种 24h，处理好地面（清理杂草灌丛，进行翻耕耙碎）。播种要尽可能同禾本科牧草如狗尾草、宽叶雀稗条状间种，比例为 1 ：(1 ～ 3）。先播银合欢 1 行，成苗后再播禾本科牧草 1 ～ 3 行，条（行）距约 90cm。银合欢播种量每亩 0.5kg。

主要用途： 花、果、皮可入药，消痈排浓、收敛止血；荒地造林；石漠化治理；围墙、篱笆绿化。

杜鹃

科名： 杜鹃花科

学名： *Rhododendron simsii* Planch.

主要特征： 落叶灌木，高 2 ～ 7m；分枝一般多而纤细，密被亮棕褐色扁平糙伏毛。10 个椏枝单个直径平均近 20cm，堪称中国杜鹃花之王。叶革质，常集生枝端，卵形、椭圆状卵形或倒卵形或倒卵形至倒披针形，长 1.5 ～ 5cm，宽 0.5 ～ 3cm，先端短渐尖，基部楔形或宽楔形，边缘微反卷，具细齿，上面深绿色，疏被糙伏毛，下面淡白色，密被褐色糙伏毛，叶脉为羽状网脉，中脉在上面凹陷，下面凸出；叶柄长 2 ～ 6mm，密被亮棕褐色扁平糙伏毛。花芽卵球形，鳞片外面中部以上被糙伏毛，边缘具睫毛。花 2 ～ 6 朵簇生枝顶；花梗长 8mm，密被亮棕褐色糙伏毛。蒴果卵球形，长达 1cm，密被糙伏毛；花萼宿存。花期 4 ～ 5 月，果期 6 ～ 8 月。

主要特性： 杜娟性喜凉爽、湿润、通风的半阴环境，既怕酷热又怕严寒。种类多，习性差异大，部分种及园艺品种的适应性较强，耐干旱、瘠薄，土壤 pH 值在 7 ～ 8 之间也能生长。

繁殖方式： 播种繁殖；扦插；嫁接法；压条。

栽培要点： 播种，常绿杜鹃类最好随采随播，落叶杜鹃亦可将种子贮藏至翌年春播。气温 15 ～ 20℃时，约 20 天出苗。扦插，一般于 5 ～ 6 月间选当年生半木质化枝条作插穗，插后设棚遮阴，在温度 25℃左右的条件下，1 个月即可生根。杜鹃生根较慢，约需 60 ～ 70 天。嫁接，杜鹃繁殖采用较多，常行嫩枝劈接，嫁接时间不受限制，砧木多用二年生毛鹃，成活率达 90% 以上。春季萌芽前栽植，地点宜选在通风、半阴的地方，土壤要求疏松、肥沃，含丰富的腐殖质，以酸性沙质壤土为宜，并且不宜积水，否则不利于杜鹃正常生长。栽后踏实，浇水。

主要用途： 盆栽观赏；荒山绿化；石漠化治理；全株可入药，用于行气活血、月经不调。

黄栀子

科名：茜草科

学名：*Gardenla jasminoides* Ellis

主要特征：常绿灌木，高 0.5 ～ 2m。幼枝有细毛。叶对生或三叶轮生，革质，长圆或卵状披针形，长宽各 7 ～ 14cm 和 2 ～ 5cm，先端渐尖或短尖，全缘，两面光滑，基部楔形，有短柄；托叶膜质，基部合成一鞘。花单生枝端或叶腋，大形，白色，极香；花梗极短，有棱，萼管卵形或倒卵形；上部膨大，先端 5 ～ 6 裂，裂片线形或线状披针形，花冠旋卷，高脚杯状，花冠管狭圆柱形，长约 3mm，裂片 5 或更多，倒卵状长圆形；雄蕊 6，着生花冠喉部，花丝极短或缺，花药线形，子房下位，1 室，花柱厚，柱头棒状。果倒卵形或长椭圆形，有翅状纵棱 5 ～ 8 条，长 2.5 ～ 4.5cm，黄色，果顶端有宿存花萼。花期 5 ～ 7 月，果期 5 月至翌年 2 月。

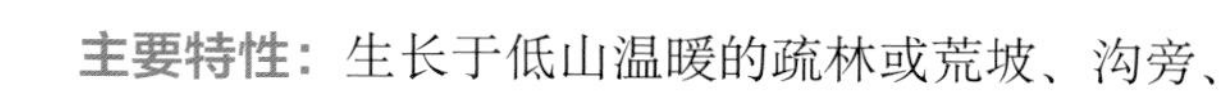

主要特性：生长于低山温暖的疏林或荒坡、沟旁、路边。分布于贵州、江西、广东、广西、云南、四川、湖南、福建等地。喜温暖湿润的气候，以排水良好、肥沃疏松而较湿润的砂质壤土或粘质壤土为佳。

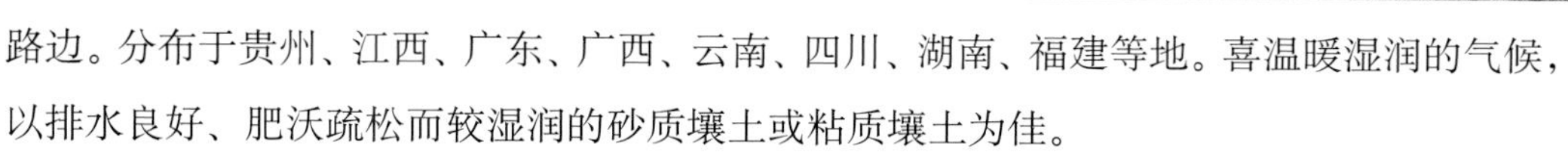

繁殖方式：种子；扦插。

栽培要点：种子繁殖：播种期分春播和秋播，以春播为好。在 2 月上旬至 2 月下旬（立春至雨水）。选取饱满、色深红的果实，挖出种子，于水中搓散，捞取下沉的种子，晾去水分；随即与细土或草木灰拌匀，条播于畦沟内，盖以细土，再覆盖稻草；发芽后除去稻草，经常除草，如苗过密，应陆续匀苗，保持株距 10 ～ 13cm。幼苗培育 1 ～ 2 年，高约 30cm，即可定植。

扦插繁殖：扦插期秋季 9 月下旬至 10 月下旬，春季 2 月中下旬。剪取生长 2 ～ 3 年的枝条，按节剪成长 17 ～ 20cm 的插穗。插时稍微倾斜，上端留一节露出地面。约 1 年后即可移植。

主要用途：可入药，泻火除烦；清热利湿；凉血解毒。

山黄皮

科名： 芸香科

学名： *Clausena excavate* Burm.f.

主要特征： 灌木，高 1 ~ 2m。小枝及叶轴均密被向上弯的短柔毛且散生微凸起的油点。叶有小叶 21 ~ 27 片，幼龄植株的多达 41 片，花序邻近的有时仅 15 片，小叶甚不对称，斜卵形，斜披针形或斜四边形，长 2 ~ 9cm，宽 1 ~ 3cm，很少较大或较小，边缘波浪状，两面被毛或仅叶脉有毛，老叶几无毛；小叶柄长 2 ~ 5mm。花序顶生；花蕾圆球形；苞片对生，细小；花瓣白或淡黄白色，卵形或倒卵形，长 2 ~ 3mm，宽 1 ~ 2mm；雄蕊 8 枚，长短相间，花蕾时贴附于花瓣内侧，盛花时伸出于花瓣外，花丝中部以上线形，中部曲膝状，下部宽，花药在药隔上方有 1 油点；子房上角四周各有 1 油点，密被灰白色长柔毛，花柱短而粗。果椭圆形，长 12 ~ 18mm，宽 8 ~ 15mm，初时被毛，成熟时由暗黄色转为淡红至朱红色，毛尽脱落，有种子 1 ~ 2 颗。花期 4 ~ 5 及 7 ~ 8 月，稀至 10 月仍开花（海南）。盛果期 8 ~ 10 月。

主要特性： 产于福建、台湾、广东、海南、广西、云南等地。见于平地至海拔 1000m 山坡灌丛或疏林中。越南、老挝、柬埔寨、泰国、缅甸、印度等地也有。

繁殖方式： 种子繁殖。

栽培要点： 山黄皮果实每年 6 月份成熟。从熟果中取出种子，不要晒干，要随取随播。苗床宜整成畦宽 1.3m，畦沟 0.3m；施足农家肥。与畦横向条播，行距 0.3m，株距 0.2m，播后淋足水分，然后盖上覆盖物，防止干旱。约一星期后出苗，此时不要揭去覆盖物，以利日后防旱防雨水冲刷及防止杂草滋长。苗高 20cm 左右，施一次稀薄人畜粪尿；苗高 30cm 左右，用尿素一匙冲水一桶淋施，促进苗壮，不久就可以出圃移植。

主要用途： 果实可食用；叶、皮可入药，疏风清热，利湿解毒，截疟。

滇榛

科名： 桦木科

学名： *Corylus yunnanensis* （Franch.） A. Camus

主要特征： 灌木或小乔木，高 1 ～ 7m；树皮暗灰色；枝条暗灰色或灰褐色，无毛；小枝褐色，密被黄色绒毛或疏密的刺状腺体。叶厚纸质，几圆形或卵圆形，很少倒卵形，长 4 ～ 12cm，宽 3 ～ 9cm，顶端骤尖或尾尖，基部几心形，边缘具不规则的锯齿，上面疏被短柔毛，幼时具刺状腺体，下面密被绒毛，幼时沿主脉的下部生刺状腺体；侧脉 5 ～ 7 对；叶柄粗壮，长 7 ～ 12mm，密被绒毛，幼时密生刺状腺体。雄花序 2 ～ 3 枚排成总状，下垂，长 2.5 ～ 3.5cm，苞鳞背面密被短柔毛。果单生或 2 ～ 3 枚簇生成头状，果苞钟状，外面密被黄色绒毛和刺状腺体，通常与果等长或较果短，很少较果长；上部浅裂，裂片三角形，边缘具疏齿。坚果球形，长 1.5 ～ 2cm，密被绒毛。

主要特性： 产于云南中部、西部及西北部和四川西部及西南部、贵州西部。生于山坡林中。对土壤的适应性较强，在砂土、壤土、黏土以及轻盐碱地上，均能生长。

繁殖方式： 种子繁殖。

栽培要点： 建园前对全园进行平整，清除杂树、杂草、石块等物。土地耕翻深 20cm 以上。定植穴规格，直径 70 ～ 100cm，深 60 ～ 70cm。挖定植穴时，表层熟化土与底土要分开，回填时底土与有机肥混合、拌均匀再回到定植穴的下半部，表层熟化土再回到定植穴的上部，整地挖穴最好在定植前一年的秋季完成。

为提高成活率，均提倡秋季栽植。一般在 10 ～ 12 月份，黄河 - 长江流域宜在 2 月下旬至 3 月上旬，最迟不能超过 3 月中旬。榛树定植必须在萌芽前结束。如果苗木已经萌芽在定植，成活率降低。

主要用途： 种仁可入药，补脾润肺、和中；石漠化治理。

苦刺

科名：茄科

学名：*Solanum deflexicarpum* C. Y. Wu et S. C. Huang

主要特征：直立小灌木，高1m左右，小枝，叶柄，叶下面及花序均被有不等长分枝的具短柄或无柄的星状绒毛，正中的一分枝稍长。小枝棕褐色，间或具12个长不及1mm的小皮刺，嫩枝的毛被较小枝为密。叶卵形，双生（其中之一往往较小），长5.5～10.5cm，宽4～8.5cm，先端锐尖，基部截形，宽楔形至两侧不等称，边缘5～7浅裂，裂片钝，上面绿色，疏被3～5不等长分枝的星状绒毛，正中的一分枝较长，下面黄绿色，毛被较上面密，中脉在两面均密被星状毛，侧脉每边34条；叶柄长1.5～2.5cm。蝎尾状花序腋外生，长约2cm，无总花梗，花序轴长1.5～1.8cm，具花10～11朵，花梗长约45mm；花白色，直径约1.5cm，萼钟形，长约4mm，外面被星状毛，5裂，裂片卵形，长约1.5mm，端急尖；花冠钟形，长约1cm，冠檐长约7mm，先端5深裂，裂片卵状披针形，长约5mm，外面及内面上部均被星状毛，花冠筒长2mm，隐于萼内；花丝短，长不及1mm，花药黄色，长圆形，长约4mm，顶孔向上；子房近卵形，顶端被星状毛，花柱纤细，长约7mm，除顶端外几全部被星状绒毛，柱头无毛。果序长约3cm，毛被或多或少脱落，上部的花多败育，下部具成熟果4～5枚，果柄长约1cm，花后向下弯曲，浆果球状，光亮，直径约1cm，具宿存萼；种子盘状，暗黄色，直径约2mm。花期秋季，花后随即结果。

主要特性：海拔1500m，路旁。分布于云南西畴的香屏山。

食用价值：苦刺花粗蛋白含量为20.79%，氨基酸种类齐全，并含有VB1、VB2、VPP、VC及胡萝卜素等多种维生素，矿质元素含量丰富，还含有适量的纤维素、碳水化合物、酸及果胶等营养成分；重金属、硝酸盐、亚硝酸盐含量均未超过国家标准。因此，苦刺花营养成分种类齐全，含量丰富，具有较高的营养价值。

主要用途：根、叶、花及果实入药，清热解毒；荒地绿化。

三叶豆

科名： 豆科
学名： *Campylotropis rockii* Schindl.

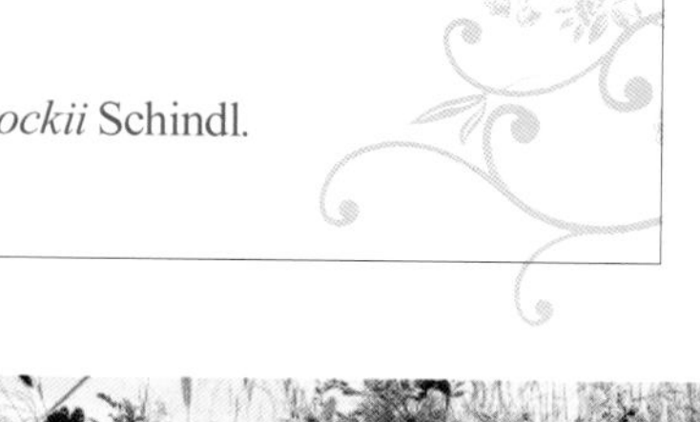

主要特征： 三叶豆即滇南杭子梢。灌木，小枝被短绒毛。羽状复叶具 3 小叶；托叶披针形，长达 12mm，被绒毛；叶柄长达 3.7cm；小叶椭圆形或长圆形，长达 6.6cm，宽达 3.5cm，先端圆形，微缺，具小凸尖，向基部有时稍变狭，上面密生短绒毛，下面密被白色绢毛或绵毛。总状花序长达 4.5cm，腋生并顶生形成圆锥花序；苞片披针形，渐尖，长 3 ～ 4mm，宿存；花梗长 2.5 ～ 3.5mm，密生开展的短柔毛；花萼长约 3.5mm，密生较短而贴伏的柔毛，萼裂片短于萼筒；花冠长约 11.5mm。荚果宽倒卵形，顶端圆而骤尖，具短喙尖，长 5 ～ 6mm，宽约 3.5mm，表面贴生短柔毛，边缘具纤毛。花期 9 ～ 10 月。

主要特性： 生于草坡和灌木丛中。分布云南、贵州等地。

繁殖方式： 种子繁殖。

栽培要点： 如果将种子播种在开阔的裸地上，不遮荫，其种子虽然也能发芽出苗，但生长更加缓慢，第三年仅能长到 25cm 高左右，甚至，因不适应生活条件而出现死亡现象。这是它长期生长在良好遮荫条件下形成的生态适应性。杭子梢的成年植株，在亚热带地区，一般于每年 3 月中旬左右萌芽并展叶，6 月上、中旬现蕾，6 月下旬以后开花，8 ～ 9 月份种子陆续成熟，11 月初叶片逐渐枯黄而凋落。其生育期约 195 天，供青期可达 250 天左右。

主要用途： 可入药，祛瘀止痛，清热利湿；荒地绿化；牛、羊饲料。

黄荆

科名： 马鞭草科
学名： *Vitex negundo* Linn.

主要特征： 灌木或小乔木；小枝四棱形，密生灰白色绒毛。掌状复叶，小叶5，少有3；小叶片长圆状披针形至披针形，顶端渐尖，基部楔形，全缘或每边有少数粗锯齿，表面绿色，背面密生灰白色绒毛；中间小叶长4～13cm，宽1～4cm，两侧小叶依次递小，若具5小叶时，中间3片小叶有柄，最外侧的2片小叶无柄或近于无柄。聚伞花序排成圆锥花序式，顶生，长10～27cm，花序梗密生灰白色绒毛；花萼钟状，顶端有5裂齿，外有灰白色绒毛；花冠淡紫色，外有微柔毛，顶端5裂，二唇形；雄蕊伸出花冠管外；子房近无毛。核果近球形，径约2mm；宿萼接近果实的长度。花期4～6月，果期7～10月。

主要特性： 喜光，能耐半阴，好肥沃土壤，但亦耐干旱、耐瘠薄和寒冷。萌蘖力强，耐修剪。主要产长江以南各省，北达秦岭淮河。生于山坡路旁或灌木丛中。非洲东部经马达加斯加、亚洲东南部及南美洲的玻利维亚也有分布。

繁殖方式： 播种；分株；压条。

栽培要点： 黄荆在低山丘陵沟旁林缘多有生长，可选取经多年砍伐萌生、姿态苍老虬曲、富于野趣的老桩，于春季2～3月掘取，注意保护根系，截去过长的主根，并根据造型的需要，修剪枝干。修剪后的树桩，及时下地栽培，进行“养胚”。平时注意养护管理，树干覆以苔藓，天旱时每天浇水，保持土壤湿润。待树桩根系生长恢复，枝叶萌生茂盛时，一般1～2年后，即可上盆造型。掘挖野生老桩，培育易活，萌生力强，也可采用快速成型法进行培育，当年即可上盆观赏。其做法是：初春挖回的黄荆树桩，先进行修剪，保留主要枝干，其余全部剪去，直接栽入瓦钵中培植，进行遮阴、喷水、保湿管理。萌芽后减少喷水，中午前后庇荫，待新枝长至半木质化时进行一次强修剪，枝条截短至1～4cm长，即树桩第一个芽枝分叉点。

主要用途： 根、茎入药，清热止咳；盆栽；石漠化治理。

胡枝子

科名：豆科

学名：*Lespedeza bicolor* Turcz.

主要特征：直立灌木，高1～3m，多分枝，小枝黄色或暗褐色，有条棱，被疏短毛；芽卵形，长2～3mm，具数枚黄褐色鳞片。羽状复叶具3小叶；托叶2枚，线状披针形，长3～4.5mm；叶柄长2～9cm；小叶质薄，卵形、倒卵形或卵状长圆形，长1.5～6cm，宽1～3.5cm，先端钝圆或微凹，稀稍尖，具短刺尖，基部近圆形或宽楔形，全缘，上面绿色，无毛，下面色淡，被疏柔毛，老时渐无毛。总状花序腋生，比叶长，常构成大型、较疏松的圆锥花序；总花梗长4～10cm；小苞片2，卵形，长不到1cm，先端钝圆或稍尖，黄褐色，被短柔毛；花梗短，长约2mm，密被毛；花萼长约5mm，5浅裂，裂片通常短于萼筒，上方2裂片合生成2齿，裂片卵形或三角状卵形，先端尖，外面被白毛；花冠红紫色，极稀白色（var.*alba* Bean），长约10mm，旗瓣倒卵形，先端微凹，翼瓣较短，近长圆形，基部具耳和瓣柄，龙骨瓣与旗瓣近等长，先端钝，基部具较长的瓣柄；子房被毛。荚果斜倒卵形，稍扁，长约10mm，宽约5mm，表面具网纹，密被短柔毛。花期7～9月，果期9～10月。

主要特性：胡枝子为中生性落叶灌木，耐阴、耐寒、耐干旱、耐瘠薄，对土壤适应性强，在瘠薄的新开垦地上可以生长，但最适于壤土和腐殖土。

繁殖方式：种子繁殖。

栽培要点：9月下旬至10上旬采种，将采下的种子摊晒于阳光下，约4～5d即可风选去杂，而后装袋贮于通风干燥地方，无虫蛀。播前种子处理，用碾子碾，破荚壳即可。播种前还要用60～70℃温水侵种催芽，种子部分裂嘴时播种，这样5～6d即可出苗。育苗地以有灌水条件的中性沙壤土为最好。播种地每亩施底肥1500～2000kg，粪肥要腐烂，捣细，拌匀。播种时还要灌足底水。播种期4月下旬至5月上旬，条播，播幅4～6cm，行距12～15cm。苗出齐后20d左右间苗，一次定苗。培育胡枝子苗宜在8月中旬前后“割梢”（在苗高30～35cm处割去枝梢），以利于幼苗木质化。实行秋掘苗秋栽植。

主要用途：薪炭树种；水土保持；石漠化治理。

雪花皮

科名： 瑞香科

学名： *Daphne papyracea* Wall.ex Steud.

主要特征： 雪花皮即白瑞香，常绿灌木，高 1 ～ 2m，稀达 4m；枝粗壮，幼枝疏生黄色短柔毛，老枝光滑无毛。核果卵状球形，长约 1cm，直径约 8mm，含 1 球形种子。花期 12 月，果期 1 ～ 3 月。叶互生，纸质，长圆形或长圆形披针形，稀长圆状倒披针形，长 9 ～ 14cm，宽 1.2 ～ 4cm，先端渐尖，基部楔形，全缘，两面无毛，主脉在表面明显，连同侧脉在背面显著；叶柄短，长 2 ～ 5mm，无毛。花白色，芳香，数朵簇生枝顶，近于头状，具苞片，苞片外面被绢状毛；总花梗短，密被短柔毛；花萼筒状，长 14 ～ 16mm，被淡黄色短柔毛，顶部 4 裂，裂片卵形或椭圆形，长约 5mm；雄蕊 8 枚，2 列，上列 4 枚，着生于花萼筒近喉部，下列 4 枚，着生于花萼筒中部，花丝极短，花药椭圆形；花盘环状，边缘波状；子房椭圆形，长 3 ～ 4mm，无毛。

主要特性： 喜温和凉爽气候。生于海拔 400 ～ 1000m 的山区山坡上。引种在低海拔地区栽培，生长缓慢，稍耐旱，忌积水。喜生长在石砾土上，以排水良好、疏松、腐殖质丰富的壤土栽培为宜。

繁殖方式： 种子繁殖。

栽培要点： 选择半阴半阳的环境育苗，随采随播。条播，按行距 25cm 开横沟，沟深 3cm，按株距 3cm 下种 1 粒，覆土 2cm，播后浇水保湿。当苗高 15 ～ 20cm 时定植，按行株距 35cm × 35cm 开穴，每穴栽 1 株。

定植后，第 1 年中耕除草 3 ～ 4 次，肥料以人粪尿或氮肥为主。第 2 年之后，每年中耕除草 2 ～ 3 次，除追施氮肥外，适当增施磷钾肥。冬季适当修剪过长的侧枝、密枝或下垂枝。

主要用途： 根可入药，祛风止痛；活血调经；石漠化治理。

马桑

科名：马桑科
学名：*Coriaria nepalensis* Wall.

主要特征：灌木，高1.5～2.5m，分枝水平开展，小枝四棱形或成四狭翅，幼枝疏被微柔毛，后变无毛，常带紫色，老枝紫褐色，具显著圆形突起的皮孔；芽鳞膜质，卵形或卵状三角形，长1～2mm，紫红色，无毛。叶对生，纸质至薄革质，椭圆形或阔椭圆形，长2.5～8cm，宽1.5～4cm，先端急尖，基部圆形，全缘，两面无毛或沿脉上疏被毛，基出3脉，弧形伸至顶端，在叶面微凹，叶背突起；叶短柄，长2～3mm，疏被毛，紫色，基部具垫状突起物。总状花序生于二年生的枝条上，雄花序先叶开放，长1.5～2.5cm，多花密集，序轴被腺状微柔毛；苞片和小苞片卵圆形，长约2.5mm，宽约2mm，膜质，半透明，内凹，上部边缘具流苏状细齿；花梗长约1mm，无毛；萼片卵形，长1.5～2mm，宽1～1.5mm，边缘半透明，上部具流苏状细齿。果球形，果期花瓣肉质增大包于果外，成熟时由红色变紫黑色，径4～6mm；种子卵状长圆形。

主要特性：产云南、贵州、四川、湖北、陕西、甘肃、西藏；分布于印度、尼泊尔。生于海拔400～3200m的灌丛中。

繁殖方式：种子；扦插。

栽培要点：马桑果实5～6月成熟，熟果采回后在清水中搓洗，除去果皮和果汁，取出种子洗净阴干。选择灌溉方便、排水良好的土地做苗圃地，苗床床面耙平耙细，上筛一层细土用木板轻轻压实，均匀撒播种子，播后覆盖一层过筛细土，厚约0.7cm，并加盖一层碎草，以不见土为度，按苗期常规管理，当年冬季或翌年春即可出圃造林。在11月选择2年生粗壮并带有芽苞的树条，利用中间段截成长30cm左右的插穗，下端截成马耳形，挖穴斜插入土，上端露出地面10cm左右。插穗最好随用随采。

主要用途：叶可入药，清热解毒；消肿止痛。

岩桂

科名： 樟科

学名： *Cinnamomum petrophilum*

主要特征： 灌木或乔木，高可达15m，树皮粗糙，小枝褐色或黄褐色，当年生的被稀疏小柔毛，二年生的无毛。芽小，密被灰白色小绢毛，扁。叶对生，近对生或互生，椭圆形至矩圆形，先端钝至长渐尖，基部渐狭，长4～12cm，宽1.6～5cm，腹面黄绿色，无毛，有光泽，背面粉绿色，被稀疏灰白色小柔毛，后毛渐脱落，离基三出脉，直达叶端，两面凸起，腹面较细，背面较粗，二侧脉通常向外分出纤细的次生脉，横脉腹面稍明显，背面明显，细脉不明显；叶柄暗褐色，长0.5～1.5cm，初被稀疏小柔毛，后变为近无毛，腹面平或微凹。花序总状或聚伞状，纤细，腋生或着生当年生小枝下部，被小绢毛，长达6.5cm，花3～7枚，总梗长0.7～4cm；花梗长达1.1cm，被小绢毛。果序轴两侧压扁；果矩圆状，长约1.5cm，直径约0.6cm，绿色变为紫蓝色，表面有疣状突起；果托杯状，全缘或有不规则截状裂片，直径3.5～4.5mm，长约2mm；果梗长0.4～0.7cm，向上明显增粗，与果托成漏斗状。花期4月；果期8～9月。

主要特性： 喜光，但在幼苗期要求有一定的庇荫，喜温暖和通风良好的环境，不耐寒，适生于土层深厚、排水良好，富含腐殖质的偏酸性砂壤土，忌碱性土和积水。一般生长在石灰岩的岩缝中，或石灰岩上发育的土壤上，有较强的萌发能力。

繁殖方式： 播种；压条；嫁接；扦插。

栽培要点： 当年10月秋播或翌年春播，实生苗始花期较晚，且不易保持品种原有性状。压条繁殖，用于繁殖良种。嫁接繁殖是常用的方法，多用女贞、小叶女贞、小蜡、水蜡、流苏和白蜡等树种作砧木，行靠接或切接。扦插繁殖多在6月中旬至8月下旬进行。移植常在秋季花后或春季进行，也可在梅雨季节移栽，大苗需带土球，种植穴多施基肥。盆栽桂花，夏季可置庭院阳光之下，不需遮荫，冬季在一般室内即可安全越冬。病虫害有枯斑病、枯枝病、桂花叶蜂、柑橘粉虱、蚱蝉等。

主要用途： 园林绿化；石漠化治理。

刺梨

科名：蔷薇科
学名：*Rosa roxbunghii*

主要特征：开展灌木，高 1 ~ 2.5m；树皮灰褐色，成片状剥落；小枝圆柱形，斜向上升，有基部稍扁而成对皮刺。小叶 9 ~ 15，连叶柄长 5 ~ 11cm，小叶片椭圆形或长圆形，稀倒卵形，长 1 ~ 2cm，宽 6 ~ 12mm，先端急尖或圆钝，基部宽楔形，边缘有细锐锯齿，两面无毛，下面叶脉突起，网脉明显，叶轴和叶柄有散生小皮刺；托叶大部贴生于叶柄，离生部分呈钻形，边缘有腺毛。花单生或 2 ~ 3 朵，生于短枝顶端，花直径 5 ~ 6cm；花梗短；小苞片 2 ~ 3 枚，卵形，边缘有腺毛；萼片通常宽卵形，先端渐尖，有羽状裂片，内面密被绒毛，外面密被针刺；花瓣重瓣至半重瓣，淡红色或粉红色，微香，倒卵形，外轮花瓣大，内轮较小；雄蕊多数着生在杯状萼筒边缘；心皮多数，着生在花托底部；花柱离生，被毛，不外伸，短于雄蕊。果扁球形，直径 3 ~ 4cm，绿红色，外面密生针刺；萼片宿存，直立。花期 5 ~ 7 月，果期 8 ~ 10 月。

主要特性：喜湿不耐干旱，保护组织又不发达，易蒸腾失水。

繁殖方式：种子；扦插。

栽培要点：分春播和秋播。刺梨种子无明显的休眠期，秋季种子成熟后立即播种，其发芽率及出苗率可达 90% 以上。秋播，9 月上、中旬果实成熟后采种，立即播入苗床，10 月中、下旬出苗。第二年 3 月移栽苗圃，年底可出圃。但在冬季严寒地区需要覆盖塑料薄膜防冻。春播以 2 月下旬至 3 月上旬为宜，4 月上旬出苗，5 月下旬至 6 月上旬移栽到苗圃。播种前一天将种子放人 50 ~ 60℃的温水中浸种 12 ~ 24h，取出后洗净播种，可提早 5d 发芽，提高发芽率。

春、夏、秋三季均可进行。春插将冬季修剪下来的 1 年生枝条剪成 10 ~ 12cm 长，下端在芽下方斜剪，上端在芽上方 1cm 处斜剪。以 100 根 1 捆藏于湿沙中。次年 2 月上中旬以株行距 9cm × 24cm 斜插于苗圃中，露 1 芽在外，踏实插条周围床土。3 月中旬萌芽，成活率 90% 以上。夏、秋扦插，取 1 ~ 3 年生枝，用 ABT 生根粉处理插条基部，发根成活率 100%。

主要用途：果实可食用，抗衰老、抗癌。

人类一直以来与岩溶土地石漠化进行搏弈，开展了综合治理，也探索与总结出了大量的石漠化防治模式与经验，其中有很多是采用藤本植物进行治理的成功案例。

使用藤本植物进行治理是依据热带亚热带特别是石漠化地区自然植被次生演替序列的客观规律，借助藤本植物生长迅速、用土节约等优点，将石漠化地块迅速进入“藤冠”演替阶段，收到快速、高效的生物生产效果，并为尽快恢复至多层多种森林植被打下环境基础。

第一节　石漠化土地藤蔓/丛林生态系统恢复分析

一、石漠化土地生态特征与自我恢复分析

石漠化山区植物群落成活的土壤几乎都隐藏在地表以下的溶蚀坑中或是被坍塌的石头覆盖，而溶蚀坑的开口十分狭小，岩石覆盖的厚度较深，植物种子能够落入岩缝中的几率极少。只有鸟类和特种啮齿动物在藏匿食物时，才能满足这一播种要求。但是，由于地表石漠化的程度越来越恶化，这些鸟类和动物的栖息环境也越来越恶劣，也就日渐失去了生态系统自然恢复的“播种机”。

其次，被石块覆盖的坍塌土壤环境对大气降水的截留能力极为低下。而裸露的岩石在日照下会急剧升温，有时地表岩石的高温可以达到70℃，这就不仅导致大气所降的水资源无效蒸发，还会杀伤植物。因此，在这样的环境中，只有大量的藤本植物成活并能

将基岩完全覆盖后，其间的直立乔木才能顺利长大。遗憾的是，当前的植树造林忽视了这样的环节，人们都认为种植乔木才是造林，根本就不注重种藤本植物来护卫乔木的成长。人类的错误决策行为使石漠化生态系统失去了自我更新的可能。

另外，在石漠化地段的表层只要有藤本植物覆盖，苔藓类和蕨类植物就可以正常生长，这些植被可以部分地替代土壤，起到截留和储养水资源的作用，以满足植物群落生长的需要。而这些苔藓类和蕨类植物只能靠孢子繁殖，而大部分孢子是依靠随水流向下方向传播，石漠化灾变一旦形成，苔藓类和蕨类植物群落在石山陡坡坡面尤其是向上方向的地区就不可能自行恢复。

二、石漠化土地藤蔓 / 丛林生态系统恢复原则要求

石漠化治理的首要任务是恢复岩溶地区的林草植被，实现岩溶生态系统的恢复与重建，是石漠化防治的基础和关键。

石漠化地区由于盐岩的溶蚀，使整个地区的环境包括土、水、植物等富钙（镁），并偏碱性。在这样一个富钙（镁）、缺水、缺土的环境里，致使岩溶植被具有旱生性、石山性和喜钙性的特点。

因此，在石漠化地区自然条件下，要恢复藤本与丛林复合的生态系统就面临上面三个关键环节的断裂。恢复这个生态系统要遵守恢复喀斯特山区“原生性的藤蔓 / 丛林生态系统”的三个基本原则。

（一）适度的干预

要让已经蜕变的石漠化荒草灌丛过渡到藤蔓 / 丛林生态系统显然不能只种某一种或某几种树，而要将各种适宜当地生长的植物都引种进来，从一开始就考虑到这是一个生态系统，而不是一批孤立的树，要在人的观察和有限干预下，驱动各种生物物种在已经石漠化的荒山上去探寻自己的生存空间和发展余地，人的作用仅止于在文化的推动下，不断地观察、思考并针对性地对那些生长困难的动植物提供一点帮助，让它们度过在当地生存的难关，因此这是人与自然对话的过程，也是人类能动适应自然的过程。

（二）最小改动

对土壤的最小翻动甚至不动土的耕作是贵州罗甸县大关乡村民治理石漠化的经验。石漠化荒坡没有高大乔木，找准合适的地点相继补种就够了。虽然原生的土石结构看上

去很粗糙，很不入眼，但它是千万年来积淀的结果，它自身就有很强的稳定性，任何植物只要得到准确定位，就能够成活和生长。也就是说，人们活动的目的不是去改变这里的环境结构，而是顺着环境去耕作。应该说，这是一种把握好分寸的适度理念。

（三）弥补缺环

在石漠化地区自然条件下，要恢复藤本与丛林复合的生态系统就面临三个关键环节的断裂。这些生存缺环影响生物的正常生长。

针对石漠化灾变后必然发生的超常高温这一关键缺环加以适度干预，引进藤蔓植物就可以解决这个问题；但是，石化坡面上残存的植物大部分是种子颗粒较小、凭借风力和流水传播的耐旱植物，主要是禾本科、菊科和苋科类植物。藤蔓植物仅是在偶然情况下才能长出一两株，自立繁殖成活极为困难。像豆科的葛藤、岩豆这样的藤蔓植物，它们的种子粒度较大，不可能自己落入土中生长，石漠化一旦酿成后，仅存的土壤都陷入岩缝中或坍塌覆盖的石块下，而岩缝的开口不仅很小或岩石覆盖，而且还被耐旱的植物先行填满，在物种间的竞争过程中的结果是这里最需要木本藤蔓植物却偏巧长不出藤蔓植物来，这就是真正需要填补的缺环。对人类而言，要填上这个缺环易如反掌，只需要在找准的岩缝上戳个小洞，把植物的种子放进去就行了。

三、石漠化地区的藤本植物资源与恢复可能性

我国藤本植物资源丰富、种类繁多，就全国而言，在近 3 万种高等植物中，藤本植物约有 3000 多种，分属于 80 个科 300 多属之中，其中大部分分布于华南、西南、华中和华东的热带、亚热带地区。

中国亚热带中部拥有藤本植物计 60 科 159 属 784 种（含变种），南部的广东有 70 科 222 属 816 种。贵州岩溶区就有藤本植物有 60 科 193 属 827 种。

贵州有 503 种植物属于藤蔓植物，根据调查和查阅到的性状，其中有常绿种类 272 种，落叶种类 201 种，半常绿种类 11 种。根据藤蔓植物的攀援习性，将其分为卷攀、缠绕、枝攀、吸附和匍匐五大类。对性状清楚的部分进行数据统计，结果是：卷攀类有 59 种，占总的种类的 11.3%，缠绕类有 197 种，占 39.2%，枝攀类有 199 种，占 39.6%，吸附类有 36 种，占 7.2%，匍匐类有 20 种，占 7.2%。野生攀援草本花卉 164 种，分别属于 19 科，41 个属。以缠绕型为主，共有 10 科、29 属、92 种，占 55.4%；卷攀型共有 8 科、22 属、61 种，占 36.8%；匍匐型有 4 科、4 属、8 种，占 4.8%，主要分布在防已科和菊科中，如千里光、

缺裂千里光、匍枝千里光 *S.filiferus* 和桔梗科中的管花党参 *Codonopsis tubulosa*、紫花党参 *C.purpurea* 等种类。其他为吸附型和枝攀型。

因此，丰富的藤本植物资源为石漠化土地藤蔓 / 丛林生态系统的恢复提供了可能性。石漠化地区多属于热带、亚热带湿润气候区域，气温高、雨量多、热量足、湿度大、雨热同季，为各类藤本植物生长提供了优越的气候条件。

第二节　石漠化治理中的藤本植物选择

一、藤本植物在石漠化治理中的作用

在热带亚热带天然植被演替序列中，在进入乔木树种之前，有一称为“藤冠灌丛”的演替阶段。因此。根据植被自然演替规律，采用速生藤本植物，短期内形成石漠藤冠，步入到相似自然演替序列中的“藤冠灌丛”阶段，在藤冠的阴湿环境下，不仅可以提供有利于乔木树种生长的环境，还可以有大量凋落物作为肥源，加之用滴灌供应水分，许多种经济树种、林种都可以顺利快速成长。“石林上的森林”将在短期内成为现实。

应用“人工群落”的理论和技术，通过藤本植物为主的藤冠植被层面，将石漠化地块中阳光、热量、降水、空气、土壤的活动，全面上升至上层空间，从理论结合实践的高度，解决了石漠化生态建设中的下述两大根本性问题：

（1）从石漠化原有环境下平面的、碎裂的、低效的物质能量流动运转过程，转变为立体的、完整而连续的高效运转过程。

（2）从石漠化原有环境下光、热、水、土、气自然资源的恶性、破坏性地表再分配状态，转变为良性的、建设性再分配状态。

二、藤本植物在石漠化治理中的优势

多数藤本植物生物量大，枝叶丰厚，地面覆盖率较好，可减少雨水冲击，减少水土流失。因此，可以被广泛应用到石漠化治理中。

一般的藤本植物可以地取材，费用低廉，技术操作简单易行。可以做到当年实施，当年见效，避免了群众中“远水不解近渴”的思想及行动障碍。使群众尽快在经济上尝到甜头，使石漠化治理与日常生产紧密结合起来，成为群众在发展生产的同时，达到治理建设石漠化的目的。

籐藤本植物在石漠化的治理建设中有下述优点：

（1）参与空间大。

（2）充分适应复杂多变、分布零散的石漠化土壤特征，不受株行距种植限制。

（3）生长迅速，一般在 1 ～ 3 年就可将石漠化土地覆盖。

（4）兼有一年生及多年生植物优势，收“以短养长”之效。

（5）将绿色生产面提升至上层空间，为立体生产创造广阔空间。

（6）藤本植物是一个具有广泛经济开发优势的大家族，无论是油料、淀粉、水果、香料、饮料、药物、纤维、藤条等经济植物，都可以在藤本植物中找到优秀代表，加上它的荫蔽作用，又为许多阴生植物创造有利环境。

三、石漠化治理中的藤本植物选择原则与要求

石漠化造林树种选择应坚持适地适树的原则，尽量选择原生性的乡土树种，满足物种的多样性，采用乔灌草相搭配，实现生态与经济效益兼顾，符合定向培育的目标。具体应遵守以下原则：

（一）原生性、乡土树种原则

石漠化土地造林树种选择优先考虑原生性群落中的种类，以乡土树种为主，尤其以常绿阔叶的乔灌木树种为主。对于引进造林树种必须开展引种试验栽培，表现稳定且对当地物种不构成威胁时，才能进行推广。

（二）多样性原则

树种选择应仿照原生性群落种类组成，坚持乔、灌、草相结合，合理配置，多物种生态恢复与重建，形成复层异龄的多物种稳定生物群落。

（三）定向性原则

所选造林树种必须符合定向培育的生产经营目的，实现效益最大化。

（四）地带性原则

根据区域的气候、地形地貌、立地状况及社会经济条件，遵循适地适树的原则，选择合理的地带性适生造林树种。

（五）生态适应性原则

选择造林树种应具有耐干旱瘠薄、喜钙、萌蘖性强、分布广、抗寒抗旱能力强等特性。

（六）生态与经济效益兼顾原则

造林树种选择以生态树种为主，适当考虑经济树种，实现水土保持的基础上，尽可能发挥土地的经济生产能力。

（七）生态安全原则

部分藤本生长势极其强大，如微甘菊、金钟藤，其超强的侵占性和绞杀性会造成生态灾害，因此在选择藤本植物时应避免这些有害生物的应用。

依据上面的原则，在石漠化造林藤本植物选择中，应该依据以下的具体要求：

（1）能忍耐土壤周期干旱和热量变幅悬殊。具体来说，在幼苗期间，既能在土壤潮湿环境下生长，亦能抵抗土壤短期干旱的影响；既能在温差小的环境下生长，亦能在夏日炎热天气、日夜温差较大的条件下不致受到灼伤或死亡。同时，在高温、干旱影响作用下，亦能照常进行生理活动。

（2）要求根系特别发达，具有耐瘠薄土壤能力。主根在岩缝中穿透能力强，更为重要的是侧根、支根等向水平方向发展能力强，即在岩隙缝间的趋水趋肥性显著，须根发达，具有较强的保水固土作用，且能充分分解和吸收利用土壤中的养分。

（3）成活容易，生长迅速，能够短时期郁闭成林或显著增加地表盖度。

（4）具有较强的萌芽更新能力，便于天然更新，提高抗外界干扰能力。

（5）适宜于中性偏碱性和喜钙质土壤生长的树种。

（6）以多年生木质藤本为主。如选栽爬山虎、金银花、常春藤、络石等；兼顾草质藤本，如茑萝、牵牛花、扁豆等。

（7）兼顾景观需要。选择叶色多变、花果期长、果色艳丽的藤本植物，有效地改善生态景观，满足美丽中国的建设需求。

（8）生长势强。生长旺盛，攀附能力强，能较快地覆盖石漠化土地表面。

（9）宜多选常绿植物。大多植物冬季落叶，常绿树较少。为增加冬季绿量，栽植一些常绿观赏藤本，如常春藤、络石等，以美化环境和营造生机。

第三节　石漠化治理中的常用藤本植物

石灰岩山地与其他山地相比较，环境恶劣，林内岩石裸露，藤本植物为了适应这种特殊的环境，群落内的藤本植物、特别是大型藤本植物多以刺搭类和卷曲类为主。依据调查与文献研究，在石漠化治理中可以提供选择的藤本植物主要有以下一些物种。

云实

科名：豆科

学名：*Caesalpinia decapetala*（Roth）Alston

主要特征：攀援灌木，树皮暗红色；枝、叶轴和花序均被柔毛和钩刺。二回羽状复叶长 20 ～ 30cm；羽片 3 ～ 10 对，对生，具柄，基部有刺 1 对；小叶 8 ～ 12 对，膜质，长圆形，长 10 ～ 25mm，宽 6 ～ 12mm，两端近圆钝，两面均被短柔毛，老时渐无毛；托叶小，斜卵形，先端渐尖，早落。总状花序顶生，直立，长 15 ～ 30cm，具多花；总花梗多刺；花梗长 3 ～ 4cm，劲直被毛，花瓣 5 片，黄色，膜质，圆形或倒卵形，长 10 ～ 12mm，盛开时反卷，基部具短柄；雄蕊与花瓣近等长，花丝基部扁平，下部被绵毛；子房无毛。荚果长圆状舌形，长 6 ～ 12cm，宽 2.5 ～ 3cm，脆革质，栗褐色，无毛，有光泽，沿腹缝线膨胀成狭翅，成熟时沿腹缝线开裂，先端具尖喙；种子 6 ～ 9 颗，椭圆状，长约 11mm，宽约 6mm，种皮棕色。花果期 4 ～ 10 月。

主要特性：生于山坡岩石旁及灌木丛中，以及平原、丘陵、河旁等地。

繁殖方式：扦插；播种繁殖。

栽培要点：扦插，在梅雨季节花期随时摘除凋谢花序，促使萌发新枝。

用种子繁殖，育苗移栽。四川地区 3 ～ 4 月育苗、先把种子浸泡 2 ～ 3 天，然后播种。在整好的土地上，开 1.3m 宽的高畦，按沟心距 24 ～ 30cm 开横沟，深 3 ～ 6cm，每沟播

40 ~ 50 粒，每亩用种子 7.5 ~ 10kg，施人畜粪水，盖草木灰 1cm 厚，最后覆土与畦面平。10 月左右挖苗移栽，在选好的土地上，按行株距各 1m 开穴，穴深 12 ~ 18cm。每穴栽 1 ~ 2 株，盖土压紧，再盖土与畦面平，最后浇水定根。

主要用途：种子：止痢，驱虫，用于痢疾，钩虫病，蛔虫病；根：发表散寒，祛风活络。用于风寒感冒，风湿疼痛，跌打损伤，蛇咬伤。

猕猴桃

科名： 猕猴桃科
学名： *Actinidia chinensis*

主要特征： 大型落叶木质藤本；枝褐色，有柔毛，髓白色，层片状。幼枝或厚或薄地被有灰白色星状茸毛或褐色长硬毛或铁锈色硬毛状刺毛，老时秃净或留有断损残毛；花枝短的 4 ～ 5cm，长的 15 ～ 20cm，直径 4 ～ 6mm；隔年枝完全秃净无毛，直径 5 ～ 8mm，皮孔长圆形，比较显著或不甚显著；髓白色至淡褐色，片层状。叶纸质，无托叶，倒阔卵形至倒卵形或阔卵形至近圆形，长 6 ～ 17cm，宽 7 ～ 15cm，顶端截平形并中间凹入或具突尖、急尖至短渐尖，基部钝圆形、截平形至浅心形，边缘具脉出的直伸的睫状小齿，腹面深绿色，无毛或中脉和侧脉上有少量软毛或散被短糙毛，背面苍绿色，密被灰白色或淡褐色星状绒毛，侧脉 5 ～ 8 对，常在中部以上分歧成叉状，横脉比较发达，易见，网状小脉不易见；叶柄长 3 ～ 6（～ 10）cm，被灰白色茸毛或黄褐色长硬毛或铁锈色硬毛状刺毛。聚伞花序 1 ～ 3 花，花序柄长 7 ～ 15mm，花柄长 9 ～ 15mm；苞片小，卵形或钻形，长约 1mm，均被灰白色丝状绒毛或黄褐色茸毛；花开时乳白色，后变淡黄色，有香气，直径 1.8 ～ 3.5cm，单生或数朵生于叶腋。萼片 3 ～ 7 片，通常 5 片，阔卵形至卵状长圆形，长 6 ～ 10mm，两面密被压紧的黄褐色绒毛；花瓣 5 片，有时少至 3 ～ 4 片或多至 6 ～ 7 片，阔倒卵形，有短爪；雄蕊极多，花药黄色，长圆形，长 1.5 ～ 2mm，基部叉开或不叉开，丁字着生；子房上位，球形，径约 5mm，密被金黄色的压紧交织绒毛或不压紧不交织的刷毛状糙毛，花柱狭条形；花柱丝状，多数。浆果卵形成长圆形，横径约 3cm，密被黄棕色有分枝的长柔毛。花期 5 ～ 6 月，果熟期 8 ～ 10 月。

主要特性： 阳性树种，喜半阴环境，对强光照射比较敏感，属中等喜光性果树树种。生于上层深厚、肥沃疏松、保水排水良好、腐植质含量高的砂质壤上。

繁殖方式： 种子繁殖。

栽培要点： 喜阴凉湿润环境，怕旱、涝、风。耐寒，不耐早春晚霜，猕猴桃园选在背风向阳山坡或空地，土壤深厚、湿润、疏松、排水良好、有机质含量高、pH在5.5～6.5微酸性沙质壤土。栽植时间从秋末到开春，秋季10月下旬和翌年春季2月下旬枝梢伤流期前。忌低洼积水环境植被对猕猴桃的分布和生长有很大的影响。不同的植被类型分布有不同的猕猴桃种类，因此植被类型可作为选择猕猴桃栽培种类的参考。风也是影响猕猴桃生长发育的环境因素，大风常使枝条折断，碰伤果实，有时幼苗也因过度失水而萎蔫，直至枯死，因此在人工栽培时要注意。

主要用途：果实可食用；果实、根可入药，稳定情绪、镇静心情；垂直绿化。

白藤

科名： 棕榈科

学名： *Calamus tetradactylus* Hance

主要特征： 攀援藤本，丛生，茎细长，带鞘茎粗约0.6～1cm，裸茎粗约0.5cm。叶羽状全裂，长45～50cm，顶端不具纤鞭；羽片少，2～3片成组排列，顶端的4～6片聚生，披针状椭圆形或长圆状披针形，长10～20cm，宽1.7cm，先端突渐尖，具刚毛，边缘具刚毛状微刺，有3条叶脉，两面无刺，横脉细小、拥挤而不连续；叶柄很短，无刺或具少量皮刺；叶呈三棱形，两侧无刺，背面具少数星散的爪刺；叶鞘上稍具囊状凸起，无刺或少刺，幼龄时具丝状纤鞭。雌雄花序异型，雄花序部分三回分枝，长约50cm，具少数几个分枝花序，下部的长约8cm；小穗状花序长10～12mm，每侧有稀疏的花4～6朵；雄花小，长3mm，长圆形，急尖；花萼杯状，上部裂成3个三角形急尖的裂片，具条纹脉；花冠约长于花萼的2倍，具条纹脉，顶端狭而尖；雌花序二回分枝，顶端延伸为具爪的纤鞭。果实球形，直径8～10mm，顶端具小锥状的喙，鳞片21～23纵列，中央有沟槽，稍光泽，淡黄色，具红褐色稍急尖的顶尖，边缘有不明显的啮蚀状。

种子为不整齐的球形，直径6mm，背面具粗糙的小瘤突和沟或宽的洼穴，种脊面中央有一个圆而深的合点孔穴，胚乳近均匀或浅嚼烂状，胚基生。花果期5～6月。

主要特性： 喜温而不耐寒，多生于疏林成密林中。喜温暖湿润气候，疏松、含腐殖质多的土壤。

繁殖方式： 种子繁殖。

栽培要点： 秋冬果实成熟时采收，采后即播，或用湿沙贮藏，3～4月催芽播种。在整好的苗床上，按行距20cm开沟，沟深4～5cm，条播，播后盖上与畦面子齐。苗培育2～3年，3～4月，按行株距2m×1.5m开穴，每穴栽1株，填土，浇水保苗。

主要用途： 供编织藤椅、篮、席等；供药用，活血，止血，发散，解表。

山葡萄

科名： 葡萄科

学名： *Vitis amurensis*

主要特征： 木质藤本。枝条粗壮，嫩枝具柔毛。小枝圆柱形，无毛，嫩枝疏被蛛丝状绒毛。卷须 2 ～ 3 分枝，每隔 2 节间断与叶对生。叶阔卵圆形，长 6 ～ 24cm，宽 5 ～ 21cm，3 稀 5 浅裂或中裂，或不分裂，叶片或中裂片顶端急尖或渐尖，裂片基部常缢缩或间有宽阔，裂缺凹成圆形，稀呈锐角或钝角，叶基部心形，基缺凹成圆形或钝角，边缘每侧有 28 ～ 36 个粗锯齿，齿端急尖，微不整齐，上面绿色，初时疏被蛛丝状绒毛，以后脱落；基生脉 5 出，中脉有侧脉 5 ～ 6 对，上面明显或微下陷，下面突出，网脉在下面明显，除最后一级小脉外，或多或少突出，常被短柔毛或脱落几无毛；叶柄长 4 ～ 14cm，初时被蛛丝状绒毛，以后脱落无毛；托叶膜质，褐色，长 4 ～ 8mm，宽 3 ～ 5mm，顶端钝，边缘全缘。圆锥花序疏散，与叶对生，基部分枝发达，长 5 ～ 13cm，初时常被蛛丝状绒毛，以后脱落几无毛；花梗长 2 ～ 6mm，无毛；花蕾倒卵圆形，高 1.5 ～ 30mm，顶端圆形；萼碟形，高 0.2 ～ 0.3mm，几全缘，无毛；花瓣 5，呈帽状粘合脱落；雄蕊 5，花丝丝状，长 0.9 ～ 2mm，花药黄色，卵椭圆形，长 0.4 ～ 0.6mm，在雌花内雄蕊显著短而败育；花盘发达，5 裂，高 0.3 ～ 0.5mm；雌蕊 1，子房锥形，花柱明显，基部略粗，柱头微扩大。果实直径 1 ～ 1.5cm；种子倒卵圆形，顶端微凹，基部有短喙，种脐在种子背面中部呈椭圆形，腹面中棱脊微突起，两侧洼穴狭窄呈条形，向上达种子中部或近顶端。花期 5 ～ 6 月，果期 7 ～ 9 月。

主要特性： 生于海拔 200 ～ 1200m 地区的灌丛中或山坡上，藤匍匐或援于其它树木上，对土壤要求不严格，耐寒。分布辽宁、河北、河南、山西、山东、江苏、浙江、江西、福建、广东、广西等地。

繁殖方式： 压条；扦插。

栽培要点： 1. 压条法：将生长中表现较老熟的藤蔓，即枝条表皮呈褐色，把藤条平拉置于地面，在每个节眼压上泥土，待根芽长出后，进行逐个离体培育成幼株。2. 扦插法：把老熟的藤蔓切成每节带有两个叶节位的小段，让切口自然晾干，再用生根剂加杀菌药剂溶液浸泡后捞起晾干水分，然后进行扦插。苗床应选择土壤盐分低，有机质含量较低的壤土为宜，这样的土壤条件有利于扦插枝条早生出根。因肥沃的土壤盐分含量往往较高，加之土壤中微生物生长活跃，而对扦插枝条生长发育不利。从而影响其成活率。苗床起成畦状，大小根据实际需要而定。畦面要平展，严实，保持适宜湿度。做到雨天不积水为宜。等幼苗长出至 10 ～ 15cm 时即可移栽大田进行栽培。

主要用途：果实可入药，祛风去湿、解暑利尿。荒山造林；石漠化治理。

地枇杷

科名： 桑科
学名： *Ficus tikoua* Bur.

主要特征： 落叶性匍匐地上的木质藤本，有白色乳汁；茎棕褐色，节略膨大，生有多数不定根。叶互生，厚纸质，卵状椭圆形或倒卵形，长 1.6 ～ 6cm，宽 1 ～ 4cm，先端钝尖，基部近圆形或稍不对称，边缘有波状齿，具 3 出脉，侧脉 3 ～ 4 对，上面绿色，疏生短刺毛，下面淡绿色，沿脉波短毛；叶柄长 1 ～ 2cm。花小，单性，藏于肥大花序托中；花序具短柄，簇生于土中的短枝上，球形或卵球形；苞片 3，基生；雄花生于瘿花托的口部，花被片 2 ～ 6，雄蕊 1 ～ 3（～ 6）枚；雌花生于另一花序托内，发育为孢隐花果，单生，球形，直径 4 ～ 15mm，成熟时淡红棕色。果期 5 ～ 6 月。

主要特性： 中国长江流域及亚热带许多地区，如湖北、湖南、广西、贵州、云南、四川和陕西南部都有分布。性喜温暖湿润气候，为阳性植物，耐半阴，耐贫瘠，自然生长于低山区的山坡、田埂边、沟边、灌丛边、疏林下、路边等地，常成片生长。

繁殖方式： 扦插。

栽培要点： 地枇杷管理粗放，容易繁殖。它栽培技术简单，只要气候、土壤、水分适宜，在雨季栽种，成活率高达 90% 以上。以桂林地区为例，一般 3 月上旬至 4 月上旬气温升高后是扦插繁殖的最好时期，剪取 1 年生枝条，长 10 ～ 15cm，扦插基质不限，细沙或壤土均可。如果不需要快速长出，还可以直接扦插在需要绿化的地点，株行距以 15cm × 15cm，3 月份扦插，5 月底便可以封行。同时，扦插试验显示，带有一个节的茎段就有可能发展成一个种群，因为其节触地生根的特性很容易长出新的植株。据多年的栽培经验，地枇杷地栽后，在苗期，要注意浇水和拔除杂草，封行后，每周浇水 1 次即可。在营养生长季节，对 N、P 的需求量较大，可根据其长势和立地条件，在雨天撒施一些含 N、P 较高的尿素、复合肥，以促进苗木生长。地枇杷抗逆性强，适宜粗放管理，种植后无需经常更换和经常性的人工修剪。其成片栽植的群落中很少有其它杂草，病虫偶尔会有食叶害虫发生，如竹蝗、骷髅、天蛾等，需早防治。

主要用途： 全草入药，清热利湿；石漠化治理。

扶芳藤

科名：卫矛科

学名：*Euonymus fortunei*（Turcz.）Hand.-Mazz.

主要特征：常绿藤本灌木，高1至数米；小枝方棱不明显。叶薄革质，椭圆形、长方椭圆形或长倒卵形，宽窄变异较大，可窄至近披针形，长3.5～8cm，宽1.5～4cm，先端钝或急尖，基部楔形，边缘齿浅不明显，侧脉细微和小脉全不明显；叶柄长3～6mm。聚伞花序3～4次分枝；花序梗长1.5～3cm，最终小聚伞花密集，有花4～7朵，分枝中央有单花。蒴果粉红色，果皮光滑，近球状，直径6～12mm；果序梗长2～3.5cm；小果梗长5～8mm；种子长方椭圆状，棕褐色，假种皮鲜红色，全包种子。花期6月，果期10月。

主要特性：生长于山坡丛林中。喜湿润，地栽一般园土即可，盆栽可用腐叶土和园土拌沙土配制盆土。喜温暖，较耐寒，耐阴，不喜阳光直射。

繁殖方式：扦插。

栽培要点：选择背风向阳、近水源、土壤疏松肥沃、排水良好的东面或东南面坡地作苗圃，先耙平整细，后起畦。一年四季均可育苗，但以2～4月为好，如夏季育苗需搭遮阴棚，冬季育苗应有塑料大棚保温。选择1～2年生无病虫害、健壮、半木质化的成熟藤茎，剪下后截成长约10cm的枝条作插穗，插穗上端剪平，下端剪成斜口，切勿压裂剪口。上部保留2～3片叶，下部叶片全部除去，扦插前选用500ml/L萘乙酸浸泡插条下部15～20s。按行距为5cm开沟，将插穗以3cm的株距整齐斜摆在沟内，插的深度以插条下端2/3入土为宜，插后覆土压实插条四周土壤，并淋透定根水。一般插后25～30d即可生根，成活率达90%以上。按行距25～30cm开沟，株距约5cm摆放，边摆边覆土压实，淋足定根水。也可穴栽，按行株距（25～30）cm×（15～20）cm开穴种植，每穴种苗1～2株，淋足定根水。苗木移栽5～6d后即可恢复生长。

主要用途：垂直绿化；石漠化治理。

薜荔

科名：桑科

学名：*Ficus pumila* Linn.

主要特征：攀援或匍匐灌木，叶两型，不结果枝节上生不定根，叶卵状心形，长约2.5cm，薄革质，基部稍不对称，尖端渐尖，叶柄很短；结果枝上无不定根，革质，卵状椭圆形，长5～10cm，宽2～3.5cm，先端急尖至钝形，基部圆形至浅心形，全缘，上面无毛，背面被黄褐色柔毛，基生叶脉延长，网脉3～4对，在表面下陷，背面凸起，网脉甚明显，呈蜂窝状；叶柄长5～10mm；托叶2，披针形，被黄褐色丝状毛。榕果单生叶腋，瘿花果梨形，雌花果近球形，长4～8cm，直径3～5cm，顶部截平。瘦果近球形，有黏液。花果期5～8月。

主要特性：薜荔的不定根发达，攀缘及生存适应能力强。产福建、江西、浙江、安徽、江苏、台湾、湖南、广东、广西、贵州、云南东南部、四川及陕西。北方偶有栽培。日本、越南北部也有。

繁殖方式：种子；扦插。

栽培要点：果实成熟采摘后堆放数日，待花序托软熟后用刀切开取出瘦果。放入水中搓洗，并用纱布包扎成团用手挤捏滤去肉质糊状物后取出种子，种子阴干贮藏至翌年春播。

春、夏、秋3季都可扦插，以4月下旬至7月中、下旬较适宜。当年萌发的半木质化或1年生木质化的大叶枝条以及1年生木质化的小叶枝条都可选用。结果枝插条剪成长12～15cm，营养枝剪成长20cm，结果枝留叶2～3片。插条斜插于土内，深度为插条长的1/3，每平方米插40株，营养枝露出小枝平埋于土内或剪去3/5以下的小枝后斜插。扦插前可用50mg/kg的ABT生根粉液浸插条基部2h。一般20d可产生愈伤组织，40d长出新根。

主要用途：制作凉粉；垂直绿化；石漠化治理。

野葛

科名：豆科

学名：*Pueraria lobata* (Willdenow) Ohwi

主要特征：灌木状缠绕藤本。枝纤细，薄被短柔毛或变无毛。叶大，偏斜；托叶基着，披针形，早落；小托叶小，刚毛状。顶生小叶倒卵形，长 10 ～ 13cm，先端尾状渐尖，基部三角形，全缘，上面绿色，变无毛，下面灰色，被疏毛。总状花序长达 15cm，常簇生或排圆锥花序式，总花梗长，纤细，花梗纤细，簇生于花序每节上；花萼长约 4mm，钟状，萼齿 5，上面 2 齿合生，下面 1 齿较长，下部的稍觉；花冠淡红色，旗瓣倒卵形，长 1.2cm，基部渐狭成短瓣柄，无耳或有一极细而内弯的耳，具短附属体，翼瓣较稍弯曲的龙骨瓣为短，龙骨瓣与旗瓣相等；对旗瓣的 1 枚雄蕊仅基部离生，其余部分和雄蕊管连合。荚果直，长 7.5 ～ 12.5cm，宽 6 ～ 12mm，无毛，果瓣近骨质。花期 9 ～ 10 月。

主要特性：野葛适应性强，野生多分布在向阳湿润的山坡、林地路旁，喜温暖、潮湿的环境，有一定的耐寒耐旱能力，对土壤要求不甚严格。但以疏松肥沃、排水良好的壤土或砂壤土为好。种子容易萌发，发芽适温在 20℃左右，15 ～ 30℃均可发芽，一般播后 4d 即可发芽，贮藏年限 1 ～ 2 年，生产周期 2 ～ 3 年。

繁殖方式：种子；扦插

栽培要点：种子繁殖：春季清明前后，将种子在 40℃温水中浸泡 1 ～ 2d，并常搅动，取出晾干水后，在整好的畦中部开穴播种，穴深 3cm，株距 35 ～ 40cm，每穴播种子 4 ～ 6 粒，播后平穴，浇水，10d 左右出苗。

扦插繁殖：秋季采挖葛根时，选留健壮藤茎，截去头尾，选中间部分剪成 25 ～ 30cm 的插条，每个插条有节 3 ～ 4 个，放在阴凉处拌湿沙假植，注意保持通气防止腐烂。第二年清明前后，在畦上开穴扦插，插前可蘸生根剂以易于成活，穴深 30 ～ 40cm，每穴扦插 3 ～ 4 根，保留 1 个节位露出畦面，插后踏实，浇水。生产上如采用根头繁殖，宜随采随栽植。

主要用途：根可入药，改善代谢综合征；石漠化治理。

常春油麻藤

科名： 豆科

学名： *Mucuna sempervirens* Hemsl.

主要特征： 常绿木质藤本，长可达25m。老茎直径超过30cm，树皮有皱纹，幼茎有纵棱和皮孔。羽状复叶具3小叶，叶长21～39cm；托叶脱落；叶柄长7～16.5cm；小叶纸质或革质，顶生小叶椭圆形、长圆形或卵状椭圆形，长8～15cm，宽3.5～6cm，先端渐尖头可达15cm，基部稍楔形，侧生小叶极偏斜，长7～14cm，无毛；侧脉4～5对，在两面明显，下面凸起；小叶柄长4～8mm，膨大。总状花序生于老茎上，长10～36cm，每节上有3花，无香气或有臭味。果木质，带形，长30～60cm，宽3～3.5cm，厚1～1.3cm，种子间缢缩，近念珠状，边缘多数加厚，凸起为一圆形脊，中央无沟槽，无翅，具伏贴红褐色短毛和长的脱落红褐色刚毛，种子4～12颗，内部隔膜木质；带红色、褐色或黑色，扁长圆形，长2.2～3cm，宽2～2.2cm，厚1cm，种脐黑色，包围着种子的3/4。花期4～5月，果期8～10月。

主要特性： 耐阴，喜温暖湿润气候，耐干旱。

繁殖方式： 播种；扦插；压条。

栽培要点： 播种在春、秋季进行，10月果熟后采收种子，阴干，剥去荚果外壳，用布袋装好，存放在阴凉、通风处，翌春取出播种，也可随采随播。育苗地选择向阳、排水的砂质壤土作苗床，播前将种子用35℃左右的温水浸泡8～10h后，捞出稍晾干撒播，播后覆土1～2cm，并搭小棚。当幼苗长到10～15cm高时，分来移栽，培育12年后出圃。

扦插和压条，春季在3月至4月中旬，秋季在8月中旬至9月下旬，剪取半木质化嫩枝，带叶扦插，扦插后半月之内，要严防暴雨的危害，注意抗旱和防涝。播种苗和春插苗，若肥水管理好，当年可爬20余米。商品苗生产，应采取深插独立支架，尽量防止相互攀援，并以控剪、断根、巧施肥料和喷施多效唑等措施，促进苗壮根多，有利于提高出圃成活率。

主要用途： 茎可入药，行血补血，通经活络；石漠化治理。

爬山虎

科名：葡萄科

学名：*Parthenocissus tricuspidata*

主要特征：爬山虎属多年生大型落叶木质藤本植物，其形态与野葡萄藤相似。藤茎可长达18m。夏季开花，花小，成簇不显，黄绿色或浆果紫黑色，与叶对生。花多为两性，雌雄同株，聚伞花序常着生于两叶间的短枝上，长4～8cm，较叶柄短；花5数；萼全缘；花瓣顶端反折，子房2室，每室有2胚珠。表皮有皮孔，髓白色。枝条粗壮，老枝灰褐色，幼枝紫红色。枝上有卷须，卷须短，多分枝，卷须顶端及尖端有粘性吸盘，遇到物体便吸附在上面，无论是岩石、墙壁或是树木，均能吸附叶互生，小叶肥厚，基部楔形，变异很大，边缘有粗锯齿，叶片及叶脉对称。花枝上的叶宽卵形，长8～18cm，宽6～16cm，常3裂，或下部枝上的叶分裂成3小叶，基部心形。叶绿色，无毛，背面具有白粉，叶背叶脉处有柔毛，秋季变为鲜红色。幼枝上的叶较小，常不分裂。浆果小球形，熟时蓝黑色，被白粉，鸟喜食。花期6月，果期9～10月。

主要特性：爬山虎适应性强，性喜阴湿环境，但不怕强光，耐寒，耐旱，耐贫瘠，气候适应性广泛，多攀援于岩石、大树、墙壁上和山上。

繁殖方式：种子；扦插；压条。

栽培要点：播种法：采收后的种子搓去果皮果肉，洗净晒干后可放在湿沙中低温贮藏一冬，保温、保湿有利于催芽，次年早春3月上中旬即可露地播种，薄膜覆盖，5月上旬即可出苗，培养1～2年即可出圃。

扦插法：早春剪取茎蔓20～30cm，插入露地苗床，灌水，保持湿润，很快便可抽蔓成活，也可在夏、秋季用嫩枝带叶扦插，遮阴浇水养护，也能很快抽生新枝，扦插成活率较高，应用广泛。硬枝扦插于3～4月进行，将硬枝剪成10～15cm一段插入土中，浇足透水，保持湿润。嫩枝扦插取当年生新枝，在夏季进行。

压条法：可采用波浪状压条法，在雨季阴湿无云的天气进行，成活率高，秋季即可分离移栽，次年定植。

主要用途：根、茎可入药，破血、活筋止血、消肿毒；石漠化治理。

钩藤

科名：茜草科

学名：*Uncaria rhynchophylla*（Miq.）Miq. ex Havil.

主要特征：藤本，嫩枝较纤细，方柱形或略有4棱角，无毛。叶纸质，椭圆形或椭圆状长圆形，长5～12cm，宽3～7cm，两面均无毛，干时褐色或红褐色，下面有时有白粉，顶端短尖或骤尖，基部楔形至截形，有时稍下延；侧脉4～8对，脉腋窝陷有粘液毛；叶柄长5～15mm，无毛；托叶狭三角形，深2裂达全长2/3，外面无毛，里面无毛或基部具粘液毛，裂片线形至三角状披针形。头状花序不计花冠直径5～8mm，单生叶腋，总花梗具一节，苞片微小，或成单聚伞状排列，总花梗腋生，长5cm；小苞片线形或线状匙形；花近无梗；花萼管疏被毛，萼裂片近三角形，长0.5mm，疏被短柔毛，顶端锐尖；花冠管外面无毛，或具疏散的毛，花冠裂片卵圆形，外面无毛或略被粉状短柔毛，边缘有时有纤毛；花柱伸出冠喉外，柱头棒形。果序直径10～12mm；小蒴果长5～6mm，被短柔毛，宿存萼裂片近三角形，长1mm，星状辐射。花、果期5～12月。

主要特性：常生于山谷溪边的疏林或灌丛中。产于广东、广西、云南、贵州、福建、湖南、湖北及江西；国外分布于日本。喜温暖的气候，不耐寒冷。适宜于疏松肥沃的砂质土壤或粘质壤土。

繁殖方式：分根；扦插；种子。

栽培要点：分根法：取老根周围的新枝作种根。按株距30cm左右开穴，每穴种1株，覆土高于畦面，经常浇水，至次年春季新根已长好，新叶未发芽时移栽定植。

插条法：3月初剪取2年生带芽的枝条，每节带壮健芽2～3个，随剪随插，株距16cm，经常浇水，日光强烈时须搭棚蔽荫，成活后施稀薄人粪尿1次。至次年春季或秋季移栽定植。

种子繁殖的于翌年春季后，随时清除地面落叶和杂草，适当追肥。

主要用途：整株可入药，镇痛、降压；石漠化治理。

栝楼

科名：葫芦科
学名：*Trichosanthes kirilowii* Maxim.

主要特征：攀援藤本，长达10m；块根圆柱状，粗大肥厚，富含淀粉，淡黄褐色。茎较粗，多分枝，具纵棱及槽，被白色伸展柔毛。叶片纸质，轮廓近圆形，长宽均约5～20cm，常3～5（7）浅裂至中裂，稀深裂或不分裂而仅有不等大的粗齿，裂片菱状倒卵形、长圆形，先端钝，急尖，边缘常再浅裂，叶基心形，弯缺深2～4cm，上表面深绿色，粗糙，背面淡绿色，两面沿脉被长柔毛状硬毛，基出掌状脉5条，细脉网状；叶柄长3～10cm，具纵条纹，被长柔毛。卷须3～7歧，被柔毛。花雌雄异株。雄总状花序单生，或与一单花并生，或在枝条上部者单生；雌花单生，花梗长7.5cm，被短柔毛。果梗粗壮，长4～11cm；果实椭圆形或圆形，长7～10.5cm，成熟时黄褐色或橙黄色；种子卵状椭圆形，压扁，长11～16mm，宽7～12mm，淡黄褐色，近边缘处具棱线。花期5～8月，果期8～10月。

主要特性：喜温暖潮湿气候。较耐寒，不耐干旱。选择向阳、土层深厚、疏松肥沃的砂质壤土地块栽培为好。不宜在低洼地及盐碱地栽培。

繁殖方式：分根；种子繁殖。

栽培要点：分根繁殖方法3月中下旬挖取3～5年生断面白色新鲜的健壮雌株的老根，分成7～10cm的小段，穴栽，浇足水，约10余天出苗，每年结合中耕施追肥2～3次。

种子繁殖方法9～10月采收果实，待果皮稍软，取出种子以草木灰拌种擦去果肉，干藏过冬；亦可带果梗悬挂于通风处。冷床育苗在早春进行，将种子尖头插入土中，常喷水保持苗床湿润、待种子萌动时，开始通气，床温控制在22℃左右，约10d后出土，见真叶伸出即可上盆或分栽培育。直播在4月进行，选择土壤肥沃，排水良好之地，开穴施足基肥，穴距30cm×40cm。覆土后点播种子，再盖厚2cm泥，约半个月出土。

主要用途：整株可入药，治疗冠心病；石漠化治理。

络石

科名： 夹竹桃科

学名： *Trachelospermum jasminoides*（Lindl.）Lem.

主要特征： 常绿木质藤本，长达 10m，具乳汁；茎赤褐色，圆柱形，有皮孔；小枝被黄色柔毛，老时渐无毛。叶革质或近革质，椭圆形至卵状椭圆形或宽倒卵形，长 2 ～ 10cm，宽 1 ～ 4.5cm，顶端锐尖至渐尖或钝，有时微凹或有小凸尖，基部渐狭至钝，叶面无毛，叶背被疏短柔毛，老渐无毛；叶面中脉微凹，侧脉扁平，叶背中脉凸起，侧脉每边 6 ～ 12 条，扁平或稍凸起；叶柄短，被短柔毛，老渐无毛；叶柄内和叶腋外腺体钻形，长约 1mm。二歧聚伞花序腋生或顶生，花多朵组成圆锥状，与叶等长或较长；花白色，芳香；总花梗长 2 ～ 5cm，被柔毛，老时渐无毛；苞片及小苞片狭披针形，长 1 ～ 2mm；花萼 5 深裂，裂片线状披针形，顶部反卷，长 2 ～ 5mm，外面被有长柔毛及缘毛，内面无毛，基部具 10 枚鳞片状腺体；花蕾顶端钝，花冠筒圆筒形，中部膨大，外面无毛，内面在喉部及雄蕊着生处被短柔毛，长 5 ～ 10mm，花冠裂片长 5 ～ 10mm，无毛；雄蕊着生在花冠筒中部，腹部粘生在柱头上，花药箭头状，基部具耳，隐藏在花喉内；花盘环状 5 裂与子房等长；子房由 2 个离生心皮组成，无毛，花柱圆柱状，柱头卵圆形，顶端全缘；每心皮有胚珠多颗，着生于 2 个并生的侧膜胎座上。蓇葖双生，叉开，无毛，线状披针形，向先端渐尖，长 10 ～ 20cm，宽 3 ～ 10mm；种子多颗，褐色，线形，长 1.5 ～ 2cm，直径约 2mm，顶端具白色绢质种毛；种毛长 1.5 ～ 3cm。花期 3 ～ 7 月，果期 7 ～ 12 月。

主要特性： 对气候的适应性强，能耐寒冷，亦耐暑热，但忌严寒。对土壤的要求不苛，一般肥力中等的轻黏土及沙壤土均宜，酸性土及碱性土均可生长，较耐干旱，但忌水湿。

繁殖方式： 压条。

栽培要点： 络石的繁殖，首选方法是压条，特别是在梅雨季节其嫩茎极易长气根，利用这一特性，将其嫩茎采用连续压条法，秋季从中间剪断，可获得大量的幼苗。或是于梅雨季节，剪取长有气根的嫩茎，插入素土中，置半阴处，成活率很高，但老茎扦插成活率低。

主要用途： 根、茎、叶、果实供药用，祛风活络、止血、清热解毒；石漠化治理。

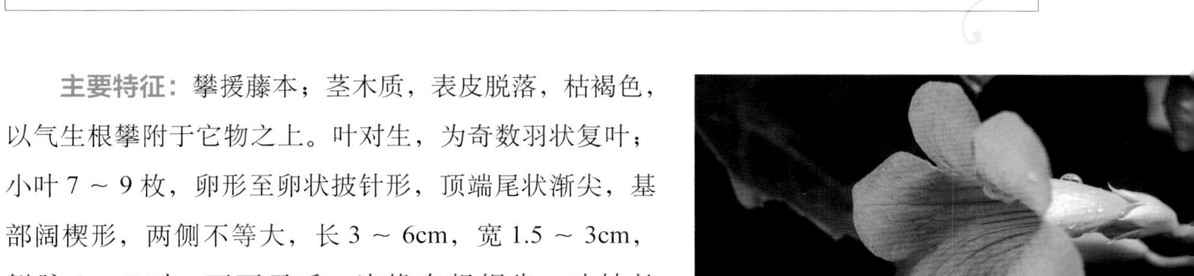

凌霄

科名： 紫葳科

学名： *Campsis grandiflora*

主要特征： 攀援藤本；茎木质，表皮脱落，枯褐色，以气生根攀附于它物之上。叶对生，为奇数羽状复叶；小叶 7 ～ 9 枚，卵形至卵状披针形，顶端尾状渐尖，基部阔楔形，两侧不等大，长 3 ～ 6cm，宽 1.5 ～ 3cm，侧脉 6 ～ 7 对，两面无毛，边缘有粗锯齿；叶轴长 4 ～ 13cm；小叶柄长 5（～ 10）mm。顶生疏散的短圆锥花序，花序轴长 15 ～ 20cm。花萼钟状，长 3cm，分裂至中部，裂片披针形，长约 1.5cm。花冠内面鲜红色，外面橙黄色，长约 5cm，裂片半圆形。雄蕊着生于花冠筒近基部，花丝线形，细长，长 2 ～ 2.5cm，花药黄色，个字形着生。花柱线形，长约 3cm，柱头扁平，2 裂。蒴果顶端钝。花期 5 ～ 8 月。

主要特性： 产长江流域各地，以及河北、山东、河南、福建、广东、广西、陕西等，在日本、越南、印度、巴基斯坦均有栽培。性喜光、宜温暖，幼苗耐寒力较差。若光照不足，虽可以生长，但枝条细长。要求肥沃、深厚、排水良好的沙质土壤。

繁殖方式： 扦插；压条；分株。

栽培要点： 选向阳、排水良好、土层深厚、肥沃的壤土种植。

扦插在春、夏季都可进行，选较粗的一年生枝条。剪成长 10 ～ 15cm 的插条，剪去叶片，然后再插床上按行距 15 ～ 20cm，株距 5cm，把插条 2/3 插入土中，压紧浇水。

春季用塑料薄膜覆盖，使其保持较高的温度和一定的湿度，一般温度在 23 ～ 25℃，插后 20d 左右生根。如剪取带有气根的枝条扦插，更易成活。

凌霄花的病虫害较少，但在春秋干旱季节，容易遭蚜虫危害，应注意及时防治。

主要用途： 整株可入药，行血去瘀，凉血祛风；石漠化治理。

龙须藤

科名：豆科

学名：*Bauhinia championii*（Benth.）Benth.

主要特征：藤本，有卷须；嫩枝和花序薄被紧贴的小柔毛。叶纸质，卵形或心形，长3～10cm，宽2.5～9cm，先端锐渐尖、圆钝、微凹或2裂，裂片长度不一，基部截形、微凹或心形，上面无毛，下面被紧贴的短柔毛，渐变无毛或近无毛，干时粉白褐色；基出脉5～7条；叶柄长1～2.5cm，纤细，略被毛。总状花序狭长，腋生，有时与叶对生或数个聚生于枝顶而成复总状花序，长7～20cm，被灰褐色小柔毛；苞片与小苞片小，锥尖；花蕾椭圆形，长2.5～3mm，具凸头，与萼及花梗同被灰褐色短柔毛；花直径约8mm；花梗纤细，长10～15mm；花托漏斗形，长约2mm；萼片披针形，长约3mm；花瓣白色，具瓣柄，瓣片匙形，长约4mm，外面中部疏被丝毛；能育雄蕊3，花丝长约6mm，无毛；退化雄蕊2；子房具短柄，仅沿两缝线被毛，花柱短，柱头小。荚果倒卵状长圆形或带状，扁平，长7～12cm，宽2.5～3cm，无毛，果瓣革质；种子2～5颗，圆形，扁平，直径约12mm。花期6～10月；果期7～12月。

主要特性：喜光照，较耐阴，适应性强，耐干旱瘠薄。根系发达，穿透力强，生于低海拔至中海拔的丘陵灌丛或山地疏林和密林中。

繁殖方式：扦插。

栽培要点：扦插和压条，春季在3月至4月中旬，秋季在8月中旬至9月下旬，剪取半木质化嫩枝，带叶扦插，扦插后半月之内，要严防暴雨的危害，注意抗旱和防涝。播种苗和春插苗，若肥水管理好，当年可爬20余米。商品苗生产，应采取深插独立支架，尽量防止相互攀援，并以控剪、断根、巧施肥料和喷施多效唑等措施，促进苗壮根多，有利于提高出圃成活率。

主要用途：整株可入药，祛风除湿，活血止痛；石漠化治理。

鸡血藤

科名： 豆科

学名： *Kadsura interior* A. C. Smith

主要特征： 常绿木质藤本，无毛，新枝暗绿色，基部宿存有数枚三角状芽鳞。茎暗紫绿色，有灰白色皮孔，主根黄褐色，横切面暗紫色。叶纸质，椭圆形或卵状椭圆形，长6～13cm，宽3～6cm，先端骤狭短急尖或渐尖，基部阔楔形或圆钝，全缘或有疏离的胼胝质小齿，侧脉每边7～10条，干后两面近同色，下面密被极细的白腺点。花单性同株，雄花：花被片乳黄色，14～18片，具透明细腺点及缘毛，中轮最大1片，卵形或椭圆形，长10～17mm，宽8～10mm；花托椭圆体形，顶端伸长圆柱形，圆锥状凸出于雄蕊群外；雄蕊群椭圆体形或近球形，直径6～8mm，具雄蕊约60枚；雄蕊长0.8～1.5mm；花丝与药隔连成宽扁倒梯形，顶端横长椭圆形，药室长为雄蕊长的2/3，具明显花丝；花梗长7～15mm。雌花：花被片与雄花的相似而较大；雌蕊群卵圆形或近球形，直径8～10mm，具雌蕊60～70枚，花柱顶端具状的柱头冠，中部向下延长至基部，胚珠3～5枚，叠生于腹缝线上。聚合果近球形，直径5～10cm，成熟心皮倒卵圆形，顶端厚革质，具4～5角。花期5～6月，果熟期9月。

主要特性： 分布于云南西南部（保山、凤庆、临沧、耿马）；缅甸东北部也有。生于海拔1800m以下的林中。

繁殖方式： 种子繁殖。

栽培要点： 果熟期荚果由绿色变为黑褐色时应及时采收，否则荚果扭裂，种子易弹出散失。将收集的种子放在阳光下暴晒数日，干燥后储于密闭的容器内过冬。鸡血藤种子属硬皮种子类型，春播前要在温水中浸种1～2d，软化种皮，使种子吸足水分，捞出置于温暖处催芽，种子露白时即可播种。

主要用途： 可食用；根、茎药用，补血行血、通经络。

珍珠莲

科名： 桑科

学名： *Ficus sarmentosa* var. henryi

主要特征： 木质攀援匍匐藤状灌木，幼枝密被褐色长柔毛，叶革质，卵状椭圆形，长 8 ~ 10cm，宽 3 ~ 4cm，先端渐尖，基部圆形至楔形，表面无毛，背面密被褐色柔毛或长柔毛，基生侧脉延长，侧脉 5 ~ 7 对，小脉网结成蜂窝状；叶柄长 5 ~ 10mm，被毛。榕果成对腋生，圆锥形，直径 1 ~ 1.5cm，表面密被褐色长柔毛，成长后脱落，顶生苞片直立，长约 3mm，基生苞片卵状披针形，长约 3 ~ 6mm。榕果无总梗或具短梗。

根簇生，肉质细长纺锤形，皮层松脆，干后易剥落，断面黄色。茎高达 100cm，较纤细。3 回 3 出或近羽状复叶；小叶卵形或菱状卵形、椭圆形或楔状倒卵形，长 0.8 ~ 2cm。宽 0.6 ~ 1.6cm，3 浅裂，脉不明显，顶端小叶较大，侧叶较小，上面淡绿色，下面灰白色，光滑无毛，圆锥花序腋生，分枝纤细，稀疏，末回分枝常生花 3 朵；花梗丝形；萼片 4，白色，椭圆形成狭倒卵形；无花瓣；雄蕊多数，花药顶端钝，花丝抉条形斌丝形；心皮 2 ~ 5，花柱短，柱头具狭翅。瘦果斜狭卵形，稍扁，长 3 ~ 3.5cm，纵肋 8。

主要特性： 喜好高温、潮湿及半阴生长环境。产台湾、浙江、江西、福建、广西（大苗山）、广东、湖南、湖北、贵州、云南、四川、陕西、甘肃。常生于阔叶林下或灌木丛中。本变种在我国分布广，各地常见。

繁殖方式： 扦插繁殖。

栽培要点： 扦插和压条，春季在 3 月至 4 月中旬，秋季在 8 月中旬至 9 月下旬，剪取半木质化嫩枝，带叶扦插，扦插后半月之内，要严防暴雨的危害，注意抗旱和防涝。播种苗和春插苗，若肥水管理好，当年可爬 20 余米。商品苗生产，应采取深插独立支架，尽量防止相互攀援，并以控剪、断根、巧施肥料和喷施多效唑等措施，促进苗壮根多，有利于提高出圃成活率。

主要用途： 果实可做冰凉粉；根可入药，清热解毒，消炎止泻；石漠化治理。

白背爬藤榕

科名： 桑科

学名： *Ficus sarmentosa* var. *nipponica*（Fr.et Sav.）Corner

主要特征： 常绿攀援灌木，长 2 ～ 10m。小枝幼时被微毛。叶互生；叶柄长 5 ～ 10mm；托叶披针形；叶片革质，披针形或椭圆状披针形，长 3 ～ 9cm，宽 1 ～ 3cm，先端渐尖，基部圆形或楔形，上面绿色，无毛，下面灰白色或浅褐色，侧脉 6 ～ 8 对，网脉突起，成蜂窝状。隐头花序，花序托单生或成对腋生，或簇生于老枝上，球形，直径 4 ～ 7mm，有短梗，近无毛；基部有苞片 3；雄花、瘿花生于同一花序托内壁，雄花生于近口部，花被片 3 ～ 4，雄蕊 2；瘿花有花被片 3 ～ 4，子房不发育；雌花生于另一植株花序托内，具梗，花被片 3 ～ 4，子房倒卵圆形，花柱近顶生。瘦果小，表面光滑。花期 5 ～ 10 月。当年生小枝浅褐色。叶椭圆状披针形，背面浅黄色或灰黄色。幼枝被短毛。叶革质，披针状长椭圆形或阔披针形，先端渐尖形，基部钝或圆形，长 6 ～ 14cm，宽 2.5 ～ 5cm，背面疏被黄褐色短毛，侧脉 6 对，细脉网状，明显。榕果无梗，球形，端具小凸突，外被褐色短柔毛至近平滑，直径 1 ～ 1.2cm，顶生苞片脐状突起，基生苞片三角卵形，长约 2 ～ 3mm；总梗长不超过 5mm。

主要特性： 适合生长于低海拔的平原、丘陵地区（600 ～ 1200m），在我国主要分布在广东（仁化、阳山、信宜）、广西（兴安、大瑶山）、福建（太宁）、江西（遂川、大痪岭、井冈山）、浙江、台湾、贵州、四川、云南、西藏。常攀援在岩石斜坡树上或墙壁上。

繁殖方式： 扦插。

栽培要点： 选用 1 年生爬藤榕插条。选择无病虫害、生长健壮的优良母株，采集其中发育充实的粗壮枝条。插穗剪至 8 ～ 10cm 长，顶端保留两片叶片，并将叶片各剪去一半。切口平截。扦插基质选用珍珠岩∶蛭石∶黏土=1∶1∶1的混合基质，深度约25cm。使用 0.5% 高锰酸钾溶液进行喷洒消毒。

主要用途： 可入药，祛风除湿；行气活血；消肿止痛；垂直绿化。

木通

科名： 木通科

学名： *Akebia quinata* (Thunb.)Decne

主要特征： 落叶木质藤本。茎纤细，圆柱形，缠绕，茎皮灰褐色，有圆形、小而凸起的皮孔；芽鳞片覆瓦状排列，淡红褐色。掌状复叶互生或在短枝上的簇生，通常有小叶5片，偶有3～4片或6～7片；叶柄纤细，长4.5～10cm；小叶纸质，倒卵形或倒卵状椭圆形，长2～5cm，宽1.5～2.5cm，先端圆或凹入，具小凸尖，基部圆或阔楔形，上面深绿色，下面青白色；中脉在上面凹入，下面凸起，侧脉每边5～7条，与网脉均在两面凸起；小叶柄纤细，长8～10mm，中间1枚长可达18mm。伞房花序式的总状花序腋生，长6～12cm，疏花，基部有雌花1～2朵，以上4～10朵为雄花；总花梗长2～5cm；着生于缩短的侧枝上，基部为芽鳞片所包托；花略芳香。果孪生或单生，长圆形或椭圆形，长5～8cm，直径3～4cm，成熟时紫色，腹缝开裂；种子多数，卵状长圆形，略扁平，不规则的多行排列，着生于白色、多汁的果肉中，种皮褐色或黑色，有光泽。花期4～5月，果期6～8月。

主要特性： 耐水湿植物，喜阴湿，较耐寒。常生长在低海拔山坡林下草丛中。在微酸，多腐殖质的黄壤中生长良好，也能适应中性土壤。茎蔓常匐地生长。

繁殖方式： 种子；扦插。

栽培要点： 从播种到收获需要3年时间，第1年为茎藤营养体生长，第2～3年开花结果。第3年年底及以后，每年采收茎藤和果实入药。选种与种子处理：三叶木通种子在9月底成熟，10月上、中旬选择软熟或已经开口的果实采种。将采摘来的浆果及时水洗搓去果肉，用湿润河沙（湿度以手捏成团，松手能散为度），在10月至11月室温条件下储藏30～35d，让种子完成形态后熟作用和层积发芽。待种胚突破种皮能见种芽后，择晴天播种。

主要用途： 可入药，泻火行水、通利血脉。

绞股蓝

科名： 葫芦科

学名： *Gynostemma pentaphyllum*（Thunb.）Makino

主要特征： 草质攀援植物；茎细弱，具分枝，具纵棱及槽，无毛或疏被短柔毛。叶膜质或纸质，鸟足状，具3～9小叶，通常5～7小叶，叶柄长3～7cm，被短柔毛或无毛；小叶片卵状长圆形或披针形，中央小叶长3～12cm，宽1.5～4cm，侧生小较小，先端急尖或短渐尖，基部渐狭，边缘具波状齿或圆齿状牙齿，上面深绿色，背面淡绿色，两面均疏被短硬毛，侧脉6～8对，上面平坦，背面凸起，细脉网状；小叶柄略叉开，长1～5mm。卷须纤细，2歧，稀单一，无毛或基部被短柔毛。花雌雄异株。雄花圆锥花序，花序轴纤细，多分枝；雄蕊5，花丝短，联合成柱，花药着生于柱之顶端。果实肉质不裂，球形，径5～6mm，成熟后黑色，光滑无毛，内含倒垂种子2粒。种子卵状心形，径约4mm，灰褐色或深褐色，顶端钝，基部心形，压扁，两面具乳突状凸起。花期3～11月，果期4～12月。

主要特性： 喜荫蔽环境，上层覆盖度约50%～80%，通风透光，富含腐殖质壤土的沙地、沙壤土或瓦砾处。中性微酸性土或微碱性土都能生长。

繁殖方式： 种子繁殖。

栽培要点： 绞股蓝果实10月中下旬成熟。成熟后及时采收种子除去果皮，选择白色籽粒饱满的种子，晾干后存放在阴凉通风干燥处贮藏。翌年3月底4月初播种。土壤经三犁三耙后做床，种子经过消毒处理后用温水浸泡24h催芽。采用条播或撒播均可，播种量每亩1.5kg。种子播下地后筛盖一层细土并覆盖稻草和搭棚遮阳，半月内视天气情况每天应喷水1～2次，以保持床土湿润。当幼苗有70%出土后及时揭草，并喷多菌灵或敌克松防病苗期易染碎倒病。当幼苗长出2枚真叶时，要适当揭棚逐渐增加光照。苗高达10cm以上，即可带土出圃移栽。

主要用途： 可入药，治疗高血压、高血脂、高血糖；石漠化治理。

第7章
主要草本植物

第一节　草本植物的出现是石漠化土地恢复的开始

在石漠化治理过程中，随着时间的推移，多年生草本开始侵入、定居并逐渐取代草丛阶段的一年生草本成为群落的建群种。此阶段群落中的物种都具有耐瘠、耐旱、喜光的特点。草本生长不但为灌木的入侵提供荫湿的小环境，同时也改善了严酷的喀斯特生境，为灌木的生长创造条件。

植被恢复过程是破坏过程的逆向过程，这一逆向过程可能沿被破坏时的轨迹复归，也可能是沿一种新途径去恢复；可能是自然进行，也可能是需要人工支持和诱导下的过渡过程；"恢复"为恢复到原先的状态，或到一种未受损伤的或完整的状态，即回到初始那种健康完善的状态。退化群落的自然恢复过程为：草本群落阶段→草灌群落阶段→灌丛灌木阶段→灌乔过渡阶段→乔林阶段→顶级群落阶段。

对贵州黔中喀斯特地区石漠化土地退耕地植物恢复观察，原有的田间杂草和传播能力很强的一年生草本植物迅速侵入并定居，成为群落的建群种[1]：退耕地基岩露头率大，达48%，在石缝等负地形中着生有低矮灌木，但种类和数量都较少。此阶段常见的草本有毛马唐、三叶鬼针草、香蒸、爵床、马兰、加拿大蓬、狗尾草、求米草、兰香草、大叶金腰等。灌木层物种有香椿、黑锁梅、构树、楸树和大叶桦。

随着多年生草本的侵入并定居，一年生草本作用降低，数量和种类逐年下降，而多年生草本在群落中的地位上升，随时间推移逐步取代一年生草本成为建群种。此阶段常

1　司彬．典型喀斯特石漠化地区植被恢复模式及其特征研究［D］．西南大学硕士学位论文．2007，9

见草本有白茅、石芒草、金星蕨、心叶荃菜等，加拿大飞蓬、一年蓬、香藉等一年生草本虽然在群落中仍有出现，但个体数已经很少。此时，灌木树种火棘、金丝桃、月月青、异叶鼠李、软条七蔷薇、红叶木姜子等先锋物种大量侵入，群落总体高度达 1 ~ 2m，盖度达 20%。

第二节　利用草本植物进行石漠化土地恢复分析

一、利用草本植物有效恢复石漠化地区植被

草本植物具有根系密集，固结土壤，能提供大量有机质和氮素，改善土壤结构的特点，能增强土壤的渗透性和蓄水能力，有效控制水土流失，减少地表径流。而西南喀斯特石漠化地区气候温和、雨量充沛、雨热同季、无霜期长，为各种草本植物的生长提供了优越条件。种植后 3 ~ 4 个月即可有效覆盖地表，且草本植物生长对土壤的要求比林木低得多，只要选择适宜于不同生态环境的优良草本植物及其配套种植技术，即可有效恢复石漠化地区植被、增加地表覆盖、保持水土。在同样的坡度下，种植百喜草比裸地可大幅度降低径流量与泥沙冲刷量，与种植玉米相比较，也明显降低了冲刷量，坡地草带 + 玉米与坡地单种植玉米相比，也可大幅度降低径流量与泥沙冲刷量。

二、草林结合，发挥畜牧业的生产潜力

草林结合，对改良土壤，培肥地力，调节气候，美化与净化环境和固土涵水等方面起到积极的作用。草与树是互相依存的关系，就地下根分布而言，绝大多数草的根系分布在 20cm 以上的浅土层，而树的根系则在 20cm 以下的深土层，它们吸收不同土层的水肥；从光热角度看，草生长高度多在离地面 1m 以内，主要利用较低空间的光热，而树林生长高达数米到数十米，利用较高空间的光热；幼林间作百喜草，间作期光能利用率提高 0.82 ~ 1.02 个百分点；且大多数草具有改良土壤，培肥地力的功能。不论是一年生或多年生草，除可放牧割草外，每年都有大量的残根老叶凋落腐烂于土壤中，通过微生物的加工转化而变成有机肥料。豆科牧草还具有固氮功能，如红三叶每年每亩可固氮 13.5kg，相当于 29.5kg 的尿素。只要选择适宜的草种与树种搭配，不仅不会影响树木的生长发育，还会促进树木的生长发育；同时草林间作还能提高土壤的持水能力，调整土壤温度，改善林内环境，增加土壤肥力。由于草本植物能大幅度减少径流，保存雨水，同时草本植物的覆盖作用，减少了土壤表层水分的蒸发，因而草本植物区 0 ~ 60cm 土层内的土壤含水量比裸地区高，特别是 0 ~ 20cm 土层的水分含量，而在高温干旱时期可降低地表温度，从而减少土壤水分蒸发。试验结果表明，果园在有百喜草覆盖的情况下，

冬季地表温度增加 1 ～ 3℃，0 ～ 5cm 增加 2.5℃左右，5 ～ 20cm 土层增加 1.5℃左右；夏季地表温度可降低 5 ～ 7℃，0 ～ 5cm 土层降低 2 ～ 4℃，5 ～ 20cm 土层降低 1.5 ～ 1.8℃；果园种植草本植物实行果园生草管理，有利于保持土壤温度的相对稳定，从而有利于维持果树的正常生长。果树间作百喜草 0 ～ 30cm 土层土壤的理化性质与单种果树相比，土壤容重降低 11.2%，总孔隙度增加 26.7%，渗透速率提高 16.5%，有机质增加 12.1%，碱解氮增加 15.4%，有效磷增加 7.6%，速效钾增加 28.3%。Ca、Mg、Fe、Mn、Zn、B 等元素都明显提高，土壤中氨基酸含量也有所增加。林草结合还可割草放牧养畜喂鱼，发展食用菌和沼气生态能源，减轻燃煤型氟中毒，提高综合利用率，促进山地林果业综合开发的经济、生态、社会效益得以优化发挥。

三、保护中草药资源，促进生物药业进一步发展

随着中医中药在国际上的广泛应用，国内中药产业的迅猛发展及药用植物应用领域的不断扩大，国内外对药用植物及其产品的需求量日趋增加，特别是我国加入世贸组织后，药用植物的资源利用和产业化开发更受到国内外的广泛关注，由于掠夺性采挖，中草药资源已受到严重破坏。贵州省是全国四大药材产地之一，贵州淫羊藿约占全国产量的 1/3；近年来，野生淫羊藿资源急剧下降，一些品种濒危绝迹，如贵州产的单叶淫羊藿、小叶淫羊藿在原产地已无法找到。充分发挥草本植物在西南喀斯特地区石漠化治理中的作用，开展野生中草药植物的引种驯化和规模化、产业化生产，可促进西南喀斯特石漠化地区生物药业的发展，直接获得较好的经济效益；同时还可避免因不合理的采挖野生药材对西南喀斯特石漠化地区天然植被的破坏，促进天然植被资源的保护和合理利用。

四、变粮 – 经二元结构为粮 – 经 – 草（饲）三元结构

随着国民经济的快速发展，人民生活水平的不断提高，对畜产品的需求将进一步增加，但是由于喀斯特地区人均粮食低于全国人均粮食水平，不可能用太多的粮食来生产发展畜产品，开发新的饲料已成为当务之急。如：西南喀斯特地区年日照率仅 30% 左右，使以收获籽实为主的粮食生产发展受到一定的限制，但有利于以收获营养体为主的牧草和饲料作物的生产发展。当前西南喀斯特地区种植业正处于结构调整中，应当在粮食生产总量基本满足的前提下，增加经济作物和饲料作物的种植比例，并使牧草作物成为饲料作物中的主要部分。种植多年生豆科牧草，实行草田轮作是改造中低产田，提高粮食

产量的有效方法，如果能将中低产田土的20%用来种植牧草并实施草田轮作，粮食总产由于种植面积降低造成的损失将通过轮作后土壤肥力的提高使单产增加20%以上而得到弥补。

草本植物种类多、抗逆性强，易于进行低污染或无污染生产，产品清洁度高可直接用于生产，发展绿色或有机食品。美国康奈尔大学研究所专家长期研究表明：对于草食型动物长期采用粮食喂养，其大肠杆菌的数量是干草喂养的十几倍乃至几十倍，将通过粪便严重污染地下水源，并污染肉制品和奶制品，影响人类的食品和生存环境。大力发展牧草饲料在畜牧业的比重，有利于发展绿色或有机畜禽生产，提高肉类食品的安全性能。实行三元结构增加牧草生产，也是提高农区畜牧业生产的关键，从贵州省农区养殖业与种植业的关系分析，预计在中长期为“猪为六畜之首，农户养猪为主”的生产模式在市场经济条件下仍会占主要地位。农户养猪产出已成为我国农村仅次于粮食的第二大商品，大力种草，推广以草养猪配套技术有利于发展农村千家万户养猪业，可充分利用农村闲散劳动力及其它构不成商品的饲料资源，既可增肉增收，又可通过猪多 - 肥多 - 粮食多的途径变“废”为“宝”，节约化肥、降低农业生产成本，维护生态农业的可持续发展。另外，从国情国力分析，农民既是肉类的生产者，又是消费者，因此大力种草，以草养畜，让农民自己解决国人肉食问题，才能减轻全国人民对肉食供应的压力。这不仅对促进农村经济发展有举足轻重的作用，从政治上看，还可使农民无需离乡背井即可脱贫致富，变人口劣势为优势。

五、促进农村沼气能源的发展

大力种草，发展畜牧养殖业，不仅可以增加畜禽食品安全性，还可增加有机肥料，发展沼气，改善农村能源利用状况，改良土壤、提高土壤质量结构。种草养畜发展畜牧生产的重大意义在于既为广大消费者生产出丰富肉奶蛋的同时，为其它农业生产提供了大量的有机肥料。近年来我国化肥施用量不断增加，但是化肥的投入效果呈下降趋势，其原因与有机肥的施用量急剧减少有关。有机肥具有改良土壤性质与持久平衡养分，改善农产品品质的作用，长期施用氮肥，土壤磷钾大量亏损，有机肥对缓解我国化肥供应中氮、磷、钾肥比例失调，解决磷钾资源不足，促进养分平衡提高土地持续产出率具有重大作用。种草养畜，畜禽粪便可进行沼气开发利用，能缓解农村能源紧缺的局面，保护原有森林和植被，促进生态环境的改善。畜禽粪便通过沼气池发酵后，能够收回90%的能源，同时又可生产出高效优质的有机肥料。试验结果表明，沼渣中有机质含量达

30% ~ 50%，腐质酸含量为 10% ~ 20%，全氮为 0.2% ~ 0.8%，全磷（P_2O_5）为 0.4% ~ 1.2%，全钾（K_2O）为 0.6% ~ 2.0%。大力实施草业开发，养成农民种草的习惯，也是解决由于冬季青绿禾草缺乏，导致牲畜“冬瘦春乏”的有效措施。另外，大规模种植牧草可形成草产品加工业，并带动相关产业的发展。

充分发挥草本植物在喀斯特地区石漠化治理中的作用，大力种草，实施草农林渔结合，可在短时间内改良土壤，培肥地力，增加粮食产量，以草养畜，喂鱼（增加农民收入），增加有机肥料，发展沼气能源，在远期则可开发果木资源，这样，既有眼前收益，又有长远效益，且看得见，摸得着，这样，农民参加生态治理的积极性才会得到提高，退耕还草还林的效果才能得到切实的保证，使生态治理与经济发展相结合，最终实现可持续发展。

第三节　石漠化治理中的常用草本植物

拟金茅

科名： 禾本科

学名： *Eulaliopsis binata*（Retz.）C. E. Hubb.

主要特征： 秆高 30 ～ 80cm，平滑无毛，在上部常分枝，一侧具纵沟，具 3 ～ 5 节。叶鞘除下部者外均短于节间，无毛但鞘口具细纤毛，基生的叶鞘密被白色绒毛以形成粗厚的基部；叶舌呈一圈短纤毛状，叶片狭线形，长 10 ～ 30cm，宽 1 ～ 4cm，卷褶呈细针状，很少扁平，顶生叶片甚退化，锥形，无毛，上面及边缘稍粗糙。总状花序密被淡黄褐色的绒毛，2 ～ 4 枚呈指状排列，长 2 ～ 4.5cm，小穗长 3.8 ～ 6cm，基盘具乳黄色丝状柔毛，其毛长达小穗的 3/4；第一颖具 7 ～ 9 脉，中部以下密生乳黄色丝状柔毛；第二颖稍长于第一颖，具 5 ～ 9 脉，先端具长 0.3 ～ 2cm 的小尖头，中部以下簇生长柔毛；第一外稃长圆形，与第一颖等长；第二外稃狭长圆形，等长或稍短于第一外稃，有时有不明显的 3 脉，通常全缘，先端有长 2 ～ 9cm 的芒，芒具不明显一回膝曲，芒针常有柔毛；第二内稃宽卵形，先端微凹。凹处有纤毛；花药长约 2.5cm，柱头帚刷状，黄褐色或紫黑色。

主要特性： 产于河南、陕西、四川、云南、贵州、广西、广东等地；生于海拔 1000m 以下向阳山坡草丛中。

繁殖方式： 种子繁殖，分株繁殖。

栽培要点： 拟金茅能耐干旱瘠薄，适应力强，在荒坡、荒滩、地埂、河堤等地段都可种植。适生温度为 10 ～ 40℃，<5℃则停止生长，适应 pH 值 5.5 ～ 9.1，土壤孔隙度 50%，含水量 14% ～ 25% 时生长良好。

主要用途： 绿化；石漠化治理；土壤保持。

黑麦草

科名： 禾本科

学名： *Lolium perenne* L.

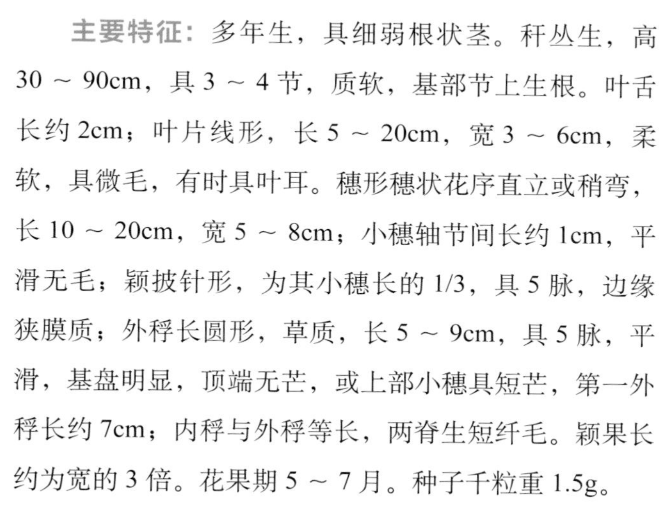

主要特征： 多年生，具细弱根状茎。秆丛生，高30 ~ 90cm，具3 ~ 4节，质软，基部节上生根。叶舌长约2cm；叶片线形，长5 ~ 20cm，宽3 ~ 6cm，柔软，具微毛，有时具叶耳。穗形穗状花序直立或稍弯，长10 ~ 20cm，宽5 ~ 8cm；小穗轴节间长约1cm，平滑无毛；颖披针形，为其小穗长的1/3，具5脉，边缘狭膜质；外稃长圆形，草质，长5 ~ 9cm，具5脉，平滑，基盘明显，顶端无芒，或上部小穗具短芒，第一外稃长约7cm；内稃与外稃等长，两脊生短纤毛。颖果长约为宽的3倍。花果期5 ~ 7月。种子千粒重1.5g。

主要特性： 生于草甸草场，对土壤要求不高，在较瘠薄的微酸性土壤上能生长，路旁湿地常见。黑麦草须根发达，但入土不深，丛生。黑麦草喜温暖湿润土壤，适宜土壤pH为6 ~ 7。该草在昼夜温度为12 ~ 27℃时再生能力强，光照强，日照短，温度较低对分蘖有利，遮阳对黑麦草生长不利。黑麦草耐湿，但在排水不良或地下水位过高时不利于黑麦草生长。

繁殖方式： 种子繁殖。

栽培要点： 播种可春播或秋播，我区一般采用秋播，播期为8月上旬至11月底，最适播种期在9 ~ 10月份，一般播种越早，产草量越高。播种方式一般采用散播或条播，亩播种1.5 ~ 2kg，种子可直接与钙镁磷肥拌种后播种，但遇天气干旱、或土壤干燥，必须及时灌水，否则会影响出苗，播前最好太阳下晒1小时后，用温水浸种12小时、或1%石灰水浸种1 ~ 2小时后再拌种，这样可提早出苗和提高出苗率。初秋播种的，年内可割1 ~ 2次，次年立春至小满可割4次左右。

主要用途： 喂养饲料；石漠化治理。

龙须草

科名：灯心草科
学名：*Juncus effusus*

主要特征：龙须草又名蓑草、拟金菜或羊胡子草，其根系十分发达，草层覆盖速率和覆盖度高，因而具有较好的蓄水作用。多年生草本，高 30 ～ 60cm。秆直立，丛生，坚韧而粗糙，具 3 ～ 4 节。茎圆而细长，下生茶褐色鱼鳞片叶，夏日离茎梢 10cm 处长出花梗，缀生多数小花，呈淡绿色。叶退化，芒刺状，植株下部有鳞状鞘叶，基部叶紫褐或淡褐色，叶鞘先端尖，扁平，稍粗糙，长 3 ～ 7cm，宽 0.5 ～ 1mm；有长叶鞘，无毛，无脊；叶舌膜质，先端锐尖，长约 4mm。圆锥花序，假侧生，稠密而紧缩，狭长矩形至线形，长 3 ～ 10cm，宽约 1cm；小穗披针形，长约 4mm，绿色，成熟后草黄色，含 4 ～ 6 小花；颖披针形，先端锐尖，长 2.5 ～ 3mm，花期 5 ～ 6 月。颖果纺锤形，腹面有凹沟，长约 2mm，果期 7 ～ 8 月。多生在云南巧家、永善、大关和彝良等县江边、河谷地区多湿的山岩隙间，溪边、沿河荒坡地带。秋季收割，年平均总产量约在 50 万 kg 上下。

主要特性：分布东北、华北、湖北十堰、陕西南部、西北和华东的山东、江苏，及全球温暖地区，生长于海拔 200 ～ 3400m 的地区。耐旱、耐瘠薄，蓄水固土能力强。

繁殖方式：种子繁殖；分蔸繁殖。

栽培要点：选择土质疏松的沙壤土作苗床，耕耙打碎土块、平整床面、镇压苗床、厢沟配套，播种量以 225kg/ 亩草穗为宜。播种后拍实表土并薄覆少许细沙，使种子匀播并与土壤接触，然后盖草保墒，喷水催芽，待种子萌发后在傍晚或阴天揭除盖草，以后保持土壤湿润。苗期 60 ～ 80d 就可抢阴雨天移栽，出圃前浇透墒水 1 次，起苗带土。

选择生长旺盛的草场分蔸，取草蔸上坡的草苗 5 ～ 8 株作为一个移栽小蔸。为了保证草场正常增产和提高移栽成活率，分蔸宜在春季草蔸抽青时进行，一次分蔸最多不超过原草蔸的 1/5，且不能年年分蔸。分蔸后要壅土结合施肥，以免造成草场衰退。

主要用途：制纸；可入药，治小便淋涩，黄水疮；水土保持；石漠化治理。

黔竹

科名： 禾本科

学名： *Dendrocalamus tsiangii*（McClure）Chia et H. L. Fung

主要特征： 竿高 6 ～ 8m，直径 3 ～ 4cm，梢端长下垂；节间长 20 ～ 30（40）cm，幼时被白粉，竿壁厚 1 ～ 4mm；节内长 5mm，初时与节下方均有一圈淡棕色绒毛环；分枝习性较高，自竿基部第七至十一节开始发枝，每节具多枝，主枝粗，明显。箨鞘早落性，厚纸质，长 16 ～ 20cm，背面贴生有淡棕色小刺毛；箨耳无；箨舌高 2mm，其边缘具 1cm 之缝毛；箨片外翻，易脱落，基部宽约为箨鞘口部宽的 1/3，背面无毛，腹面具白色短硬毛。末级小枝在节上近束生，无毛，全长可达 15cm，上端具 5 ～ 7 叶；叶鞘无毛，纵肋稍隆起，无叶耳；叶舌高 1 ～ 2mm，略凸起，边缘的形态略有变化，或波曲、或具细齿，稀或生有纤毛；叶片长圆状披针形，长 6 ～ 16cm，宽 1 ～ 2cm，无毛，先端渐尖，具 1 短而粗糙的芒状尖头，基部在枝下方的叶为圆形，枝上方的叶则为楔形，次脉 4 ～ 6 对，叶缘的一侧平滑，另一侧粗糙，小横脉仅在枝下方叶片的下表面稀疏可见；叶柄极短而无毛。花枝未见。

主要特性： 广东、贵州、广西有栽培。黔竹一生仅开一次花，开花后，黔竹将慢慢枯死。

繁殖方式： 种子繁殖；营养生殖。

栽培要点： 黔竹的有性生殖则像其他有花植物一样，先开花，后结籽，完成整个生长周期。黔竹主要是进行无性生殖的，每年春季从地下的竹鞭上长出笋来，然后发育成新竹。竹鞭是地下茎，而植物的根、茎、叶属于植物的营养器官，依靠营养器官繁殖的方式就称为营养生殖。竹地下茎可以分为三个类型：单轴型的地下茎能继续生长，芽着生于两侧，侧芽发育成笋；合轴型的顶芽发育成笋，侧芽产生新的地下茎，相连形成合轴，地下茎产生竹秆密集成丛，大熊猫喜欢吃的愉竹和华桔竹，就属于这一类；此外还有一种复轴型，是上述两种的混合型。

主要用途： 编制竹制品。

慈竹

科名： 禾本科

学名： *Neosinocalamus affinis*

主要特征： 竿高 5 ～ 10m，梢端细长作弧形向外弯曲或幼时下垂如钓丝状，全竿共 30 节左右，竿壁薄；节间圆筒形，长 15 ～ 30（60）cm，径粗 3 ～ 6cm，表面贴生灰白色或褐色疣基小刺毛，其长约 2mm。竿每节约有 20 条以上的分枝，呈半轮生状簇聚，水平伸展，主枝稍显著，其下部节间长可 10cm，径粗 5mm。末级小枝具数叶乃至多叶；叶鞘长 4 ～ 8cm，无毛，具纵肋，无鞘口缝毛；叶舌截形，棕黑色，高 1 ～ 1.5mm，上缘啮蚀状细裂；叶片窄披针形，大都长 10 ～ 30cm，宽 1 ～ 3cm，质薄，先端渐细尖，基部圆形或楔形，上表面无毛，下表面被细柔毛，次脉 5 ～ 10 对，小横脉不存在，叶缘通常粗糙；叶柄长 2 ～ 3mm。花枝束生，常甚柔。弯曲下垂，长 20 ～ 60cm 或更长，节间长 1.5 ～ 5.5cm；假小穗长达 1.5cm。果实纺锤形，长 7.5mm，上端生微柔毛，腹沟较宽浅，果皮质薄，黄棕色，易与种子分离而为囊果状。笋期 6 ～ 9 月或自 12 月至翌年 3 月，花期多在 7 ～ 9 月，但可持续数月之久。

主要特性： 丛生，根窠盘结，竹高至两丈许。新竹旧竹密结，高低相倚，若老少相依，故名。

繁殖方式： 种子；分蘖。

栽培要点： 慈竹的有性生殖则像其他有花植物一样，先开花，后结籽，完成整个生长周期。慈竹主要是进行无性生殖的，每年春季从地下的竹鞭上长出笋来，然后发育成新竹。竹鞭是地下茎，而植物的根、茎、叶属于植物的营养器官，依靠营养器官繁殖的方式就称为营养生殖。

主要用途： 叶可入药，清心热，治头昏。

吊丝竹

科名：禾本科

学名：*Dendrocalamus.minor*（McClure）Chia et H.L.Fung

主要特征：秆高 6 ～ 8m，径 3 ～ 6cm，顶端呈弓形弯曲下垂，节间长 30 ～ 40cm，幼秆被白粉，尤以鞘包裹处更显著，无毛；节稍隆起，幼秆基部数节于秆环和箨环下方，各有一黄棕色毯状毛环。箨鞘青绿色，干后为枯草色，呈长圆口铲状，顶端两则广圆，背面贴生棕色刺毛，以中下部较多，边缘上部有细毛；箨耳极微小，毛细弱，易脱落；箨舌高 3 ～ 6mm，顶端截平形，边缘被流苏针毛，腹面基部及两边缘有细刺毛。叶片矩状披针形。花枝细长，无叶，节间长 2 ～ 3.5cm，一侧稍扁或具宽的纵沟槽，被有锈色柔毛，尤以扁平或沟槽处为密集，每节着生假小穗 5 ～ 10 枚，小穗体扁，卵状长圆形，长约 1.2cm，宽 4 ～ 7mm，鲜时呈紫茄色，干后变为棕黄色，含小花 4 或 5 朵，先端张开；颖通常 2 片，宽卵形，长 6mm，宽 4mm，无毛或近于无毛，边缘生纤毛。果实长圆状卵形，长约 5mm，直径 3.5mm，先端具喙，其上还生成小刺毛，其余各处则无毛。果皮棕色，上半部质较硬，下半部质薄。花期 10 ～ 12 月。

主要特性：广东、广西、贵州等地。云南、浙南有引种栽培。

繁殖方式：种子繁殖；营养生殖。

栽培要点：选择 1 ～ 2 年生、地径为 1 ～ 4cm、竿基完整、无病虫害的母竹或竹苗；母竹或竹苗削去竿梢，保留基部竿节 3 ～ 4 节，切口方向与竿柄方向相反，呈马耳形。将母竹或竹苗放入苗沟，竹蔸部放在育苗沟底部，竿柄朝下，竹竿切口向上，节芽向两侧，竿梢斜靠育苗沟边缘，使竹竿与育苗沟成 5 ～ 10° 角，每株相互平行，相邻两株相距 30 ～ 40cm. 摆放好后覆土，竹蔸部埋土深 5 ～ 10cm，竹竿切口部盖土 3cm 以下。淋水保湿。4 ～ 8 月每月各施肥 1 次，每次施尿素 750kg/hm^2 或复合肥 1500kg/hm^2，沟施或淋施；竹龄 1 ～ 2 年生、地径 1cm 以上竹蔸完整时可出圃。挖母竹时，在竹蔸竿柄处切断，保留竹节 3 ～ 4 节，砍去梢部，切口与竿柄方向相反。挖竹苗时，选用地径 1cm 以上 1 ～ 2 年生竹株，剪去梢部，留竿高 60cm 左右，将竹苗挖起，1 ～ 3 竿作 1 丛。挖坎规格长 80 ～ 120cm、宽 50cm、深 30 ～ 40cm，造林密度 600 ～ 900 株 /hm^2，2 ～ 3 月阴雨天栽植，将母竹或竹苗斜放于坎中，竿柄向下，节间切口向上，芽向两侧，竹蔸盖土 5 ～ 10cm，仅梢部一节露出地面，踩实后盖草淋水，并向母竹或竹苗的切口内灌水保湿。

主要用途：四旁绿化；农具柄及劈篾编织竹器；棚架；笋可食用。

砂仁

科名： 姜科

学名： *Amomum villosum*

主要特征： 株高 1.5 ～ 3m，茎散生；根茎匍匐地面，节上被褐色膜质鳞片。中部叶片长披针形，长 37cm，宽 7cm，上部叶片线形，长 25cm，宽 3cm，顶端尾尖，基部近圆形，两面光滑无毛，无柄或近无柄；叶舌半圆形，长 3 ～ 5mm；叶鞘上有略凹陷的方格状网纹。穗状花序椭圆形，总花梗长 4 ～ 8cm，被褐色短绒毛；鳞片膜质，椭圆形，褐色或绿色；苞片披针形，长 1.8mm，宽 0.5mm，膜质；小苞片管状，长 10mm，一侧有一斜口，膜质，无毛；花萼管长 1.7cm，顶端具三浅齿，白色，基部被稀疏柔毛；花冠管长 1.8cm；裂片倒卵状长圆形，长 1.6 ～ 2cm，宽 0.5 ～ 0.7cm，白色；唇瓣圆匙形，长宽约 1.6 ～ 2cm，白色，顶端具二裂、反卷、黄色的小尖头，中脉凸起，黄色而染紫红，基部具二个紫色的痂状斑，具瓣柄；花丝长 5 ～ 6mm，花药长约 6mm；药隔附属体三裂，顶端裂片半圆形，高约 3mm，宽约 4mm，两侧耳状，宽约 2mm；腺体 2 枚，圆柱形，长 3.5mm；子房被白色柔毛。蒴果椭圆形，长 1.5 ～ 2cm，宽 1.2 ～ 2cm，成熟时呈紫红色，干后呈褐色，表面被不分裂或分裂的柔刺；种子为多角形，有浓郁的香气，味苦凉。花期 5 ～ 6 月；果期 8 ～ 9 月。

主要特性： 栽培或野生于山地荫湿之处。

繁殖方式： 种子繁殖；分株繁殖。

栽培要点： 选择饱满健壮的果实，播前晒果两次，晒后进行沤果，保持沤果温度（30 ～ 35℃）和一定湿度，3 ～ 4d 即可洗擦果皮晾干待播。育苗之苗圃进行深耕细耙作畦，畦高 15cm、宽 1 ～ 1.2m。施足基肥，每亩施过磷酸钙 15 ～ 25kg，与牛粪或堆肥混合沤制的有机肥料 1000 ～ 1500kg。春播 3 月，秋播 8 月下旬至 9 月上旬，开沟条播或点播。

选生长健壮的植株，截取具有芽 1 ～ 2 个以上的幼苗和壮苗为种苗。春栽 3 月底至 4 月初，秋栽 9 月，以春栽为好，选阴雨天进行。株行距 65cm × 65cm 或 1.3m × 1.5m，种后盖土，淋水，随即用草覆盖，以后勤淋水，细致管理。

主要用途： 观赏；果实供药用，主治脾胃气滞，宿食不消，腹痛痞胀，寒泻冷痢。

象草

科名： 禾本科
学名： *Pennisetum purpureum* Schum.

主要特征： 多年生丛生大型草本，有时常具地下茎。秆直立，高 2 ~ 4m，节上光滑或具毛，在花序基部密生柔毛。叶鞘光滑或具疣毛；叶舌短小，具长 1.5 ~ 5mm 纤毛；叶片线形，扁平，质较硬，长 20 ~ 50cm，宽 1 ~ 2cm 或者更宽，上面疏生刺毛，近基部有小疣毛，下面无毛，边缘粗糙。圆锥花序长 10 ~ 30cm，宽 1 ~ 3cm；主轴密生长柔毛，直立或稍弯曲；刚毛金黄色、淡褐色或紫色，长 1 ~ 2cm，生长柔毛而呈羽毛状；小穗通常单生或 2 ~ 3 簇生，披针形，长 5 ~ 8mm，近无柄，如 2 ~ 3 簇生，则两侧小穗具长约 2mm 短柄，成熟时与主轴交成直角呈近篦齿状排列。第一颖长约 0.5mm 或退化，先端钝或不等 2 裂，脉不明显；第二颖披针形，长约为小穗的 1/3，先端锐尖或钝，具 1 脉或无脉；第一小花中性或雄性，第一外稃长约为小穗的 4/5，具 5 ~ 7 脉；第二外稃与小穗等长，具 5 脉；鳞被 2，微小；雄蕊 3，花药顶端具毫毛；花柱基部联合。叶片表皮细胞结构为上下表皮不同；上表皮脉间最中间 2 ~ 3 行为近方形至短五角形、壁厚、无波纹长细胞，邻近 1 ~ 3 行为筒状、壁厚、深彼纹长细胞，靠近叶脉 2 ~ 4 行为筒状、壁厚、有波纹长细胞；下表皮脉间 5 ~ 9 行为筒状、壁厚、有波纹长细胞与短细胞交叉排列。

主要特性： 一般应选择排灌方便，土层深厚、疏松肥沃的土地建植象草。

繁殖方式： 扦插。

栽培要点： 因象草结实率低，种子发芽率低及实生苗生长缓慢等原因，故生产上常采用无性繁殖。应选择生长 100d 以上的粗壮、无病虫害的茎秆作种茎，按 2 ~ 4 节切成一段，以省插植。

主要用途： 可做饲料。

香根草

科名： 禾本科

学名： *Vetiveria zizanioides* L.

主要特征： 从形态上看，香根草有点像柠檬草，地上部分密集丛生，秆高 1 ~ 2m；叶片条形，质硬，宽 4 ~ 10cm；圆锥花序长 15 ~ 40cm，分枝以多数轮生，在秋季开花，一般无果，主要靠分蘖繁殖；纵深发达根系可深达 2 ~ 3m（迄今最深的根系在泰国，为 5.2m），根直径一般为 0.7 ~ 0.8mm，抗张力是等径钢材的 1/6。多年生粗壮草本。须根含挥发性浓郁的香气。秆丛生，高 1 ~ 2.5m，直径约 5mm，中空。叶鞘无毛，具背脊；叶舌短，长约 0.5mm，边缘具纤毛；叶片线形，直伸，扁平，下部对折，与叶鞘相连而无明显的界线，长 30 ~ 70cm，宽 5 ~ 10mm，无毛，边缘粗糙，顶生叶片较小。圆锥花序大型顶生，长 20 ~ 30cm；主轴粗壮，各节具多数轮生的分枝，分枝细长上举，长 10 ~ 20cm，下部长裸露；总状花序轴节间与小穗柄无毛；无柄小穗线状披针形，长 4 ~ 5mm，基盘无毛；第一颖革质，背部圆形，边缘稍内折，近两侧压扁，5 脉不明显，疏生纵行疣基刺毛；第二颖脊上粗糙或具刺毛；第一外稃边缘具丝状毛；第二外稃较短，具 1 脉，顶端 2 裂齿间伸出一小尖头；鳞被 2，顶端截平，具多脉；雄蕊 3，柱头帚状，花期自小穗两侧伸出。有柄小穗背部扁平，等长或稍短于无柄小穗。染色体 2n=20（Christopher，1978）。花果期 8 ~ 10 月。

主要特性： 香根草能适应各种土壤环境，强酸强碱、重金属和干旱、渍水、贫瘠等条件下都能生长。

繁殖方式： 分株。

栽培要点： 种植将草苗修剪至根长 10cm，茎叶长 20cm 左右，分苗时 3 ~ 5 株一起掰下，种于穴中，然后填土压实，让根与土壤紧密结合，以有利于成活。种植时间在每年的 3 ~ 6 月份，灌溉条件好的地方可酌情推迟，一般 3 月份种植的成活率最高，生长较好。7 月份后种植，因气温高，雨量不均，成活率会下降，在管理上也多费工时。另外要注意，3 月份种植时每穴 2 ~ 3 株，6 月份以后每穴用苗～ 5 株。

主要用途： 根、叶，可提取芳香油；水土保持。

方竹

科名：禾本科

学名：*Chimonobambusa quadrangularis*（Fenzi）Makino

主要特征：竿直立，高3～8m，粗1～4cm，节间长8～22cm，呈钝圆的四棱形，幼时密被向下的黄褐色小刺毛，毛落后仍留有疣基，故甚粗糙（尤以竿基部的节间为然），竿中部以下各节环列短而下弯的刺状气生根；竿环位于分枝各节者甚为隆起，不分枝的各节则较平坦；箨环初时有一圈金褐色绒毛环及小刺毛，以后渐变为无毛。箨鞘纸质或厚纸质，早落性短于其节间，背面无毛或有时在中上部贴生极稀疏的小刺毛，鞘缘生纤毛，纵肋清晰，小横脉紫色，呈极明显方格状；箨耳及箨舌均不甚发达；箨片极小，锥形，长3～5mm，基部与箨鞘相连接处无关节。末级小枝具2～5叶；叶鞘革质，光滑无毛，具纵肋，在背部上方近于具脊，外缘生纤毛；鞘口缝毛直立，平滑，易落；叶舌低矮，截形，边缘生细纤毛，背面生有小刺毛；叶片薄纸质，长椭圆状披针形，长8～29cm，宽1～2.7cm，先端锐尖，基部收缩为一长约1.8mm的叶柄，叶片上表面无毛，下表面初被柔毛，后变为无毛，次脉4～7对，再次脉为5～7条。花枝呈总状或圆锥状排列，末级花枝纤细无毛，基部宿存有数片逐渐增大的苞片，具稀疏排列的假小穗2～4枚，有时在花枝基部节上即具一假小穗，此时苞片较少；假小穗细长，长2～3cm，侧生假小穗仅有先出叶而无苞片；小穗含2～5朵小花，有时最下1或2朵花不孕，而仅具微小的内稃及小花的其他部分；小穗轴节间长4～6mm，平滑无毛；颖1～3片，披针形，长4～5mm；外稃纸质，绿色，披针形或卵状披针形，具5～7脉；内稃与外稃近等长；鳞被长卵形；花药长3.5～4mm；柱头2，羽毛状。

主要特性：喜光，喜肥沃，湿润排水良好的土壤。

繁殖方式：分蘖。

栽培要点：通常以移植母竹或鞭根埋植法繁殖。母竹宜选植株健壮而较低矮者，移植时留竹鞭1m，切勿伤笋芽，且带宿土，竹秆截去枝梢，只留3～4盘枝丫。栽后沟穴埋土踏实，浇透水，盖以稻草保湿。以早春移植为宜。

主要用途：供庭园观赏；笋可食用。

皇竹草

科名： 禾本科

学名： *Pennisetum sinese* Roxb

主要特征： 皇竹草属须根系植物，须根由地下茎节长出，扩展范围广。株高 4 ～ 5m，茎粗 4cm，节间较短，节数为 20 ～ 25 个，节间较脆嫩，节突较小。分蘖多发生于近地表的地下或地上节，刈割后分蘖发生较整齐、粗壮，春栽单株分蘖可达 20 ～ 25 根。与象草相比，皇竹草的叶片较宽、柔软，叶色较浅，绿叶数多 2 ～ 3 片。

主要特性： 土深肥沃的沙质土或壤土为宜，抗旱力强，抗涝力弱。可耐低温及微霜，但不耐冰冻。对土壤的肥力反应快速，牛粪为最佳肥料。

繁殖方式： 用芽繁殖。

栽培要点： （1）密度：作饲料栽培，亩栽 2000 ～ 3000 株；作围栏、护堤，株距 40cm；作种节繁殖和作架材、观赏栽培，每亩 600 ～ 1000 株或株距 1 ～ 1.5m；如光照不足，宜稀植，以免倒伏。

（2）施肥：可重施有机肥和氮肥，皇竹草耐肥性极强，为加快生长及提高产草量，可增加施肥次数和数量，并满足其对水分的要求。肥水条件越好，越能发挥高产优势，以宿根草计算全年产量，亩产可达 20t 以上。

（3）栽植：用较粗壮、芽眼突出的节茎、种蔸和分蘖为繁殖材料。每节（芽）蘖为一个种苗。节（芽）可平放，也可斜放或直插，入土 7cm，保持土壤湿润，10 ～ 20d 可出苗。用分蘖栽植，深度 7 ～ 10cm，栽后及时追肥，以促进成活和生长。

（4）管理：生长前期加强中耕除草，适时浇水和追肥。如用作架材、观赏、繁殖等，当植株长到 2m 高以后，应将下部老叶摘除，促进茎节老化、坚实硬化，增添观赏性；作为观赏、护堤、围栏，每年春季萌发前进行一次疏理，疏去部分弱小过密植株；作为青饲料栽培，当株高 80 ～ 200cm 时，即可刈割利用，每年刈割 4 ～ 8 次，每刈割一次，施一次肥料，每亩施用尿素 25kg 或碳酸氢铵 50kg。喂饲大型草食动物，可让植株长得高大一些再刈割；喂饲小型草食动物，可刈割嫩叶或加工成草粉。

（5）虫害：小苗生长前期有少量钻心虫危害，可使用水氨硫磷等农药防治。其次皇竹草属引进植物，尚未发现突出的病虫危害，但作为禾本科植物，必然是病虫害的对象之一，所以，必须加强对病虫害的防治工作。重点是防幼苗期的“老母虫”危害，造成枯心断窝，其办法是每亩用杀虫丹一包（100g）兑水喷施。

（6）引种：冬季无霜区，一年四季均可引种；有霜区以每年 3 ～ 8 月份种植为佳；如在 9 月份后引种，冬季应加强保温措施。

（7）土质：皇竹草生长对土壤无特殊要求，各种类型土壤均能生长。皇竹草抗旱力强，在排水不畅的积水地区则生长不利。可耐低温及微霜，但不耐冰冻，对于土壤的肥力反应快速，牛粪为最佳肥料。

主要用途：饲料；石漠化治理。

雀麦

科名： 禾本科
学名： *Bromus japonicus* Thunb. ex Murr.

主要特征： 一年生。秆直立，高 40 ~ 90cm。叶鞘闭合，被柔毛；叶舌先端近圆形，长 1 ~ 2.5mm；叶片长 12 ~ 30cm，宽 4 ~ 8mm，两面生柔毛。圆锥花序疏展，长 20 ~ 30cm，宽 5 ~ 10cm，具 2 ~ 8 分枝，向下弯垂；分枝细，长 5 ~ 10cm，上部着生 1 ~ 4 枚小穗；小穗黄绿色，密生 7 ~ 11 小花，长 12 ~ 20mm，宽约 5mm；颖近等长，脊粗糙，边缘膜质，第一颖长 5 ~ 7mm，具 3 ~ 5 脉，第二颖长 5 ~ 7.5mm，具 7 ~ 9 脉；外稃椭圆形，草质，边缘膜质，长 8 ~ 10mm，一侧宽约 2mm，具 9 脉，微粗糙，顶端钝三角形，芒自先端下部伸出，长 5 ~ 10mm，基部稍扁平，成熟后外弯；内稃长 7 ~ 8mm，宽约 1mm，两脊疏生细纤毛；小穗轴短棒状，长约 2mm；花药长 1mm。颖果长 7 ~ 8mm。花果期 5 ~ 7 月。染色体 2n=14（Tateoka 1953）。

主要特性： 产辽宁、内蒙古、河北、山西、山东、河南、陕西、甘肃、安徽、江苏、江西、湖南、湖北、新疆、西藏、四川、云南、台湾。生于山坡林缘、荒野路旁、河漫滩湿地，海拔 50 ~ 2500（3500）m。

繁殖方式： 种子；分株。

栽培要点： 5 月中旬种子成熟时，采集雀麦种子，随采随播。种子萌发率高达 78.6%

主要用途： 放牧；荒地绿化；种子可食用。

紫云英

科名：豆科

学名：*Astragalus sinicus* L.

主要特征：二年生草本，多分枝，匍匐，高10～30cm，被白色疏柔毛。奇数羽状复叶，具7～13片小叶，长5～15cm；叶柄较叶轴短；托叶离生，卵形，长3～6mm，先端尖，基部互相多少合生，具缘毛；小叶倒卵形或椭圆形，长10～15mm，宽4～10mm，先端钝圆或微凹，基部宽楔形，上面近无毛，下面散生白色柔毛，具短柄。总状花序生5～10花，呈伞形；总花梗腋生，较叶长；苞片三角状卵形，长约0.5mm；花梗短；花萼钟状，长约4mm，被白色柔毛，萼齿披针形，长约为萼筒的1/2；花冠紫红色或橙黄色，旗瓣倒卵形，长10～11mm，先端微凹，基部渐狭成瓣柄，翼瓣较旗瓣短，长约8mm，瓣片长圆形，基部具短耳，瓣柄长约为瓣片的1/2，龙骨瓣与旗瓣近等长，瓣片半圆形，瓣柄长约等于瓣片的1/3；子房无毛或疏被白色短柔毛，具短柄。荚果线状长圆形，稍弯曲，长12～20mm，宽约4mm，具短喙，黑色，具隆起的网纹；种子肾形，栗褐色，长约3mm。花期2～6月，果期3～7月。紫云英主根较肥大，一般入土40～50cm。侧根入土较浅，因此其抗旱力弱，耐湿性强。紫云英主根、侧根及地表的细根上都能着生根瘤，以侧根上居多数。茎呈圆柱形，中空，柔嫩多汁，有疏茸毛。

主要特性：喜温暖的气候，湿润而排水良好的土壤生长较好，幼苗期耐阴的能力较强，适于在水稻后期套种。

繁殖方式：种子繁殖。

栽培要点：播种前应选择晴天的中午，绿肥种子摊晒4～5h，晒种后加入一定量的细沙擦种子，将种子表皮上蜡质擦掉，以提高种子吸水度和发芽率。然后，用5%的盐水选种，清除病粒和空秕粒。将选出的种子放入腐熟稀人尿中浸种8h，或放入0.1%～0.2%的磷酸二氢钾溶液浸种10h，捞出晾干，用钙镁磷肥拌种后即可播种。

主要用途：稻田绿肥；饲料。

第一节　单物种治理模式

一、喜树——贵州关岭县喜树生态经济型治理模式

（1）自然条件概况

模式区位于贵州省关岭县，碳酸盐分布广泛，岩溶发育，主要成土母岩为白云岩和石灰岩，主要土壤为石灰土，山高坡陡，基岩裸露度高达 60% ～ 90%，石漠化程度深，水土流失严重，生态环境十分恶劣；属中亚热带季风湿润气候，年均气温 16.2℃，年均降水量 1200mm，是贵州省降水中心；模式区属少数民族聚居区，经济发展滞后。

（2）技术思路

喜树属岩溶地区的适生树种，为落叶乔木、深根性树种，适应性强，生长迅速，树形美观，能加速石漠化土地的恢复，是集生态、经济效益于一体的生态经济型模式，通常营造纯林。

（3）主要技术措施

①采种：6 月开花，11 月果熟，果实由青绿色变为黄褐色，要及时采集；采回后晒干种子，筛选去杂进行干藏。

②育苗：为保证发芽整齐，建议采取浸种催芽，注意发芽率仅 70% 左右，苗期怕旱，喜肥湿，注意定期施肥与浇水；1 年生苗高达 60 ～ 80cm，可出圃定植。

③整地：穴状整地，根据土被情况“见缝插针”式挖穴。

④造林：在早春雨后采用 1 年生裸根苗造林，为提高成活率，建议采用截干造林，截干造林不宜深栽，比苗木原土痕深 3 ～ 5cm 即可，截干露头以 2 ～ 3cm 较好，初植密

度 80 株 / 亩。

⑤抚育管理：补植或秋季造林可采用当年生容器苗；在造林后 3 年，每年进行 1 次抚育，以松土和除草为主。

（4）模式效益

喜树生长迅速，树干高大通直，树形美观，树冠宽阔，枝叶茂密，肥土能力强，涵养水源效果好。另外，喜树叶可做绿肥，果、叶、树皮、根含有喜树碱，是一种抗癌药物；木材结构细密，材质轻，可作包装箱、胶合板和用于造纸工业等，具有显著的生态效益和经济效益。

（5）适宜推广区域

该模式适应在亚热带石漠化地区推广。

二、任豆——广西岩溶山地任豆治理模式

（1）自然条件概况

模式区位于云贵高原向广西低山丘陵过渡的斜坡地带，年均气温 16 ～ 22℃，最冷月均气温 10 ～ 14℃，最热月均气温 28 ～ 29℃，年均降水量 1300mm 左右，土壤为山地黄壤、黄棕壤、红壤，呈中性至微酸性，以岩溶山地为主，石漠化分布较广。

（2）治理思路

任豆是落叶大乔木，耐干旱、贫瘠，生长迅速、根系穿透力强，具根瘤，易萌蘖，故又名“砍头树”，大面积推广任豆树可加快石漠化地区植被恢复进程；同时任豆叶可作饲料、绿肥，树干可作人造板和家具用材，同时具有一定的经济效益。

（3）主要技术措施

①采种育苗：选择生长良好，干形高大、通直、无病虫害，15 ～ 20 年生长旺盛的壮龄母树为采种母树。育苗地选在排水阳光充足，土层深厚、肥沃、良好的轻壤土至沙壤土平地或 3° ～ 5° 的缓坡地，用经沤制的农家肥和草皮泥混合做基肥，春季播种。种子用 0.5% 高锰酸钾消毒 10 分钟，洗净后用 60% ～ 80% 热水浸种至自然冷却处理。播种量 3 ～ 4kg/ 亩，采用条播，条距 20cm，粒距 5 ～ 6cm。播种 5 ～ 10 天后，种子大部分发芽出土，出苗后要加强管护，6 ～ 8 月份施氮肥 10 ～ 15kg/ 亩，10 月施一次磷肥。一年生苗高达 1 ～ 2.5m，地径 1 ～ 3cm，即可出圃造林。也可用 1 ～ 2 年生的健壮枝条进行扦插繁殖。造林困难的地方采用营养袋育苗造林，营养袋育苗 50 ～ 60 天即可上山造林，不受造林季节限制。

②造林密度：110 ～ 160 株 / 亩为宜。

③整地：采用穴状整地，规格 40cm × 40cm × 30cm。

④造林：造林时间宜在早春，栽植时将表土集于穴内，深度超过苗木原土痕 3 ～ 4cm，分层踏实，再覆细土。

⑤幼林抚育：造林后连续抚育 3 年，每年 2 次，第 1 次 5 ～ 6 月，第 2 次 9 ～ 10 月，主要是松土、扩穴（不进行全垦、全铲），尽量保护种植穴周边的乔灌木树种。

（4）模式成效

该树种是岩溶山地植被恢复、治理水土流失的先锋树种，可利用其萌发力强，叶子可作为饲料的特点，发展养殖业，效益显著，是石漠化干热河谷地区恢复生态环境和加快群众脱贫致富的一条有效途径。

（5）适宜推广区域

该模式适宜在珠江流域的岩溶山地河谷地带推广。

三、赤桉——广东省罗定市泥质灰岩赤桉治理模式

（1）自然条件概况

该模式位于广东省罗定市东部，属典型的岩溶地貌，峰林耸立，溶洞广布，石漠化较为严重。属南亚热带季风气候区，夏长无严冬，气温偏高，热量丰富，春秋暖和，雨量变幅大，年均气温在 18.3 ～ 22.1℃，年均降水量在 1260 ～ 1600mm。

（2）技术思路

赤桉适应性强，适宜在石漠化区域生长，且生长速度，郁闭成林早，树干干形好，既能做工业原料林，并具有很强的萌芽更新能力，又是优良的薪材。

（3）主要技术措施

采用穴状整地，整地规格施基肥（复合肥），每穴不小于 0.1kg；培育薪炭材和纸浆工业原料林密度可适当加大，造林密度可达 220 株 / 亩以上；如培育中大径材，造林密度以不超过 167 株 / 亩为宜；造林后要进行穴状抚育，并依经济状况实行追肥。通常营造纯林。

（4）模式效益

本模式除满足绿化美化环境外，还可提供工业原料材或薪炭材，具有较好的经济收益。

（5）适宜推广区域

该模式适宜在年均气温在 18℃以上，降水充沛的热带、南亚热带泥质石漠化区域推广。

四、蓝桉（待确定品种）——云南建水县半干旱区桉树治理模式

（1）自然条件概况

模式区位于云南省红河州建水县面甸镇红田村，南亚热带季风半干旱气候，年降水量约800mm，年蒸发量2400mm；成土母岩为石灰岩，基岩裸露度为30%～70%，植被盖度低，水土流失严重，土壤为红色石灰土，石漠化现象突出。

（2）治理思路

遵循因地制宜，适地适树的原则，利用基岩裸露较少的石漠化荒山荒地山脚与低洼地、部分无灌溉条件的低产石旮旯地，营造小径材短轮伐期桉树林，为建水县千原木业公司提供原料和矿柱、坑木等，促进区域经济发展。

（3）主要技术措施

①树种选择：选择适应性强、根系发达、耐旱、萌发能力强的直杆桉和巨尾桉无性系。

②整地：结合林地中基岩裸露多少采取机耕全垦或块状整地，全垦深度40cm以上，穴状整地规格50cm×50cm×40cm，整地时间为造林前3～6月。种植密度为167株/亩。

③苗木：经过炼苗，选择苗龄不超过4～5个月、苗木高度20～30cm，地径0.15cm以上的营养袋健壮苗木，采用菌根土育苗效果更佳。

④栽植：不规则小块状混交。植苗造林在雨季进行，要求6月中旬前完成回塘，回塘时打碎土块，每穴施普通碳酸钙100g，与表土拌匀后回塘，回平或稍低于塘面。栽植时撕袋、扶正苗木、压紧踏实、稍覆松土，覆土至苗木根际以上3～5cm，要求做到根舒、苗正、深浅适宜，切忌窝根。

⑤抚育管理：加强后期抚育，连续抚育2年，抚育时间为5～6月，抚育方式为小块状，规格1m×1m，主要包括除草、松土。在除草、松土中注意不要损伤林木根系，每株施复合肥100g，放射状或点施，但不要将肥料与根系直接接触。同时落实专人管护，特别在旱季加强森林防火管理。

⑥修叶烤油：直杆桉叶可以烤油，定植的次年冬季进行修叶，注意修叶时必须保留三分之二的树冠，避免因过度修叶而影响林木生长。

⑦采伐利用：采伐时间为6～8年，皆伐或带状间伐。根据要求造材，梢头、枝桠做中密度板原料。伐后松土、施肥，养留萌条，年底选取通直粗壮萌条一根，其余萌条除去烤油，6～8年第二轮采伐。

（4）模式成效

2008 年以来，在建水县红泥田河流域石漠化治理区条件较好的地块种植桉树林 1000 亩，预计 6 年时平均蓄积量为 $4m^3$/ 亩，按现行收购价 250 元 /m^3 计，产值为 1000 元 / 亩，如管理经营得当，造林一次，可以收获 2 ～ 3 次，收益时间长。该模式不仅可以推进石漠化治理，还能为当地提供生产生活所需的木材，增加农户的收入，提高农户参与石漠化治理的意识和积极性。

（5）适宜推广区域

本模式适宜在滇东南半干旱石漠化地区推广。

五、柏木——湖南新邵渔溪河流域柏木防护型治理模式

（1）自然条件概况

模式区位于雪峰山脉东侧新邵县西部渔溪河流域，总面积 $6144.9hm^2$。最高海拔 1036m，中亚热带季风湿润气候区，年降水量 1375mm，年平均气温 17.1℃，成土母岩为石灰岩、板页岩，主要发育成石灰性土。植被遭受严重破坏，群落结构简单，岩溶地貌发育强烈，基岩裸露程度大，石漠化现象严重，年均侵蚀模数 $4500T/km^2$。

（2）技术思路

柏木、枫香是适宜岩溶地区生长的造林树种，喜温暖多雨气候及石灰岩土和钙质土，耐干旱瘠薄，稍耐水湿，浅根性，对土壤适应性广，均为我国长江流域及以南地区的困难地区的先锋造林树种。柏木为常绿乔木，枫香为落叶乔木，可形成针阔、常绿与落叶混交林。

（3）主要技术措施

①造林地选择：基岩裸露率较高，石漠化程度较深，土壤瘠薄的石灰岩地区。

②整地：尽量不破坏原生植被，采取“见缝插针”方式穴垦整地，整地规格一般为 40cm × 40cm × 40cm，挖穴时将心土层翻出，表土入穴，按 0.2kg/ 穴施磷肥，并捶紧压实。

③苗木选择：采用 1 年生的Ⅰ、Ⅱ级健壮苗木，具体为湖南省种苗站供种的墨西哥柏种子培育的健壮苗木。

④植苗造林：柏木与枫香按 7：3 的比例混交，造林季节可选在 3 ～ 4 月或 10 ～ 11 月多雨时期，栽植时清除穴内石块、打碎土块、回填表土、扶正苗木、压紧踏实、稍覆松土，覆土以超过苗木根际为适，要求做到根舒、苗正、深浅适宜，切忌窝根。栽植密度：株行距 1.3m × 1.5m 或 1.5m × 1.5m，初植密度为 300 ～ 350 株 / 亩。

⑤抚育管理：对于成活率低于 85% 或幼树分布不均匀地段在第 2 年进行补植；抚育

当年开始，本着“除早、除小、除了”的原则连续抚育3年，每年1～2次，刀抚、锄抚相结合，块状抚育，尽量保留株行间的灌木、草本，避免因抚育不当而造成新的水土流失。

⑥配套措施：积极发展农田水利建设和常规能源建设，开展节能工作，减轻居民生活用能对植被的压力。

（4）模式效益

通过3年的综合治理，建设40m³水泥浇灌沼气池825口，节柴灶945户，太阳能热水器294台。农户通过使用沼气、电、煤、太阳能，大大降低了对植被资源的破坏。模式区净增森林面积5000亩，水土流失得到彻底治理，土地石漠化得到了有效控制，生态环境明显改善。

（5）适宜推广区域

本模式适宜在湘中石灰岩发育的碱性石灰土区域推广。

六、光皮树——湖南新邵石马江流域光皮树生态经济型治理模式

（1）自然条件概况

模式区位于雪峰山脉东侧新邵县东部石马江流域，总面积4146.6hm²。属中亚热带季风湿润气候，年降水量1485mm，年平均气温17.6℃，成土母岩主要为石灰岩，最高海拔1043m，发育成石灰性土。植被遭受严重破坏，群落结构简单，岩溶地貌发育强烈，基岩裸露程度大，石漠化现象严重，年均侵蚀模数4500T/km²。

（2）技术思路

光皮树是适应岩溶地区的造林树种，喜温暖多雨气候及石灰岩土和钙质土，深根性，萌芽力强，对土壤适应性广，阔叶乔木，高产木本油料树种，垂直分布在海拔1000m以下，是我国长江流域及西南各石灰岩地区的主要造林树种。光皮树又是一种理想的多用途油料树种，作为重要的生物柴油原料已受到社会各界的广泛关注。栽植光皮树能实现国家要“被子”（植被），林农要“票子”的双赢目标。

（3）主要技术措施

①造林地选择：选择向阳的山窝山脚、土层深厚、排水良好、肥沃而湿润的酸性土壤，以轻中度石漠化土地为主。

②整地：采用“见缝插针”式的穴垦整地，尽量不破坏原生植被，整地规格一般为50cm×50cm×40cm，挖穴时将心土层翻出，表土入穴，每穴施钙镁磷肥0.5kg。

③苗木选择：选用1年生的Ⅰ、Ⅱ级健壮苗木，起苗后要防止风吹日晒。

④植苗造林：明穴栽植，造林季节可选在 3 ～ 4 月或 10 ～ 11 月多雨时期，栽植时清除穴内石块、打碎土块、回填表土、扶正苗木、压紧踏实、稍覆松土，覆土以超过苗木根际为适，要求做到根舒、苗正、深浅适宜，切忌窝根。栽植密度 130 ～ 150 株 / 亩，株行距 2m × 2m 或 2m × 3m。

⑤抚育管理：对于成活率低于 85% 或幼树分布不均匀地段应在第 2 年进行补植，还要结合中耕除草逐年扩大穴盘，垦复树盘。本着“除早、除小、除了”的原则连续抚育 3 年，刀抚、锄抚相结合。由于光皮树萌芽力强，必须及时修剪，以提高通风透光和结实性能，每个主枝留 2 ～ 3 个侧枝，对于当年采果的枝条可进行重截，以增加次年新枝，即增加第 3 年结果枝从而达到增产的目的。

（4）模式效益

模式区净增森林面积 1000 亩，土地石漠化得到了有效控制，模式区内的水土流失得到彻底治理，生态环境明显改善。嫁接苗造林 3 ～ 4 年挂果、实生苗造林 6 ～ 8 年挂果，在发挥生态、防护效益的同时，为林农提供了稳定的收益渠道，深受林农喜爱。

（5）适宜推广区域

本模式适宜在湖南中度石漠化以下、海拔 1000m 以下的山区推广。

七、苏木纯林造林模式

①适宜范围：岩溶石山中、下部，岩石裸露在 70% 以下的平缓地带，局部有土坑、土层较深厚，水肥条件较好的轻度、中度石漠化土地。

②主要技术思路：虽造林地基岩裸露度较多，但具有一定的土层，适宜于速生的苏木生长，能加速石山绿化，遏制石漠化扩展。

③技术措施：整地规格为 40cm × 40cm × 30cm，株行距 1m × 1m，用一年生裸根苗造林，并加强抚育管理，使其尽快形成主干。5 ～ 6 年生时进行间伐，即收得第一批药材，并进行施肥，同时加强后期管理。

④效益评价：苏木是一种中药材，市场销售情况良好，具有较好的经济价值。而苏木初植密度大，郁闭早，生态效益明显。

八、热带地区相思类薪炭林治理模式

①适宜范围：北回归线以南的丘陵、台地、滨海沙地等轻度、中度石漠化土地。

②技术思路：相思类（含大叶相思、台湾相思、马占相思等）具有适应性强、生长迅速、容易繁殖、根能固氮等特性，且木材坚韧、纹理细密，木材燃烧力强、烟少、火旺，是优良的薪炭材，可用于热带地区石漠化土地的治理。

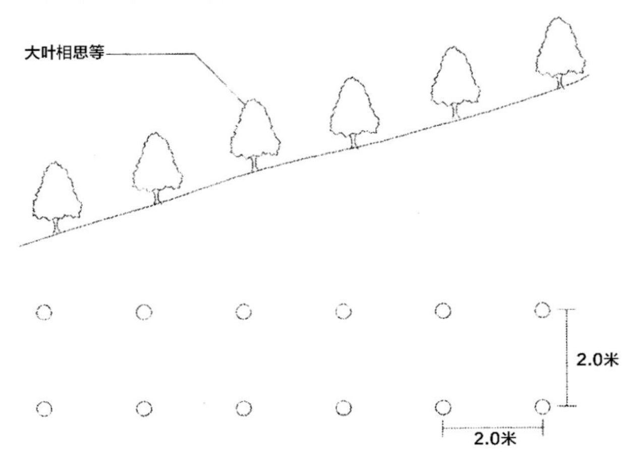

图 8–1　热带地区大叶相思薪炭林模式

③技术措施：造林前 1 个月，进行穴状整地，并施基肥；用容器苗于春雨初期阴雨天造林；依据土被情况，密度为 160 ～ 240 株 / 亩为宜；造林后当年松土和除草 2 次；造林后 4 ～ 5 年可进行樵采，保留 1 ～ 3 条枝，然后让其萌芽生长，并适当进行施肥，每隔 3 ～ 4 年进行一次樵采。如培育为用材林，则在 15 年左右进行采伐。

④效益评价：本模式不但能较快地绿化石漠化山地，还能提供大量的薪材，生态与社会效益俱佳。

九、高海拔岩溶地区华山松生态林模式

①适宜范围：海拔 1000 ～ 2000m 的山地、丘陵地区，岩石裸露率 30% ～ 70%，岩层倾斜，水热条件较好的中亚热带轻度、中度石漠化土地。

②技术思路：华山松具有喜钙、深根性特性，能适应高海拔地区生长，是高海拔地区石漠化土地治理的首选树种。

③技术措施：不炼山，不全砍，水平阶或鱼鳞坑整地，尽量保留原有植被；在穴外围用石块或心土砌挡土墙，在两侧修集水沟；造林可适当密植，每亩栽植 180 ～ 260 株为宜；造林后第二年开始抚育，连续抚育 3 年。

④效益评价：华山松在 6 ～ 10 年能郁闭成林，到 20 年左右可间伐或择伐部分木材，经济和生态效益显著。

十、白云质石漠化土地滇柏治理模式

①适应范围：石砾含量高、土壤瘠薄、保水功能差、生境严酷、宜林程度低的白云质石漠化土地。

②技术思路：选用耐干旱瘠薄、喜钙质、成活容易的滇柏（柏木、侧柏、藏柏、福建柏等），进行适当密植，撒播部分龙须草种籽，快速提高地表林草植被盖度。

③技术措施：不炼山，保护原有植被，采用穴状或水平阶整地；为减少土壤水分损失，实行随整地，随种植；适当密植，密度为 400 ~ 600 株 / 亩；采用当年生容器苗造林；造林后全面封禁，并注意病虫害防治。龙须草种籽撒播后用树枝进行打压，确保与土壤接触。

④效益评价：该模式成本较低，能改善生态环境，具有较高的生态效益。

十一、湘中马尾松防护林治理模式

（1）适应范围：基岩裸露率高，土壤瘠薄的中亚热带石漠化土地。

（2）技术思路：在保留原有植被的条件下，采取“见缝插针、见土植树”的方式，栽植造林绿化先锋树种——马尾松，与原有保留的阔叶树种构成针阔混交林。

（3）技术措施：不炼山，不全砍，采取穴状或鱼鳞坑整地；采用 1 年生马尾松裸根苗或半年生营养袋苗；适当密植，每亩 180 ~ 280 株，造林后穴上用石块、枯枝落叶或塑料薄膜覆盖，防止水分蒸发；造林后加强森林管护，严禁人畜破坏；前 3 年每年进行 1 次松土、除草和培土。

（4）效益评价：由于马尾松是造林绿化的先锋树种，本模式具有造林成活率高，由于保留了原有树种，可形成复层混交林，生态功能稳定。

十二、杜鹃——广东省云安县城郊杜鹃绿化模式

（1）自然条件概况

模式区位于广东省云浮市郊，属南亚热带季风气候，具有温暖多雨、光热充足、夏季长、霜期短等特征，年均降雨量为 1982.7mm，水热同期，雨量充沛。成土母岩为石灰岩，土壤以红色石灰土为主，基岩裸露率高，石漠化严重，且位于云浮市城郊，严重影响到云浮市生态状况。

（2）技术思路

采用爆破整地、客土技术，结合生物措施对城区石漠化土地进行绿化美化治理，提高景观效果。杜鹃除适宜石灰岩土地生长外，其花特别鲜艳美观，深受群众喜欢。

（3）主要技术措施

①整地：根据规划和绿化美化的需要，采用爆破整地技术，种植穴不低于50cm × 50cm × 50cm，对缺乏土壤的局部炸穴，并采用客土回填。

②种植：为了尽快绿化，采用大苗杜鹃或树蔸种植，初植密度为100株/亩为宜，可根据景观建设需要合理调控密度，种植后及时浇定根水。

③修枝：杜鹃成活后要注意修枝、整形，保持良好冠幅，形成以杜鹃为特色的旅游景区。

④管护：加强造林地后期管护工作，主要是松土与除草。

（4）模式效益

本模式除有涵养水源、保持水土的功能外，还具有很好的观赏价值，兼顾到了生态与景观效应。

（5）适宜推广区域

本模式适宜在土地石漠化严重城郊区域或风景沿线，生态环境恶劣，景观效应差的地段推广。

十三、油茶——广东省乐昌市油茶生态经济型治理模式

（1）自然条件概况

乐昌市地处广东省最北端，全市以山地为主，兼有丘陵、盆地等地形，岩溶地区主要分布在乐昌的西北部，本区属中亚热带季风气候，年均气温19.6℃，年均降雨量1522.3mm，全年无霜期304天。石灰岩地区基岩裸露、黄壤土层浅薄，一般在10～50cm不等，质地疏松，保水性能差，土壤易侵蚀。

（2）技术思路

油茶四季常绿，根系发达，耐干旱瘠薄，抗低温冻害，防火效果好，适生范围广。在2008年特大雨雪冰冻灾害中，油茶表现出损失较小，抗性较强的突出特点，适宜在乐昌石漠化地区宜林荒山荒地人工造林、退耕还林、低效林改造中种植。油茶是我国重要的木本粮油树种，经济效益较佳，深受群众喜爱。

（3）主要技术措施

①林地清理：采用水平环山带状清理，带宽1.2m，带内清除杂草、杂灌，保留原生树种，

禁止全面劈山、炼山。

②整地：整地采用穴垦的方式，造林植穴 40cm × 40cm × 30cm，植穴行采用水平布设，上下两行植穴“品”字形错开。

③造林密度：造林密度为 960 株 /hm^2，即 3m × 3.5m 的株行距。

④植穴回土与基肥施放：打穴完成后，保证穴土露天风化一个月，方可进行回土。先回填表土，当表土量达穴一半时放入基肥，并将基肥与穴底表土充分混合均匀，然后继续回表土，回至穴满，堆成馒头状，并开挖比穴大 20cm 的小平台，小平台要求 15% 左右的反倾斜。复合肥每穴 0.2kg、磷肥每穴 0.2kg 作为基肥。

⑤苗木：油茶苗木采用二年生，苗高 30cm 以上，优良无性系良种容器苗。苗木要求苗干通直粗壮、根系发达、顶芽无损、无病虫害。

⑥栽植：时间要求在 2 ～ 4 月，逢阴雨天，土壤被雨水淋透后进行。栽植时除去营养袋，保持苗木土球不松散，根系完整，扶正放入穴内，填土踏实，最后用松土回成馒头状，栽植深度比苗木原土痕深 2 ～ 3cm。

⑦抚育：栽植后每年抚育两次，连续三年，第 1 次在当年 4 ～ 5 月，第 2 次在当年 9 ～ 10 月。抚育工作内容主要是除草、松土、培土、追肥、打药。追肥采用复合肥和尿素，每株每次施放复合肥 0.1kg，尿素 0.1kg。追肥结合抚育进行，采用环状填埋，填埋深度约 10cm 左右。

⑧日常管理：主要是做好森林防火、病虫害防治、护林巡逻，防止人畜破坏等工作。

（4）模式效益

营造高产油茶林，既能促进农村经济发展，又能绿化荒山，保持水土，促进石漠化生态脆弱区的植被恢复，显著改善农村地区生态面貌和人居环境。据测算，每亩油茶林稳产后，年收入可达 2 千元左右。

（5）适宜推广区域

本模式适宜在南岭山地轻度石漠化地区推广。

二十四、芒果——四川仁和区芒果生态经济型治理模式

（1）自然条件概况

仁和区属川西南山地偏干性常绿阔叶林亚热带河谷植被区，海拔 1300m 以下低山河谷区基本上无霜冻，集南方热量，北方光照于一身，被誉为“天然温室”，南亚热带到温带的作物均可种植，具有发展特色林果业的优势和潜力。模式区位于大龙潭彝族乡拉

鲊村金沙江干热河谷地区，最高海拔 2100m，最低海拔 960m。年均气温 20.3℃，年均降雨量 800mm，无霜期 300 天，垂直气候差异明显，小气候复杂多样。耕地面积 5317 亩，陡坡耕地多，耕作方式不合理，种植结构简单，水土流失严重，土地石漠化突出，现有植被稀疏，生长状况较差。该村属少数民族聚居区，经济发展相对滞后，农业生产基本条件较差，农民收入基本依靠粮食作物。

（2）治理思路

充分利用当地光、热优势和特色资源，遵循因地制宜、适地适树的原则，以恢复岩溶植被，增加群众收入和转变发展方式为目的，以石漠化坡耕地水土综合整治为重点，探索以杧果种植为特色的产业发展方式，发掘农村经济新的增长点，加快产业结构调整，把石漠化综合治理与农村产业发展有机结合，打造干热河谷的绿色产业。

（3）主要技术措施

①土地整治。针对石漠化土地缺土少水的实际，实施坡改梯工程，并合理配置水窖、引水渠等水利水保设施，提高土地生产力。

②品种选择。根据当地的气候条件、品种的特性和市场情况，确定主栽品种为攀枝花本地适宜的晚熟杧果品种凯特。

③种苗：采用良种实生苗木，苗木品种纯度优良、品质好、无病虫害、健壮，苗高 50cm、地径 1cm 以上，具有“两证一签”的合格苗木。

④造林技术：穴状整地，植苗造林，根据品种、地势、土壤状况确定合理种植密度。

⑤后期管理：除开展正常的除草施肥后期管理外，采用摘顶修枝的方法，削弱顶端优势，促进分枝，使幼树迅速成形，提早达到理想的开花结果树形。

（4）模式成效

通过对石漠化坡地沿等高线实施坡改梯，兴建高标准杧果种植基地 1300 亩，完善产业配套基础设施建设，减少了水土流失，有效遏制了石漠化扩展，带动了区域杧果特色产业发展，促进了项目区群众增收。预期经过 4 ～ 5 年栽培管理，可达到初果期，预计产量 1200 ～ 1800kg/ 亩，收入可达 6000 ～ 9000 元 / 亩，经济效益显著。

（5）适宜推广区域

适宜在云南东北部、四川省攀枝花西部干热河谷轻中度石漠化地区推广。

十五、李子人工造林治理模式

①适宜范围：适宜岩溶谷地，一般海拔在 200m 以下，气候暖湿润，土壤质地疏松，

有机质含量中等，pH 值呈微酸性或微碱性，土层厚度在 60 ～ 120cm 之间中度、轻度石漠化与潜在石漠化土地。

②技术思路：李树根系发达，枝叶繁茂，具有截留雨水、固持水土、涵养水源、净化空气等生态功能。李类果树是传统的经济林造林绿化树种之一，适应性强，对土壤要求不严，易于种植与管理。

③技术措施：采取穴状整地，整地规格：50cm × 50cm × 40cm。选用 1 年生嫁接苗，苗木健壮，长势良好，无病虫害，根径≥ 0.5cm，苗高≥ 40cm，密度为 167 株 / 亩。春季造林，随起随造，最好加生根粉浆根，每株浇 1 ～ 2kg 定根水。造林后连续抚育，每年二次；3 ～ 5 月穴状或全面除草灌，并追肥；8 ～ 9 月第二次除草灌并追肥。

④效益评价：在增加森林面积，提高森林覆盖率的同时，按每年平均产果价值 1500 元 / 亩计，除去综合成本 400 元，可年获纯收入 1100 元 / 亩。因而具有较高的生态和经济效益。

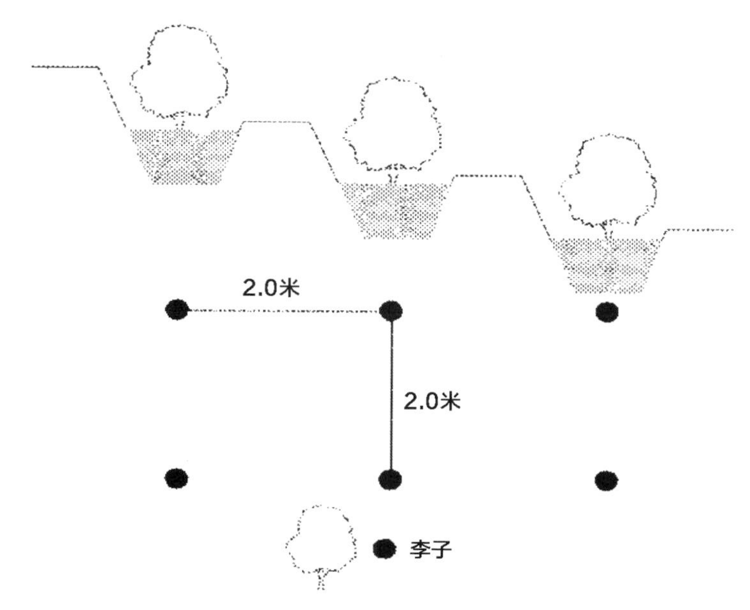

图 8–2　李子人工造林治理模式

十六、干热河谷花椒经济型生态林模式（顶坛模式）

①适宜范围：岩溶地区山地中下部、洼地、河谷地区，坡度相对平缓，轻度、中度石漠化和潜在石漠化土地，岩层倾斜，岩缝较发达，水热条件及土被较好的地区，尤其在干热河谷地区较为适宜。

②技术思路：石灰岩土壤具有一定的肥力，但保水性差，土壤干燥，种植根系发达、耐干旱的经济树种——花椒，以此带动石漠化土地的治理，可有效地增加地表盖度，防止水土流失，实现经济、生态效益双赢。

③技术措施：选用竹叶椒、小红袍等优良品种，进行人工分段培育壮苗；花椒选用1年生实生苗；在雨季采用鱼鳞坑整地；栽植穴朝下坡外缘用石块砌成挡土墙；每亩种植80株为宜；造林后每年应进行松土、抚育、培土，第2年开始定期剪枝、施肥，防治病虫害。

④效益评价：花椒能从第3年开始结果，5年左右开始进入盛果期，经济效益相当显著，另外花椒的覆盖面较宽，有利于减少雨水冲击，保持水土。本模式目前在石漠化地区已得到广泛推广。

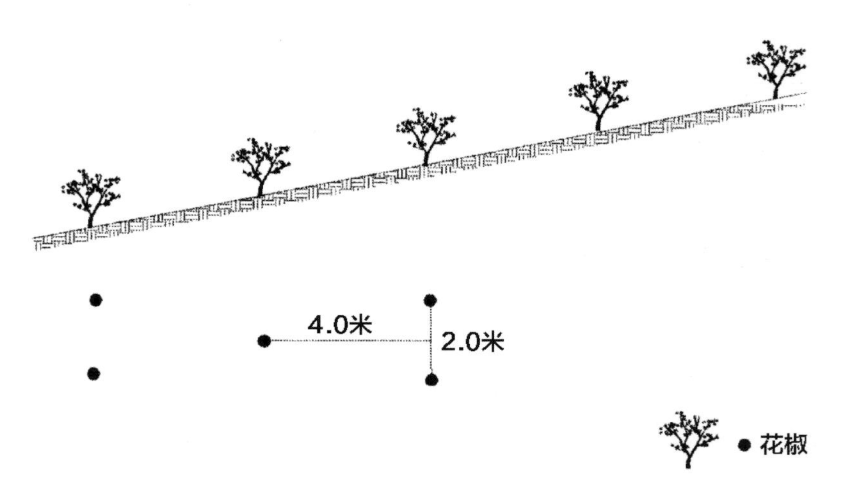

图 8–3　干热河谷花椒经济型生态林治理模式

二十七、滇东南花红李经济型生态林模式

①适宜范围：海拔400 ~ 1500m，年降水量800mm以上，母岩为石灰岩、白云岩等碳酸岩类发育形成的红壤、黄红壤，基岩裸露率70%以下的轻度、中度石漠化土地及潜在石漠化土地。

②技术思路：花红李适合在喀斯特区域生长，覆盖面较大，郁闭较早。且果实较大，味道好，生态、经济效益显著。

③技术措施：不炼山，采用穴状整地，穴的规格为40cm×40cm×30cm，并施基肥；花红李采用1年生裸根苗造林，每亩60 ~ 100株；每年要采取松土、抚育、培土、追肥等管护措施；为了防止水土流失，沿等高线隔一定距离种植生物隔离带，可选用车桑子、

栎类灌丛等。

④效益评价：能有效地减少水土流失，同时可为农民增加收入，具有较好的生态和经济效益。

十八、丹江库区荒坡油桐生态经济林建设模式

①适宜范围：海拔 600 ～ 800m 的低山地带，因森林植被遭到破坏，林地呈现杂灌草丛生的荒芜状态，生态系统十分脆弱。基岩裸露度通常在 50% 以下，土壤瘠薄的中度、轻度及潜在石漠化土地。

②技术思路：以当地适生的油桐营造水土保持林，通过一系列营林措施，提高土地利用率，控制水土流失和改善生态环境。

③技术措施：整地：采用 40cm × 40cm × 40cm 的规格进行穴状或鱼鳞坑整地，就地穴状疏松土壤，砍去穴周杂灌，保留穴周围 $1m^2$ 以外的杂草类。直播造林：选用大米桐、小米桐、吊桐、公桐、座桐等优良品种，在春季进行直播造林，株行距一般 2.0m × 3.0m，三角形布置。抚育管理：每年要疏土，并逐渐砍去影响油桐生长的杂灌，有条件的地方，可施肥促进生长。配套措施：在水土流失严重的地方，在侵蚀较深处布设沉沙池、谷坊等工程，阻止泥沙下泄。

④效益评价：利用石漠化荒山荒坡营造油桐林，不仅提高了土地利用率，同时对保持水土和改善生态环境起到了重要作用。油桐经济价值较高，是山区致富的拳头产品之一，极受农民欢迎。

十九、茵红李——四川省兴文县茵红李生态经济型治理模式

（1）自然条件概况

兴文县位于四川盆地南缘，川滇黔结合部，全县南高北低，分为槽坝、丘陵、低山、中山四个地貌类型，海拔 276 ～ 1795m。属于亚热带湿润季风气候区，四季分明、气候温和、降水充沛、光照适宜、雨热同季，年均气温 17.7 ～ 18.2℃，年均日照 850 ～ 1147 小时，年均降水量 1333.3 ～ 1840.3mm，无霜期 323 天。岩溶地貌发育强烈，基岩裸露程度高，成土母岩主要是石灰岩，发育成石灰土，石漠化土地呈带状分布，水土流失严重，石漠化问题突出。

（2）治理思路

石旮旯地土壤瘠薄、保水性能差，选用生长快、投产早、果实品质优良、适应性强、对气候土壤要求不严且粗放管理、有较高经济价值的茵红李为主要造林树种，打造以经果林基地为依托的生态旅游产业，既调动林农的造林积极性，又真正发挥生态、经济和社会效益。

（3）主要技术措施

①土壤条件：茵红李对土壤要求不严，土壤 pH 值 5 ～ 8 均可，以地势向阳，不积水坡地为宜。

②苗木选择：一般用 1 年生嫁接苗，苗高 60cm 以上，地径 0.5cm 以上的健壮苗木。

③栽植时间及密度：从 9 月至次年 5 月均可栽植，以 9 ～ 11 月栽植为最佳时间，造林密度 90 株 / 亩，株行距 3m × 2.5m。

④栽植方法：定植时按株行距挖好定植穴或定植沟，每穴施复合肥或有机肥 1kg。有机肥以草皮、农家肥或渣肥为主，分 2 ～ 3 层施压。苗木栽植后留好植盘，施足定根水，保留苗干高 40 ～ 60cm，以上部分全部剪除。

⑤管护

● 肥水管理：栽植后在苗木生长期内每月施肥应不低于 2 次，肥料以速效氮肥、人畜粪为主；栽后第 2 年起每年施肥应不少于 3 次：（1）萌芽肥：占全年 10% ～ 20%，以速效氮肥为主，配合使用农家肥。施肥时间在 2 月中下旬；（2）壮果肥：施肥量占全年的 30%，以 P、K 肥为主。施肥时间在 5 月中旬至 6 月上旬。（3）采果肥：施肥量占全年的 50% ～ 60%。以施复合肥、枯肥和农家肥为主，主要是恢复树势，促进营养积累。

● 整形修剪：在整形上主要采取自然开心形或“V”字形整枝。修剪上宜采用回缩长枝，促进短果枝形成，并合理做好疏剪、短截，及时剪除虫、枯枝等使树体合理。修剪时间以冬季为主，夏季修剪为辅。

● 病虫防治：蚧壳虫冬季清园时喷波美 3° ～ 5° 石硫合剂杀灭成虫；人工剪除虫枝，集中烧毁。

（4）模式成效

茵红李生长快，投产早，嫁接苗定植第 2 年即可挂果，第 3 年亩产可达 500kg，第 4 年进入盛产期，亩产可达 2000kg 以上；果实品质优良，平均单果重 40g，最大果重可达 60g，果肉黄绿色、汁多、肉脆、皮薄、离核，于 7 月中旬成熟，较耐贮运，市场供不应求，经济价值高。

（5）适宜推广区域

本模式适宜在四川省宜宾市岩溶地貌发育的地区推广。

二十、花椒——贵州贞丰县花椒经济型生态林模式（顶坛模式）

（1）自然条件概况

模式区位于贵州省贞丰县北盘江镇顶坛片区，属生态系统脆弱的岩溶地貌区，地处北盘江南岸的河谷地带，最低海拔 565m，最高海拔 1432m，地形自西南向东北倾斜，切割较强，耕地零星破碎，碳酸盐广泛分布，水源奇缺，气温时空分布不均，5 ~ 10 月降雨量占全年总降雨量的 83%，海拔 850m 以下为南亚热带干热河谷气候，900m 以上为中亚热带河谷气候。岩溶地貌特征明显，95% 的面积为石旮旯地，是贞丰县有名的高温石灰岩河谷地带。恶劣的环境，贫瘠的土地，治理前使片区内 95% 的人家长期以来靠吃救济粮和返销粮度日，曾经有 17 户人家因无法度日而迁走他乡。1990 年以前，该片区人均粮食不足 200 斤，人均经济收入不足 200 元，是全县最贫困的地区。

（2）治理思路

1992 年，贞丰县提出“因时因地制宜，改善生态环境，依靠种粮稳农，种植花椒致富”的治理思路，决定在顶坛片区发展花椒生产。石灰岩土壤具有一定的肥力，但保水性差，土壤干燥。种植根系发达、枝繁叶茂、耐干旱的经济树种——花椒，能实现地表快速覆盖，达到涵养水源和保持水土功效；同时花椒是一种调味品，在贵州、四川、重庆深受欢迎，市场前景光明，能促进群众脱贫致富。

（3）治理技术措施

①品种选择：选用当地竹叶椒、小红袍等优良品种，保证花椒品质。

②苗木：进行人工分段培育壮苗，选用 1 年生实生苗，苗木高度 40cm 以上可出圃。

③整地：采用鱼鳞坑整地或穴状整地，种植穴规格以 40cm × 40cm × 30cm 为宜，造林前一个月左右完成整地。

④造林技术：通常在雨季造林；栽植穴朝下坡外缘用石块砌成挡土墙；种植密度 80 株 / 亩。

⑤抚育管理：造林后每年应进行松土、抚育、培土，以小块状为主，规格为 1m × 1m，第 2 年开始定期剪枝、施肥、防治病虫害，实行集约化经营。

⑥强化科技规范种植。科技应用和推广是提高产品产量和品质、提升产品市场竞争力、

形成特色产业的关键。在培育过程中，及时引进优良品种或种源，推广先进的栽培技术，实现高产高效。

（4）模式效益

模式区通过建立花椒基地，极大地改变了该片区过去以玉米为主的单一的农业生产方式。目前，该片区 95% 以上农户都种上了花椒，户均种植花椒 5 亩以上，该片区的花椒产值达 3000 多万元，农民年人均纯收入已达 5000 多元。银洞湾村罗泽亮一家种植 60 多亩花椒，年均收入达 6 万多元。到 2008 年底，仅花椒一项，年收入超过 5 万元的人家有 70 多户，全县花椒总产值已达 9000 万元，形成了"顶坛花椒"品牌。据省科技厅石漠化治理科研组统计，该片区水土流失防治率达 94%，土地石漠化治理率达 92%，森林覆盖率达 70%，昔日基岩裸露的云洞湾村，被授予"全国绿化千佳村"称号，成为我国石漠化地区治理的成功典范。

（5）适宜推广区域

本模式适宜在云南、贵州和广西等干热河谷花椒适栽的石漠化区域推广。

二十一、金银花人工造林模式

①适宜范围：石灰岩薄土层石灰土质石漠化土地，尤其是可在基岩裸露度高，仅在石缝中有土的重度、极重度石漠化土地。

②技术思路：以治理水土流失、石漠化为突破口，选用经济价值较高的植物——金银花，用途广，价值高。有利于将石山造林与农村产业结构调整、促进农民增收有机结合起来，增加植被覆盖度，改善生态环境，实现山区生态环境和经济社会协调发展的目标。

③技术措施：采取穴状整地，穴规格 30cm × 30cm × 30cm，配置方式依土被而定。苗木规格采用 I、II 级苗，选择阴雨天进行施工，种植时一定要确保苗木根系舒展，造林密度 100 株 / 亩。造林后连续抚育 3 年，每年抚育 2 次，在 5 月和 8 月进行，每次抚育结合追施复合肥。对于成活率低于 85% 的地块，次年春在原坑穴位置进行补植，在易受到人畜破坏的地段，设置必要的防护设施。

④效益评价：通过对石漠化土地实施治理，恢复和改善植被生态系统，增加水源涵养，减少水土流失，提高森林覆盖率，可遏制水土流失和石漠化进一步扩大的趋势。同时增加石山区农民收入，种植 3 年后可达盛产期，平均产鲜花 250kg/ 亩，产值达 750 元，是促进石漠化地区农村脱贫致富的好模式。

二十二、干热河谷木豆混交林治理模式

①适宜范围：在高原向低山丘陵区过渡斜坡地带的干热河谷，海拔多在1000 ~ 1300m，年均降水量1300mm，年均气温16.5℃左右，干热河谷气候特征明显，土壤以山地黄棕壤和黄壤为主，多为石旮旯石漠化土地。

②技术思路：根据该地喀斯特地貌广布的特点，选用生长快、适应性强、根系发达、适宜作饲料的木豆树种，通过与香椿、喜树、花椒、柏树、楸树等混交方式营造生态林，达到快速恢复林草植被，推进石漠化土地治理，促进林业、畜牧业共同发展。

③技术措施：进行行间混交，每2行木豆种1行其它树种，行距为2.5m，木豆株距为2.0m，其它树种为2.5m。穴状整地，木豆为30cm × 30cm × 25cm，其它树种为40cm × 40cm × 30cm。加强造林地块的抚育和管护，通常前3年每年抚育不低于1次，并进行追肥。

④效益评价：种植木豆投资少、见效快，是石旮旯地石漠化治理较为理想的模式。种植木豆，每公顷只需种子费25 ~ 30元，播种后6 ~ 7个月即可收获，一次播种，可收获5 ~ 6年，年产豆量平均为200 ~ 300kg/亩，产值可达400 ~ 600元。

二十三、多年生牧草——贵州省桐梓县官渡河流域人工种草养畜治理模式

（1）自然条件概况

模式区位于桐梓县茅石、燎原、娄山关镇官渡河流域，属黔北山地与四川盆地衔接地带的中山峡谷区，岩溶地貌景观突出，成土母岩以石灰岩为主，石漠化土地分布相对集中，治理前有石漠化面积733hm^2，以耕地、未利用地为主。属中亚热带高原季风湿润性气候区，年均温14.6℃，年平均降雨量1038.8mm。夏季降水量最多，冬季降水量最少，呈冬干夏湿现象。模式区涉及3个乡镇8个村13302人。

（2）治理思路

桐梓县境内岩溶地貌突出，山高坡陡，水土流失严重，制约着该县经济的发展。为遏制石漠化蔓延，加速林草植被建设，选择在荒山荒坡上进行人工种草，配套建设棚圈等基础设施，依托牧草资源发展畜牧业，打造黔北石漠化治理的新路径。

（3）主要技术措施

①草种选择：依据生态建设与草食畜牧业发展相结合的原则，牧草品种选择能改善

土壤的物理性状、水文效益、渗透速度、茎叶截雨量、根系密度，具有生物量和经济效益高，生长迅速，覆盖面大，抗逆性强，营养丰富的多年生牧草。如‘雅晴’多年生黑麦草、‘游客’紫花苜蓿、‘歌德’白三叶等。

②草种：‘雅晴’多年生黑麦草可与‘游客’紫花苜蓿、‘歌德’白三叶等豆科牧草混播。3 种牧草混播播种参考量为雅晴黑麦草 1.5kg/ 亩、紫花苜蓿 0.5kg/hm^2、白三叶 0.2kg/ 亩。

③整地：精细整地，土壤翻耕及平整处理，犁好厢沟，清除周围障碍、杂草，以利于表层排水，空气流通，阳光穿透。整地时要施足底肥（厩肥、清粪水和复合肥）。

④种子处理：采用 50℃温水浸种 3 小时，沥干水分，对紫花苜蓿进行根瘤菌接种后，把 3 种牧草种子用 10 倍细沙或煤灰混合均匀备用。

⑤播种：为便于田间管理，一般播深 2cm，具体深度还要视墒情、土质、整地等灵活掌握，其变幅不宜过大。在播种时做到“一平、二净、眼观、三紧三慢三猛一掂”的要求。

● 专用草地。种床平整细碎，计算用种量和用灰量，分 2 ～ 3 次均匀撒播，播后用竹扫帚在播种面上轻轻拖动，或用重物镇压，使草种和土壤充分结合，以利种子发芽和根部生长。在人工造林地或经济林地，规划出 3m 宽东西向的条状区域，留 1m 作造林用，余下 2m 作为人工种草地。

● 粮草间作。采用宽厢宽带，一律按东西走向 266.7cm 开厢，再划分为 83.3cm 和 183.3cm 两种标准带幅（又称窄带和宽带），窄带种植玉米，宽带种植牧草。

⑥田间管理：加强田间管理，草种出苗快，幼苗活力高，分蘖能力强，每次刈割后要松土、施追肥；在分蘖期、拔节期、抽穗期以及刈割后及时灌溉，保证水分供应，促进再生。

⑦利用：如放牧利用，在草丛高 20 ～ 30cm 时可进行放牧；如刈割利用，可调制干草、制作青贮饲料，禾本科草应在抽穗前刈割为好，豆科草在孕蕾至初花期刈割，一般留茬高度不低于 5cm。

（4）模式成效

模式区在试点期间治理石漠化面积 702hm^2，治理率达 95.8%。其中完成人工种草 415hm^2，建设棚圈 305m^2，购置饲草机械 30 台，青贮窖 308m^3。人工牧草能迅速增加地表盖度，同时能增加土壤肥力，提高植被涵养水源与保持水土功能。据研究，种植牧草的蛋白质产量是种植粮食作物的 4 ～ 6 倍，按照牧草的产量和牲畜采食量计算，模式区年产鲜草 3.75 万～ 4.5 万 kg，按 5 ～ 6 亩可载 1 头肉牛，0.45 ～ 0.75 亩可载 1 头羊计，为农村畜牧产业发展提供了充足原料；人工种草养畜其产业链长、环节多，产业化程度高，扩大了就业机会。近年来，人工种草已经成为桐梓县石漠化生态治理和发展特色经济的一个重要方式。

（5）适应推广区域

该模式适宜在云贵高原石漠化地区推广。

二十四、杂交竹人工造林治理模式

①适宜范围：成土母岩为石灰岩，土壤为石灰土，土壤 pH 值中性至微碱性，土层厚度 30 ~ 50cm 的轻度、中度石漠化土地，地形较平缓，土壤水分含量高。

②技术思路：竹子枝叶繁茂，可截留雨水，减轻对地表的冲击，发达的根系和大量枯枝落叶可以固持水土、吸收水分，减少地表径流，而竹林与地被物的遮挡有效地降低地表温度和减少蒸发量，从而有效地保持水土、涵养水源。而该树种对土壤、立地条件要求不严，适应性强。在石山区有土壤的地方见缝插针，种植单枝竹、吊丝竹、麻竹等竹类，既能保证生态效益，又具有较高的经济效益，深受群众欢迎。

穴状抚育，即进行局部垦复，松土清除草灌藤蔓与病株，对缺蔸及时进行补植。

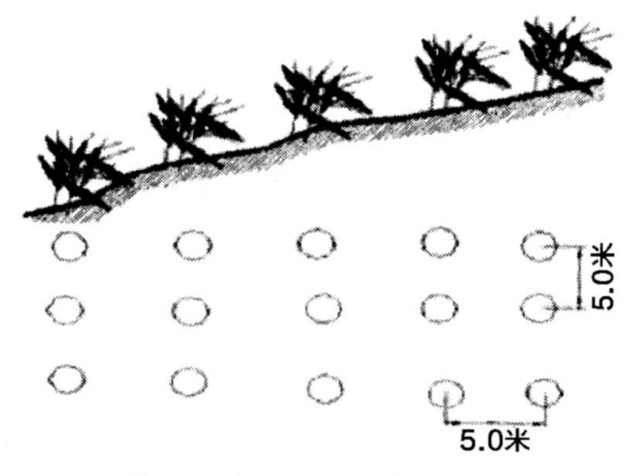

图 8–4 杂交竹人工造林治理模式

③技术措施：采取穴状整地造林，整地规格：50cm × 50cm × 40cm；选用一年生苗，地径≥ 1.0cm，苗高≥ 100cm，健壮，无病虫害；密度 29 株 / 亩左右；应在 2 ~ 3 月份阴天或雨季造林，栽植时将苗置于穴内，倾斜 45° 角左右，将根上 2 ~ 3 个节眼埋掉为宜，然后回土至穴满，踏实，然后再回土踩实至平穴面，然后再在上面回一层松土，以利于吸收水分和防止水分蒸发，确保提高造林成活率。造林后次年进行抚育，连续两年，每年一次。

④效益评价：与治理前相比，一是可增加了森林面积，二是大大改善了石灰岩地区恶劣的生态环境，生态效益显著。同时杂交竹为笋材两用树种，造林第四年后可进行采笋和竹材采伐利用，据调查从第五年开始可获利达 1000 元 / 亩。因而生态、经济效益明显。

第二节　乔木与灌木配置

一、圆柏＋车桑子——云南易门县圆柏＋车桑子混交林生态修复模式

（1）自然条件概况

模式区位于云南省易门县境内，属为中山山地，沟谷错落，山高坡陡，岩溶地貌典型，基岩裸露度大，石漠化土地分布广，石漠化与非石漠化土地交错分布；土壤多为山地红壤，地表植被稀少，水土流失严重；属亚热带季风气候，年均降水量 800mm，年均气温 16.8℃，雨热同期，季节性缺水突出。

（2）治理思路

遵循因地制宜、适地适树的原则，选择石漠化地区适生的圆柏与车桑子。车桑子生长迅速，能较快覆盖地表，防止水土流失；圆柏早期生长较慢，耐干旱瘠薄，圆柏、车桑子能相互促进，较快形成稳定乔灌、针阔混交林，促进岩溶生态系统修复。

（3）主要技术措施

①造林地选择：圆柏、车桑子对自然环境的适应性强，能适应酸性土、钙质土等多种土壤，造林地主要选择中度以上石漠化土地。

②整地：穴状整地。整地时注意保护原生植被，不提倡炼山；整地时间为造林前一个月；沿等高线平行方向整地；整地规格：圆柏 40cm × 40cm × 40cm，车桑子 20cm × 20cm × 10cm。

③造林方式：植苗造林与直播造林相结合。选择在夏季第一场透雨后，适时种植。造林时间为 5 月下旬至 7 月底，适当深植，利于抗旱保墒，提高造林成活率。采取抗旱移栽技术，容器苗运至造林地移栽前用净水浸袋（根）后及时移栽，造林成效突出，普遍成活率达 95% 以上。车桑子采用直播造林。

④苗木：圆柏通常用一年生健壮柏木营养袋苗，地径 0.2cm 以上，苗高 25 ～ 40cm，主根不窜袋或少串袋。车桑子每穴 15 ～ 20 粒种子。

⑤栽植密度：人工造林密度为：圆柏 × 车桑子不规则混交，混交比为 1 比 1，造林密度 222 ～ 333 株 / 亩为宜。

⑥管护：7 ～ 8 月底造林结束后及时进行查缺补漏，对死亡苗木及时补植；造林第 2 年保存率低于 80% 或存在幼苗空缺死亡的地段及时补植。在栽植后 1 ～ 2 年内，每年中耕除草 1 次，做好病虫害的防治。之后，加强间伐、抚育等常规管理。

（4）模式成效

车桑子与圆柏混交在模式区广泛推广。车桑子可弥补圆柏树冠窄且前期生长慢的弱点，有利于迅速形成乔、灌、草搭配的立体结构，增强植被涵养水源、保持水土的功能；同时通过枯枝落叶积累与分解，改善土壤理化性质，对石漠化山地防护林建设与生态环境改善成效显著。该模式基本在 2 年内实现地表林草植被盖度 50% 以上，5 年左右形成比较稳定的乔灌混交林。

（5）适宜推广区域

本模式适宜在滇中乃至云南大部分干旱地区中度及以上石漠化区域推广。

二、川柏 + 白花刺——湖北丹江库区川柏 + 白花刺混交型水保林治理模式

（1）自然条件概况

模式区位于湖北丹江库区，石灰岩山地的原生植被破坏后，基岩（地表）裸露，水土流失加剧，土层逐年变薄，普遍为茅草覆盖，杂灌难以生存，属生态系统十分脆弱的重度、极重度石漠化区域。

（2）技术思路

针对当地土层浅薄、基岩裸露度大的实际，选用适宜当地生长的川柏造林，尽量保存林下原有灌木和草本或适当栽植灌木，恢复植被，并形成复层林相，提高防护效益，改善生态环境。

（3）主要技术措施

①川柏造林：由于石漠化土地土层浅薄，肥力较低，雨量较少，大苗造林难以成活，宜用 1 年生川柏苗造林，采用鱼鳞坑整地，沿等高线布置，株行距为 2.0m × 3.0m，种植穴规格为 50cm × 50cm，造林做到根舒、苗正、深浅适宜，切忌窝根。

②灌木造林：石灰岩山地常见的杂灌树种有盐肤木、酸枣、黄荆条、刺槐、马桑等，在灌木稀少的地方采用人工栽植耐干旱瘠薄、易成活、固土能力强的白花刺，株行距按 50cm × 50cm，以增加地面林被覆盖。

③配套措施：栽植川柏时尽量用客土造林，每穴加放约 25kg 客土。为了提高成活率，穴内应加入保水剂。

（4）模式效益

实践证明，在丹江库区石灰岩山地人工营造川柏林，林下栽植白花刺灌木，是适应当地立地条件的最好治理模式。10 年前按此方式营造的林分，现已郁闭成林，生态效益

十分明显。

（5）适宜推广区域

本模式适宜在丹江库区上游的汉江两岸以及石灰岩山地类似立地类型推广。

三、核桃 + 木豆——广西凤山县岩溶山地核桃与木豆经济型治理模式

（1）自然条件概况

模式区位于云贵高原南部边缘地带凤山县，全县地势由西北向东南倾斜，山多地少，属典型的喀斯特岩溶地貌，基岩裸露率在 30% ~ 70%，石漠化分布广，以轻度、中度石漠化宜林地、无立木林地及旱地为主，生态环境脆弱。属亚热带季风气候区，雨量充沛，光照充足，温和湿润，年平均气温 20.1℃，全年降雨量 1564.0mm，无霜期 362 天。

（2）技术思路

木豆是木质化多年生常绿灌木，生长快，当年可成材，且根系发达，根瘤又能固氮，增加土壤肥力，是一种生态经济型木本粮食植物。核桃耐干旱瘠薄、喜钙质土壤，进行混交可形成复层混交林，能提高森林涵养水源、保持水土的功能。

（3）技术措施

①核桃母树应选择适应性强、丰产、稳产、种仁充实、取仁易、出仁率高和含油率高、生长健壮、20 年生以上的优良单株；可选择冷水浸种、冷浸日晒、冷浸湿沙催芽、石灰水浸种等方法处理种子，提高出苗率，1 年生苗高达 60 ~ 80cm 可出圃定植；采用穴状整地或鱼鳞坑整地，有条件可施基肥（有机肥或复合肥）；于 12 月至次年 3 月用 1 年生裸根苗造林，用地膜或枯枝落叶覆盖，密度为 50 株 / 亩；造林后 3 ~ 5 年，每年穴状抚育 1 次（50cm × 50cm）。

②木豆采用种子直播，每穴 3 ~ 4 粒，混种在核桃行间空地上，每亩依据基岩裸露程度用种 0.2 ~ 0.6kg；3 ~ 4 月播种，播种前先浸种 1 夜，发芽后，每穴保留 2 株；当核桃生长受到影响时，应对木豆进行适当刈割；当核桃树封林后，木豆要连根铲除。

（4）效益评价

核桃根系发达，枝繁叶茂，是良好的水土保持树种，同时核桃造林后第5、6年开始挂果，第 8 年进入盛果期，平均产量 120kg/ 亩，按 7 元 /kg 计，平均产值 840 元 / 亩；木豆是木质化多年生常绿灌木，前 3 年适当种植木豆，生长快，根系发达，能固定土壤，保持水土，另外根瘤能固氮，有利增加土壤肥力，另外叶可做绿肥或饲料，木豆籽是一种很好的粮食。两者进行混交，早期可加速地表覆盖，相互促进，具有显著的生态效益和经济效益。

（5）模式推广范围

该模式适宜在南、北盘江河谷地带石漠化土地上推广。

四、新银合欢＋余甘子——四川宁南县新银合欢＋余甘子人工造林治理模式

（1）自然条件概况

模式区位于四川省宁南县东南部的大同乡，为金沙江干热河谷典型区域，属亚热带季风气候，旱、雨季分明，年均降雨量不足900mm，年均蒸发量大于1600mm，区域内海拔高差大，海拔处于680～2250m，气候垂直递变规律明显。岩溶地貌典型，石灰岩遍布，基岩裸露率高，水土流失严重，石漠化比重高。土壤主要为红褐土、山原红壤。主要地带植被为干热河谷稀树草原带，群落结构简单，土层较薄，干旱缺水，造林树种选择面窄，成为生态治理的难点。

（2）治理思路

根据模式区自然生态环境，以人工造林为核心，“造、封、管”多措并举，尽快提高林草覆盖度，遏制水土流失和石漠化。

（3）主要技术措施

①树种选择：选择耐干旱、耐瘠薄、根系发达、萌芽能力强、生长快、具有一定经济效益的新银合欢、余甘子等树种造林。新银合欢为2年生播种苗，截干后35～40cm，地径0.7cm以上；余甘子采用营养袋百日苗。

②林地清理：为保护原生植被，避免形成新的水土流失，采用块状清理，割除杂灌，规格1m×1m。

③整地：穴状整地，规格50cm×50cm×40cm，“品”字形排列，时间为造林前1～2个月。

④造林方法：栽植时先表土回填，后心土盖面，打细土、踩紧、踏实，深浅适度，覆土位置超过原根径约1cm左右。造林时间在降水集中的7月份，选择阴雨天或下雨前进行造林。

⑤栽植密度：株行距2m×2m，造林密度167株/亩，新银合欢、余甘子按1：1混交配置。

⑥幼林抚育：加强造林地管护，严禁牲畜践踏和人为破坏。在第2年夏季进行松土、除草、施肥等幼林抚育，施肥使用尿素，施肥量1.5kg/亩，同时对死苗空穴进行及时补植。

（4）模式成效

该模式实施后，项目区净增森林面积148.67hm^2，林草覆盖率提高了16个百分点，

水土流失得到明显治理，土地石漠化得到有效控制；5年后余甘子挂果，余甘子产量250kg/亩，收入达250元/亩；10年后进入盛果期，余甘子产量1000kg/亩，收入达1000元/亩；新银合欢10年后每3年截干1次，可产薪材4T/亩，收入达1200元/亩，群众生产生活显著改善，生活水平明显提高。

（5）适宜推广区域

该模式适宜在金沙江干热河谷地区推广。

五、旱冬瓜＋车桑子——云南易门县大阱流域旱冬瓜＋车桑子混交林治理模式

（1）自然条件概况

大阱流域位于云南省易门县龙泉镇，地处易门县中部，地貌多为中山山地，沟谷错落，相对高差大，石漠化土地分布广，各程度石漠化交错分布，土壤多为山地红壤，地表植被稀少，水土流失严重。属亚热带气候，年均降水量800mm，年均气温16.8℃。

（2）治理思路

以影响生态环境的石漠化土地为治理重点，选择适应岩溶环境、速生的旱冬瓜与车桑子树种，对潜在石漠化和轻度石漠化土地实行“造、管”并举，不断扩大森林植被面积，遏制水土流失和石漠化扩展，实现生态、经济、社会效益统一协调发展。

（3）主要技术措施

①树种选择：选择适应性强、根系发达、水土保持功能好、具有一定经济效益的旱冬瓜为主要树种，同时混交一定比例的车桑子。

②整地：穴状整地，旱冬瓜整地规格40cm×40cm×40cm，车桑子整地规格20cm×20cm×10cm，“品”字形排列，整地时间为冬、春季造林前1-3个月。

③苗木：旱冬瓜苗木为容器苗，地径大于0.15cm，苗高25cm至40cm为宜。

④栽植：块状不规则混交。旱冬瓜植苗造林，栽植时清除穴内杂物、打碎土块、回填表土、扶正苗木、压紧踏实、稍覆松土，覆土至苗木根际以上3～5cm，要求做到根舒、苗正、深浅适宜。车桑子采用雨季直播造林。

⑤抚育管理：从造林当年开始，连续抚育2年，每年1次，以小块状松土除草为主，抚育规格1m×1m，尽量保留株行距间的灌木、草本，避免因抚育不当而造成新的水土流失。防护林前2年追肥2次，每次施复合肥不少于10kg/亩。同时将新造林地块纳入封山育林范围，严防人牲破坏。

⑥配套措施：稳步推进坡改梯工程，加大水资源利用配套工程建设，合理修建防火公路，改善当地生产生活条件。积极开展节能宣传，在项目区整合其它项目资金，发展沼气池，推广节柴灶与其它替代能源，减轻居民生活能源对岩溶植被的压力。

（4）模式成效

项目实施后，新增森林面积近 2 万亩，建成小坝塘 4 座、拦砂坝 2 座、引水沟 4 个、小水池 2 个和坡改梯面积 3400 亩，保护耕地 1000 亩，项目区林草植被增加迅速，有效地遏制水土流失，极大改善了当地农业生产基础设施与生态景观，促进了生态旅游发展，增加当地群众的收入。按每年新增游客 3 万人、人均消费 100 元 / 人计，按保护与新增耕地亩均增收按 50 元 / 年计，项目区农民群众年均增收共计 320 万元以上，经济效益显著。通过修建防火公路、林业生产等，解决农村劳动力就业，加快了新农村建设步伐，促进了社会的稳定。

（5）适宜推广区域

本模式适宜在滇中乃至云南大部分区潜在石漠化和轻度石漠化山地、重要水源涵养林地推广。

第三节　灌木与草本植物配置

一、车桑子＋金银花——贵州干热河谷车桑子、金银花林药治理模式

（1）自然条件概况

模式区位于贵州省兴义市北盘江河谷海拔600m以下地段，年均温18℃左右，年均降水量800mm左右，生长期270天以上，属典型的干热河谷气候。石漠化土地分布集中，成土母岩多为纯灰岩，以石灰土为主，基岩裸露率高，土被破碎。

（2）治理思路

针对该地段的生态环境恶劣，造林非常困难的实际，以先绿化后提高为指导思想，通过选择耐干旱瘠薄的车桑子、金银花，增加地表盖度，逐步改变小生境，同时可为农户解决薪材，依托药材实现农民增收。

（3）主要技术措施

①不炼山，采取鱼鳞坑整地，外围筑保护埂；

②车桑子采取在雨季开始前半个月进行点播造林，随整地随点播，每亩用种量0.3kg；

③金银花采用扦插苗，并用生根粉等生根药剂处理，并用树枝引导金银花扩展；

④造林后要加强管理和抚育，特别是金银花要合理施肥。

（4）模式成效

本模式对干热河谷地区立地条件较差的石漠化土地进行治理成效明显，能较快覆盖地表，且金银花从种植第3年开始可为群众带来一定的经济收入。

（5）适宜推广区域

本模式适宜在车桑子、金银花适生的干热河谷区域推广。

第四节　灌木与藤本植物配置

一、金银花灌藤——湖南隆回县金银花灌藤生态治理模式

（1）自然条件概况

模式区位于湖南省隆回县北部高海拔山区，涉及小沙江、虎形山、麻塘山、大水田、金石桥、司门前、白马山、望云山、大东山等乡（镇、场）。成土母岩为石灰岩、白云岩等碳酸岩类，基岩裸露较高，石漠化以中度、重度石漠化为主，生态环境极为恶劣；土壤为红壤或石灰土，土层瘠薄。属中亚热带季风湿润气候，年均气温 14.1℃，最冷月均气温 0.8℃，最热月均气温 25.6℃，年均降雨量 1622.9 小时，年日照时数 1196.2 小时。

（2）治理思路

金银花属藤本植物，除能绿化和减少水土流失外，金银花还是一种中药材，市场前景良好，与灌木树种混交，能充分利用光热条件，快速实现地表覆盖，具有较好的生态效益，还兼顾到经济与社会效益。结合当地产业结构调整，可发展成优势产业。

（3）主要技术措施

①树种选择：金银花选择有花质优、花蕾齐、产量高、抗病性强的灰毛毡忍冬、红腺忍冬、忍冬和山银花等优良品种或种源。灌木树种选择岩溶山地适生性强的车桑子、紫穗槐等。

②种植技术：金银花密度 50 株 / 亩左右，紫穗槐（车桑子）密度 100 株 / 亩，按土被分布情况配置植株，形成金银花与车桑子、紫穗槐的乔灌混交林；整地时尽量保留原有植被，采用鱼鳞坑整地或反坡梯整地，种植穴的两侧设引水沟或集水面，贮蓄水资源；造林后第 2 年可进行穴状抚育，实行封禁，加快植被修复。

③后期管护：对金银花与灌木树种植株进行合理剪枝与采伐，改善通风采光条件；规范采花时间；开展测土施肥，合理调控氮、磷、钾含量，推广农家肥与化肥相结合；同时定期开展松土、除草，改善土壤结构。

（4）模式效益

本模式具有郁闭快，水保功能强、生态功能稳定的特点，另外金银花是中药材，可增加农民收入，有利于农村的产业结构调整；灌木树种萌芽能力强，能解决农村薪材短缺问题。

（5）适宜推广区域

本模式适宜在湖南、贵州等高海拔地区石漠化土地中推广应用。

二、任豆＋吊丝竹——广西百色市岩溶山地任豆与吊丝竹混交治理模式

（1）自然条件概况

模式区位于广西百色市境内，年均气温在22℃左右，年均降水量1100 ～ 1600mm，最热月平均气温28℃左右，最冷月平均气温12℃左右，绝对低温-4℃，岩溶山地的中、下部土层深厚的轻度、中度石漠化宜林地、无立木林地及旱地。

（2）技术思路

任豆树是落叶高大乔木，耐干旱瘠薄，生长迅速，根系穿透力强，萌芽更新能力强，是石漠化地区速生优良树种。吊丝竹是石灰岩地区造林绿化最好的竹类品种之一，为丛生竹，适合土窝生长。充分利用本地的水热条件，通过“见缝插针”的办法种植任豆和吊丝竹，形成混交林，加速岩溶山地植被恢复。

（3）主要技术措施

①造林树种配置：在保护好现有灌丛植被的前提下，适当调控灌丛密度和林草覆盖度。合理配置任豆和吊丝竹，营造混交林，造林密度任豆60 ～ 80株/亩；吊丝竹30 ～ 40株/亩。

②种苗：任豆采用一年生裸根大苗或容器苗，吊丝竹采用一年生苗或埋杆造林。整地：整地时主要考虑基岩裸露和植被状况，株行距不作统一要求。以局部整地（穴状）为主，整地规格为任豆40cm×40cm×30cm，吊丝竹为50cm×50cm×40cm，于造林前一个月完成整地。

③造林：栽植时汇集表土于穴内，深度超过苗木原土印3 ～ 4cm为宜，分层踏实，再覆细土，用杂草或枯枝落叶覆盖保湿保墒。

④幼林抚育：造林后连续抚育3年，每年2次，分别于5 ～ 6月、9 ～ 10月进行，主要包括松土、扩穴、施肥等。竹子3年后开始择伐，任豆5 ～ 6年后修枝间伐，以促进形成结构良好的混交林。

（4）模式效益

任豆是石漠化速生的珍贵用材、薪材和饲料林树种；吊丝竹是石灰岩地区石漠化土地治理的理想竹类，成材快，经济效益好。本模式除能加速石漠化土地治理和改善生态环境外，还能加快群众脱贫致富，具有较好的生态、社会和经济效益。

（5）可适宜范围

该模式适宜在南亚热带岩溶洼地区域推广。

第五节　多物种植物配置

一、马尾松 + 枫香——湖南慈利夜叉泉流域马尾松 + 枫香混交治理模式

（1）自然条件概况

项目区位于慈利县中部零阳镇夜叉泉流域，属澧水一级小支流，国土面积 34500 亩。属亚热带湿润季风气候区，年降水量 1390.5mm，年均蒸发量 1410.7mm。海拔在 90 ～ 1050m，成土母岩为石灰岩，土壤为石灰土。基岩裸露程度大，石漠化现象严重，植被群落结构简单，森林覆盖率低。

（2）治理思路

根据石漠化土地特性，选择马尾松、枫香 2 种对土壤要求不严，能相互促进，形成针阔混交林，实现地表较早覆盖，形成相对稳定的岩溶生态系统。

（3）主要技术措施

①造林地选择：选择灌丛地或宜林荒山荒地造林。

②树种选择：坚持因地制宜、适地适树的原则，大力营造混交林，生态林以马尾松、枫香为主。

③整地：林地清理方式为带状清理或全面清理。在坡度为 25 度以上的造林地采取带状清理方式，即沿等高线方向带状割灌，带宽 5m，带间距 1m；在坡度小于 25° 的地方，可以采取全面清理造林地的方式。由于项目区造林地植被盖度小，基岩裸露度大，清理时应尽量保留原有乔木和灌木，禁止炼山。整地采用穴垦并要求表土还穴，品字形配置。穴坑规格：40cm × 40cm × 40cm，整地时间为冬季，即造林前 1 ～ 2 个月。

④苗木：马尾松全部采用容器苗，造林苗木全部采用 Ⅰ 、Ⅱ 级苗，其中 Ⅰ 级苗必须达到 85% 以上，严禁用不合格苗木造林。枫香苗采用裸根苗，并推广使用 GGR6 号植物生长调节剂浸根技术。

⑤栽植：设计为混交林，实行针叶树与阔叶树混交的，阔叶树的比例不小于 30%。混交方式因地制宜可以为带状混交、行带状混交、行间混交、块状混交等。初植密度通常为 300 株 / 亩。栽植工作宜在 1 月上旬至 3 月上旬之间。应做到随起随植，造林前将苗木采用 GGR6 号植物生长调节剂浸根处理，打好泥浆，栽植以雨天或阴天为好。采用穴植法植苗造林，栽植时做到苗正、根舒、深栽、压实。

⑥抚育管理：生态林造林后连续抚育 3 年，每年锄抚一次、刀抚一次，共计抚育 6 次，

锄抚在每年的 5 月进行，刀抚在 9 月进行。经济林在造林后的前三年，采用兜抚方式，每年抚育两次，对于坡度较小的、带垦整地的造林地，采用间作矮秆作物的方式，实行以耕代抚。

（4）模式成效

通过 3 年的综合治理，人工造林 4258.5 亩，封山育林 616.5 亩，模式区净增森林面积 4875 亩。通过项目建设，为当地剩余劳动力提供了 10000 余个工日的就业机会，同时通过人工造林和封山管护，增加了森林资源，减少了对植被资源的破坏，有效地遏制了项目区的水土流失，土地石漠化得到控制，生态环境明显改善。

（5）适宜推广区域

本模式适宜在湖南省以石灰岩为主的地区推广。

二、杜仲 + 柏树——湖北咸丰低山河谷杜仲 + 柏树经济型治理模式

（1）自然条件概况

模式区位于湖北省咸丰县低山龙潭河河谷地区，兼有北亚热带季风气候和南温带季风气候特征，沟壑纵横，基岩裸露率高，石漠化地广泛分布，生态环境脆弱。

（2）治理思路

杜仲是一种经济价值较高的中药材，对土壤的要求不太高；柏树耐干旱瘠薄，成活率、保存率高，是治理石漠化土地的先锋树种，两者混交种植具有较强的互补性。

（3）主要技术措施

①整地：不炼山，尽量保持原有林草植被，采取鱼鳞坑整地。

②造林密度：杜仲与柏木按 1:3 的比例混交，在土层深厚的地块种杜仲 40 ～ 60 株 / 亩，柏树交叉种植在杜仲之间，形成复层混交林。一般使用 1 年生营养袋苗造林。

③施肥：杜仲在造林后 3 年内要进行施肥，施肥量为 8 ～ 12kg/ 亩，肥料以复合肥为主，有条件区域可考虑有机肥。

④管护：造林后加强林地管护，避免人畜破坏。

（4）模式效益

柏树密植有利用于尽早郁闭成林，保持水土；种植杜仲可获得可观的经济效益，有利于农村的脱贫致富，本模式的生态、经济效益俱佳。

（5）适宜推广区域

适宜在海拔 500m 以下的低山河谷地段，水热相对充足，基岩裸露率 50% 以下的中度、

重度石漠化地区推广。

三、柏木 + 马尾松 + 枫香——湖南桑植苦竹坪多树种混交治理模式

（1）自然条件概况

模式区位于桑植北部苦竹坪乡，境内山脉连绵，山高谷深。一般海拔 500 ~ 1000m，成土母岩有板页岩、石灰岩，石漠化土地交错分布，生态环境脆弱。年均气温从河谷 17℃向山地递减到 14℃，无霜期由 240 天递减到 200 天左右，年均降雨量 1800mm。

（2）治理思路

石灰岩发育的土壤透水性差，土质粘重，易板结，造林绿化属于“三难地”地段。柏木、枫香、马尾松等树种，耐干旱瘠薄，适应性广，天然更新能力强，在基岩裸露的石缝里都能生长。枫香、马尾松喜光，柏木幼龄耐庇荫，三个树种具有互补性，有利于林木生长和林分稳定。

（3）主要技术措施

- 混交模式：柏木 + 马尾松 + 枫香形成复层多树种混交林。
- 整地：鱼鳞坑或穴状整地。根据岩石分布不规则，裸露程度不一，采用局部鱼鳞坑整地，构成蓄水坑群，以拦蓄雨水，分散径流，减少水土流失。穴状整地规格 40cm × 40cm × 30cm。
- 混交比例及方式：柏木 + 马尾松 + 枫香混交比例为 60 ∶ 25 ∶ 15。初植密度 5250 株 /hm^2（柏木 3150 株 /hm^2，枫香 750 株 /hm^2，马尾松 1350 株 /hm^2）。混交方式为小块状混交。
- 苗木：选用 1 年生合格健壮苗木。尽量使用容器苗。
- 栽植：明穴栽植，造林季节 1 ~ 3 月，栽植做到根舒、苗正、深浅适宜、不窝根。
- 抚育管理：造林后连续抚育 3 年，每年 2 次，锄抚、刀抚相结合。对于成活率低于 85% 的，在第 2 年进行补植。划定责任区，落实管护人员，严防人畜破坏。

（4）模式成效

该模式利用生态学特性和生物学原理，加大了阔叶树混交比例，提高了针叶树改良土壤和抑制病虫害的能力，既有利于保持水土，增强防护功能，又能促进针叶树快速成材，较好地解决了生态与用材的矛盾。

（5）适宜推广区域

本模式适宜在湖南省岩溶地区石漠化地区推广。

四、杜仲 + 柏树——湖北咸丰低山河谷杜仲 + 柏树经济型治理模式

（1）自然条件概况

模式区位于湖北省咸丰县低山龙潭河河谷地区，兼有北亚热带季风气候和南温带季风气候特征，沟壑纵横，基岩裸露率高，石漠化地广泛分布，生态环境脆弱。

（2）治理思路

杜仲是一种经济价值较高的中药材，对土壤的要求不太高；柏树耐干旱瘠薄，成活率、保存率高，是治理石漠化土地的先锋树种，两者混交种植具有较强的互补性。

（3）主要技术措施

①整地：不炼山，尽量保持原有林草植被，采取鱼鳞坑整地。

②造林密度：杜仲与柏木按 1:3 的比例混交，在土层深厚的地块种杜仲 40 ～ 60 株 / 亩，柏树交叉种植在杜仲之间，形成复层混交林。一般使用 1 年生营养袋苗造林。

③施肥：杜仲在造林后 3 年内要进行施肥，施肥量为 8 ～ 12kg/ 亩，肥料以复合肥为主，有条件区域可考虑有机肥。

④管护：造林后加强林地管护，避免人畜破坏。

（4）模式效益

柏树密植有利用于尽早郁闭成林，保持水土；种植杜仲可获得可观的经济效益，有利于农村的脱贫致富，本模式的生态、经济效益俱佳。

（5）适宜推广区域

适宜在海拔 500m 以下的低山河谷地段，水热相对充足，基岩裸露率 50% 以下的中度、重度石漠化地区推广。

五、刺槐、桤木 + 马尾松、杉木——湖北省建始县东龙河流域针阔混交林治理模式

（1）自然条件概况

模式区位于鄂西南山区北部建始县，母岩以出露碳酸盐为主，土壤以棕壤、黄棕壤为主，石漠化多零星分布，水土流失严重。属亚热带山地季风气候，夏季多偏南风，冬季多偏北风，山地垂直差异十分明显，全年日照时数 1269.7 ～ 1509.5 小时，年均气温 7 ～ 17℃，年均降雨量 1200 ～ 2000mm，无霜期 200 ～ 260 天。

（2）治理思路

选择落叶、阔叶树种刺槐、桤木与常绿、针叶树种马尾松、杉木营造混交林。刺槐、桤木适应性强、根系发达，生长迅速，水土保持功能强；马尾松、杉木是深受当地百姓喜爱的乡土用材树种，具有较好的防护功能和较高的经济价值。

（3）主要技术措施

①树种选择：选择岩溶地区乡土刺槐、桤木与马尾松、杉木进行混交，形成针阔混交林。

②整地：块状整地，规格为 25cm × 25cm × 25cm，整地时间为冬季或者春季造林前的 1 ～ 2 个月。

③苗木：采用 1 年生健壮苗木，刺槐、桤木为 1 年生播种苗，马尾松、杉木为 1 年生轻基质网袋容器苗。

④栽植：块状混交。植苗造林选择在冬季或早春苗木萌动发芽前进行，栽植时扶正苗木、做到根舒、苗正、深浅适中。株行距 1.5m × 1.5m，每亩株数 296 株，针阔混交比例为 1 : 1，适当密植，以达到遮荫保湿，尽快郁闭成林的目的。

⑤抚育管理：从造林当年开始，连续抚育 3 年，每年 7 ～ 9 月进行窝抚 1 ～ 2 次，保留造林地块的乔灌木树种，避免因抚育造成新的水土流失。对成活率低于 85% 的地块，在冬春造林季节选用 1 ～ 2 年健壮苗木进行补植。安排专职管护员对造林地块进行管护，确保造林成效。

（4）模式成效

通过 3 年治理，新增人工造林面积 13645 亩，封山育林 44133 亩，治理区内森林覆盖率大幅度提高，水土流失明显减少，土地石漠化得到了有效控制，生态环境得以明显改善，当地群众的生产、生活条件有了较大的提高。

（5）适宜推广区域

本模式适宜在鄂西南中、低海拔山区喀斯特地貌发育的地区推广。

六、毛竹混交林——湖北赤壁市陆水林场竹类生态经济型治理模式

（1）自然条件概况

模式区位于幕阜山北麓的赤壁市陆水林场，地处赤壁市城郊，坐落在陆水湖畔，是赤壁市林业局的二级单位，全场总面积 800hm^2，该区域山势较陡，坡度多在 30° 以上，成土母岩为石灰岩，石漠化和潜在石漠化面积 546.7hm^2，占国土面积的 68.3%，土层厚

度一般在 10 ～ 30cm，十分浅薄，具有赤壁市典型的石漠化土地特征。

（2）治理思路

采取先易后难、先急后缓，合理布局，综合治理，封山育林和人工造林相结合，以发展毛竹混交林为主体，统筹考虑区域内的林种结构，加大区域内水、电、路等基础设施建设，有效提高森林生态功能，最大限度控制水土流失，遏制“石漠化”扩大蔓延。毛竹混交林主要有竹和枫香、竹和松、竹和楮树等混交模式。

（3）主要技术措施

①林业方面措施：人工造林和封山育林相结合，土层相对浅薄、地势较陡超过 25°以上的山体，实行封山育林，定向培育目的树种如楮树、马尾松等；山体中部分地段土层较厚，相对坡度较缓的地段，采用穴状整地的方式栽植母竹，一般种植密度为 450 株 / 公顷左右；山体较陡峭、有部分土层较厚的地方，采用点状栽植母竹或枫香、马尾松、楮树等。总之根据不同地势和土壤，采用合理的混交模式，一般采用块状混交。枫香、马尾松、楮树是本地乡土树种，适应性较强，毛竹具有较高的经济价值，通过毛竹扩鞭等方式最后形成毛竹与阔叶树种，毛竹与马尾松的混交林。

②其他配套措施：为改善岩溶区群众生产、生活基本条件，水利、交通、通讯、电力等部门陆续对陆水林场基础设施进行了改造，主要有新修水泥硬化公路 15 公理，实施了安全饮水工程，对少数居民实施了生态移民工程等配套措施。

（4）模式成效

通过多年以营造毛竹混交林为主的综合石漠化治理，有效地改变了原来山体荒芜，杂灌木丛生，林农收入极低的穷山恶水面貌。现在，毛竹大多进入受益期，现有成林竹 346.7hm^2，原竹收入达到 7500 元 /hm^2 以上，加上毛竹加工业的发展壮大，林农能够安居乐业，家庭收入基本上达到了小康水平，而且社会效益和生态效益十分明显。

（5）适宜推广区域

本模式适宜在鄂东南石漠化区域推广。

七、乔木、灌木、藤木结合——湖北鄂西南石漠化坡地林业生态治理模式

（1）自然条件概况

模式区位于鄂西山地恩施市境内，属碳酸盐石质山地。由于森林过量采伐，植被破坏，坡地遭受严重土壤侵蚀，土壤流失剧烈，肥力急剧减退，基岩裸露，形成轻中度漠化坡耕地。

（2）治理思路

土壤瘠薄地带以封育为主，土层稍厚的地区进行人工造林。在土层小于 30cm 或坡度大于 45° 的地带，以封山育林为主，保护与恢复包括乔木、灌木、藤木以及草本植物在内的天然植被，禁止林地内的一切人畜活动，保证植被的恢复与正常生长；在适宜人工造林的地块进行人工补植、补播，增加单位面积树种和密度，加快植被修复进程。

（3）主要技术措施

①造林树种：选择岩溶地区适生的刺槐、柏树、杜仲、刺楸、黄连木等乔木树种，同时配置馒头果、牡荆、胡枝子等灌木树种，在基岩裸露率高、土层极薄、植被稀少地带配置豆科或禾本科草种，实现逐级恢复目标。

②营造林方式：在具备人工造林条件的地带实施植苗或直播造林。纯林密度按株行距刺槐为 2.0m × 3.0m；柏树为 1.5m × 2.0m；杜仲为 2.0m × 2.0m；刺楸为 2.0m × 3.0m；黄连木为 3.0m × 3.0m。混交林密度以不低于混交树种纯林初植密度之和的一半为宜。以穴状整地为且，整地规格依土被实际而定。

③管理：造林后连续抚育 3 年，防止人畜破坏。

（4）模式效益

本模式通过封山育林、植树造林，减少水土流失，逐步林草恢复植被，生态效益突出。

（5）适宜推广区域

本模式适宜在鄂西南山地、长江中上游山地同类型地区推广应用。

八、桤木与柏木、刺槐等混交林——湖南湘西北低山、丘陵区水土保持林建设模式

（1）自然条件概况

模式区位于湖南湘西北低山、丘陵岩溶区，年均降水量 900 ～ 1400mm，成土母岩以石灰岩为主，土层厚度通常低于 40cm，天然植被稀疏，树种单一，林分质量罗差，石漠化土地面积大，生态功能低下。该区域人口密度大，且以土家族、苗族等少数民族为主。

（2）治理思路

桤木是从四川省、重庆市引进的外来树种，对土壤要求不严，耐旱干燥贫瘠，酸碱度适应范围广，生长快，改良土壤能力强。大力发展桤木，营造桤木与柏木、刺槐等混交林，可促进树种、林种结构调整，提高森林涵养水源、保持水土的能力，建立起稳定的森林生态体系。

（3）主要技术措施

①整地：整地时间为 8 ～ 9 月份。坡度 25° 以下的石漠化荒山、荒地和坡耕地，采用带状整地，带宽 0.8 ～ 1.0m，深度 20 ～ 25cm；坡度 25° 以上未利用地、宜林地，采用穴垦整地，种植穴规格为 60cm × 60cm × 50cm，表土回填为龟背形。

②栽植：造林时间为当年 12 月至翌年 2 月中旬。在土层较深厚、肥沃的地段营造薪炭林时，密度 400 ～ 500 株 / 亩；营造用材林，每亩 110 ～ 220 株。栽植时选择阴雨或细雨天，当天起苗，当天栽植，未植完苗木应于隐蔽处存放或假植。苗木选择生长健壮，无病虫害，无机械损伤，根系完好的 1 ～ 2 年生实生苗，苗高 80 ～ 100cm，地径 0.8 ～ 1.0cm，要求栽实、踏紧、根舒、苗正。在当风的山脊、山洼、风口要适当深栽；土壤贫瘠的“三难地”应适当带土移栽，以提高成活率。

③营造混交林：在基岩裸露、土层瘠薄的“三难地”上造林时，可选择桤木与柏木、刺槐实行小块状或行间混交，以形成复层林冠，桤木给柏木蔽阴，且根系具有根瘤，可以提高土壤肥力，促进柏木生长。桤木与柏木混交，行间距 2.5m，每亩 180 ～ 200 株；桤木与刺槐混交，行间距 2.0m，种植密度 150 ～ 180 株 / 亩。桤木作为伴生树种，8 ～ 12 年便可采伐用作坑木或造纸材。

④抚育管理：桤木造林后头 3 年应加强抚育，每年夏、秋各抚育 1 次，即每年 4 月初至 5 月中旬进行第 1 次抚育，培兜，扩穴、松土，将树四周杂草铲除培兜，有条件的施复合肥或磷肥 0.25kg/ 穴；第 2 次抚育时间在 9 ～ 10 月份，主要是清除杂草。桤木薪炭林，栽植密度一般较大，可采用平茬方法，使其大量萌芽，增加薪材产量。

（4）模式成效

本模式技术简单，容易操作，能尽快恢复植被，达到较好的绿化效果，并能解决群众的烧柴等问题，同时能促进林种、树种结构的调整，还具有较高的生态效益。花垣县林业科学研究所的调查资料表明，19 年生桤木林的最大株胸径为 35.4cm，树高 28.5m；11 年生桤木的平均胸径为 14cm，高 9.5m，完全适合岩溶生态环境。

（5）适宜推广区域

该模式适宜在湘西北低海拔山坡、山谷推广应用，但忌风大、有雪害的地段栽植。

九、木瓜、花椒、核桃、油茶——湖南桑植溇水流域生态经济型治理模式

（1）自然条件概况

模式区位于桑植县官地坪镇、汩湖乡境内的澧水流域一级支流——溇水河沿线，以

中低山地貌为主，海拔 500 ~ 800m，成土母岩以石灰岩为主，土被不连续，局部土层深厚，自然条件具有垂直差异的特点，为林业发展提供了分层布局的条件。

（2）治理思路

在实现生态主体目标前提下，将生态建设和林业产业建设同步推进，精心筛选市场前景好，综合价值较高的兼用树种和乡土树种造林，遵循“生态林木经济效益化、经济林木生态产业化”的发展思路，实现石漠化治理的生态、经济效益双赢局面。

（3）主要技术措施

①造林地选择：选择在山体中下部低洼地，局部土层深厚，石漠化零星分布的地段。

②树种选择：选择适应性强，固土能力强，水土保持功能好，根系较发达，收益早，用途广的木瓜、花椒、核桃、油茶等树种。

③整地：营建好生物埂，采用带状大穴整地。整地规格为 60cm × 60cm × 50cm 或 80cm × 80cm × 60cm。

④栽植密度：木瓜采用宽行窄株，株行距为 1.5m × 4m，1665 株 /hm^2；油茶、花椒株行距为 2.5m × 3m，1333 株 /hm^2；核桃株行距为 3m × 3m，111 株 /hm^2。

⑤造林：以营养袋苗造林，种植前撕掉营养袋，栽植做到根舒、苗正、深浅适宜、不窝根。

⑥抚育管理：栽植 3 年内，在保持水土的提前下，宜间种花生、黄豆等矮杆作物，以耕代抚。3 年以后加强松土除草、中耕浅锄、施肥、修剪整形、病虫防治等抚育管理。

（4）模式成效

该模式既能保持水土，又能使农户在 5 ~ 8 年内获得一定的经济收益，实现生态林木经济化，经济林木生态化，集经济效益、生态效益、社会效益于一体，深受广大农户欢迎。模式区内的水土流失得到有效控制，土地石漠化得到遏制，生态环境得到明显改善。

（5）适宜推广区域

该模式适宜在湖南湘西北海拔 800m 以下，土壤较深厚肥沃，交通便利，雨量丰富，光热条件好的石漠化区域推广。

二、柏木 + 龙须草——重庆巫山峡谷林草复合治理模式

（1）自然条件概况

模式区位于重庆市巫山县，属以白云岩为母岩的峡谷石漠化区，岩溶发育不充分，区域岩石裸露度较高，以石砾为主，土层浅薄，土壤石砾含量高，保水能力差。现有植

被主要为次生灌木、杂草，乔木栽植成活率极低，生态环境脆弱。

（2）治理思路

选择岩溶地区适生的柏木与龙须草，加大柏木造林密度，尽早实现地表覆盖；龙须草收割可用于编制或做造纸原料，早期有一定的经济收益，能较好兼顾生态建设与经济发展。

（3）主要技术措施

柏木：选用 1 ～ 2 年生容器苗，雨季栽植；穴状整地，因地制宜挖穴，规格依土被灵活确定，就地取石垒彻种植穴坎，适当客土；加大初始造林密度，按 300 ～ 500 株 / 亩控制，基本实现“三年不见树，三、五年后绿满坡”，基本实现治理目标。

龙须草：采用苗圃播种育苗，取小苗于雨季栽植，只要有土的地块全面栽植，按 20 ～ 30cm 控制株行距；龙须草夏季收割，春季适当施肥松土与除草。

（4）模式成效

该模式能在 5 年基本实现郁闭成林，达到控制水土流失与石漠化扩展，生态效益显著；同时龙须草前 5 年每年可收割一次，有一定的经济收益，深受群众喜爱。

（5）适宜推广范围

该模式适宜在成土母岩为白云质灰岩的石漠化区域推广。

十一、核桃、桑和油桐——重庆黔江区生态经济林治理模式

（1）自然条件概况

模式区位于重庆市东南边缘的黔江区，属武陵山腹地，境内岩溶地貌发育，碳酸盐岩出露面积占土地总面积的 97.86%，呈现溶洼 - 丘峰的侵蚀溶蚀亚热带裸露岩溶景观，以岩溶洼地、漏斗及岩溶丘陵、低中山为特征，形成石旮旯土、鸡窝土、碗碗土，局部土层较深厚。

（2）治理思路

选择岩溶地区适生的核桃、桑和油桐 3 种经济树种，实现尽早郁闭成林，加速石漠化土地林草植被的恢复。桑树用途多，水保功能强，既可养蚕，又可做饲料，桑枝可作菌饵，也可作薪材或生物质加工；油桐是良好的工业原料林；核桃是优良木本油料林，经济效益高，三者混交能实现生态与经济效益的有机统一。

（3）主要技术措施

①核桃选用 8518、香玲、漾濞、辽核系列、新疆薄壳、中农短枝等优质品种。

②油桐选用重庆本地 3 年桐、小米桐。

③采取“见缝插针”，在土层深厚地段进行穴状整地，整地规格依土被而定。

④核桃、油桐均作矮冠培育，带状混交或块状混交，下层种植桑树。核桃采用嫁接苗造林，初植密度为 40 ~ 70 株 / 亩；油桐采用点播或容器苗造林，初植密度 70 ~ 110 株 / 亩；桑树采用截干扦插造林，依据核桃、油桐种植情况，在空隙地块进行种植。

⑤加强水肥管理，实现精细化培育。每年抚育不低于 2 次，分别是 5 ~ 6 月与 9 ~ 10 月，抚育包括松土、除草与施肥等。

（4）模式成效

该模式 3 年内实现郁闭成林，形成乔灌混交林，充分利用了水热条件，水土流失得到控制，石漠化治理初步显现成效；特别是当年种植后，桑树可采叶开展蚕养殖，实现当年投资即可受益；核桃、油桐等挂果后经济效益更佳。

（5）适宜推广范围

本模式适宜在岩溶地貌发育的石漠化区域推广。

十二、生态经济多物种——四川省华蓥市天池镇石漠化综合治理模式

（1）自然条件概况

华蓥市天池镇位于华蓥山脉中段西缘天池湖流域，土地面积 3896.7hm^2；属四川盆地亚热带湿润季风气候区，气候温和，雨量充沛，四季分明，年均气温 16.9℃，年均降水 1282mm，有效积温 5315℃，无霜期 280 天，年均日照 1240 小时；治理区内土壤多为冷沙黄泥和矿子黄泥，土壤呈微酸性，适宜多种植物生长，但土层瘠薄，保水、保肥能力较差，石漠化严重，多为石旮旯地。

（2）治理思路

以改善治理区人民生产生活条件为出发点和落脚点，坚持治理与旅游开发相结合，与增加林草植被、改善生态环境与提高农户收入相结合，建立区域、类型两优化，生态、经济效益两提高的治理模式，提高治理效果；通过加强人工造林、封山育林、增加植被覆盖度，遏制水土流失，同时抓好蓄、引、排、灌等基础设施建设，提高治理区人民的生产生活水平，实现生态、经济、社会效益统一协调发展。

（3）主要技术措施

①树种选择

在土层瘠薄的荒坡，选择耐旱树种造林，主要种植窄冠刺槐、黄花槐等；对土层较

深厚的地段主要种植优质桃、李、核桃等特色经果林，在环天池湖公路以外发展优质李，环天池湖公路以内及沈家梁子发展优质桃，峨风庵发展优质核桃；在天池湖周及湖心月亮岛、沈家梁子周围的洪水水位线以上10m宽范围营建香樟、垂柳防护林带。

②栽植密度

各树种栽植密度见下表。

选择树种造林设计表　单位：m、株/hm²、cm

造林树种	株行距	造林密度	整地规格	造林方法/时间	苗木类型/规格
优质桃	3×3	1110	穴状/60×60×60	人工植苗2-3月	嫁接苗/Ⅰ级
优质李	3×3	1110	穴状/60×60×60	人工植苗2-3月	嫁接苗/Ⅰ级
早实核桃	4×5	500	穴状/100×100×80	人工植苗2-3月	嫁接苗/Ⅰ级
香樟	3×3	1110	穴状/80×80×80	人工植苗2-3月	米径4-6cm带土大苗
刺槐	2×2	2500	穴状/40×40×40	人工植苗/2-3月	裸根苗/Ⅰ级
垂柳	3×3	1110	穴状/80×80×80	人工植苗/雨季	米径4-6cm带土大苗
黄花槐	2×3	2500	穴状/40×40×40	人工植苗2-3月	裸根苗/Ⅰ级

③整地

根据造林地现状，主要穴状整地。整地时应尽可能地保留造林地上的原有植被。

④植苗造林

裸根苗造林为主。栽植时要保持苗木立直，栽植深度适宜，苗木根系伸展充分，填土一半后提苗踩实，再填土踩实，最后覆上虚土有利于排水、蓄水保墒。造林时间选在2-3月或9-10月。

⑤抚育管理

● 幼林抚育：新造林连续抚育3年以上直至郁闭成林；主要包括除草、松土、培土、正苗等；每年抚育2次，第1次在5～6月，对幼苗进行窝抚，主要是松土施肥，铲除幼苗周围80～100cm范围内的杂草；第2次幼抚一般在8～9月进行砍抚，砍除幼苗地内的杂草、杂灌。

● 施肥：经济林施用基肥采用充分腐熟的有机肥；基肥要一次施足，在栽植前结合整地施于穴底，施肥时应当与土搅拌均匀，并回填盖2～3cm土壤，栽植时苗木根系不能与肥料接触，防止肥料烧苗；追肥根据根系分布特点，将肥料施在根系分布层内稍深、稍远处，诱导根系向深度、广度生长，形成强大根系，增强树体抗逆性。

● 灌溉：灌溉的时间、次数、数量和方法，根据治理区气候条件、土壤水分状况及林木生长发育情况而定。

● 护林防火：落实人员，加强巡山护林，防止人畜践踏和森林火灾发生。

● 林业有害生物防治：加强监测预警，发生林业有害生物危害时，按林业有害生物防治相关技术标准进行除治。

⑥配套措施

实施封山育林，建设羊、牛圈舍，实施林下种草，减少草食牲畜对林草植被的破坏，修建蓄水池、沉沙池、截水沟、灌（排）渠、生产道路等小型水利水保工程，减少水土流失，提高土地生产力。

（4）模式成效

通过3年综合治理，完成岩溶地区治理面积3335.2hm^2，治理石漠化土地3383.2hm^2，有效遏止513.5hm^{2}潜在石漠化土地的扩展趋势。新增林地面积275.47hm^2，预计提高森林覆盖率19.94个百分点。此外，开展林下种草面积30hm^2，增强了林草植被的生态防护功能，促进生态环境的尽快改善；治理水土流失面积776.87hm^2，每年可减少土壤侵蚀11231吨，增加蓄水能力12.69万m^3；每年可固定二氧化碳11.71万吨，释放氧气9.4万吨；每年可吸收二氧化硫932.4吨。各项工程治理措施全部发挥效益后，每年增加林果产值246.88万元，实现种草圈养后，养羊数量增加800只以上，新增产值48万元；项目建设将带动天池湖生态旅游业和相关服务业（餐饮、住宿等）发展，据华蓥市旅游局预测，每年将多吸引5万游客，按人均消费200元/天计，每年将增收入1000万元。同时，增加农村劳动力就业机会，有利于社会和谐安定；

（5）适宜推广区域

本模式适宜在华蓥山脉岩溶地区推广。

十三、乔灌草混交——贵州黔东白云质砂石山乔灌草结合型治理模式

（1）自然条件概况

模式区位于贵州黔东南州凯里市，为白云质沙石山地，立地条件差，土壤极为瘠薄，土壤石砾含量高，蓄水保土功能差，生境严酷，宜林程度低，适生树种少。属中亚热带湿润季风气候，年均气温16.1℃，年均日照1289小时，年均降水量1243mm，无霜期282天。

（2）治理思路

白云质石漠化土地具有土层极薄，造林选用耐干旱瘠薄、喜钙质、成活容易的乔灌木树种，进行适当密植，并可撒播部分龙须草种籽，实施封山育林，尽快实现地表覆盖，改善区域生态环境，防止水土流失。

（3）主要技术措施

①树种及其配置：选择滇柏、柏木、侧柏、藏柏等喜钙柏类树种，以及车桑子、龙须草等乔灌草混交造林，乔木株行距 1.5m × 2.0m，灌木或草木植物株行距 0.5m × 0.5m。

②种苗：本着就地育苗、就近造林的原则，在春季培育容器苗。滇柏、藏柏容器苗 30cm 高时即可出圃造林。

③整地造林：冬季或雨季人工穴状整地，挖穴规格 30cm × 30cm × 25cm，以满足树木种植为宜；整地时不准炼山，尽可能保护好现有灌草植被。随整地随栽植，用 1 年生容器苗密植，并适当深栽，初植密度为 296 ～ 440 株 / 亩。车桑子采取点播的方式造林，每亩用种量 0.3 ～ 0.5kg。

④配套措施：造林后全面封禁 5 年以上。封禁期不准割草，不准放牧，不准火烧山，不准开山挖沙取石等。同时，要注意病虫害防治。侧柏毒蛾，可在 4 ～ 5 月份用除虫菊酯进行防治。

（4）模式成效

实践证明，乔、灌、草结合治理白云质沙石山地是成功的，可以尽快改善生态环境，恢复植被，增加森林景观，获取较好的生态效益和社会效益。

（5）适宜推广区域

本模式适宜在黔西南和黔东南的白云质砂石山地推广应用。

十四、任豆树与山葡萄（乔藤型）造林模式

①适宜条件：岩石裸露 50% 以下的坡下位，坡度较平缓，土层较深厚的中度、轻度石漠化土地与潜在石漠化土地。

②技术思路：山葡萄是水土保持优良木质藤本植物，果实是配制葡萄酒原料，有较好的市场前景。在坡度平缓、土层较深处种植山葡萄，有利于采收葡萄。同时间种任豆树，可提高土地利用率和生态效能。

③技术措施：土壤较浅的石穴种植任豆树，土层较深处种植山葡萄。任豆树 50 ～ 67 株 / 亩，山葡萄 10 ～ 17 丛 / 亩。任豆树采用 1 年生裸根苗，山葡萄用 1 年生扦插苗。局部穴状整地，栽植穴 40cm × 40cm × 30cm。山葡萄每穴施复合肥 0.6 ～ 0.8kg 做基肥。

④效益评价：山葡萄、任豆树均具有较好的水土保持作用，而山葡萄每年能收获葡萄，经济效益良好。

十五、任豆树与银合欢混交造林模式

①适宜范围：岩溶石山中、下部，局部有土穴、土坑的石漠化土地均可。

②技术思路：2 个树种树叶均可作为动物饲料，银合欢叶子蛋白质含量较高，根瘤又可固氮，根系发达，落叶量大，而是水土保持的优良树种。在土坑较大处种任豆树，培育大乔木；土浅处种银合欢，以保持水土、改良土壤。

③技术措施：任豆树采用 1 年生裸根苗，银合欢用 3 月龄的容器苗或用种子点播。根据土被情况，确定整地规模和配置方式，穴状整地，栽植穴深度 25 ～ 30cm。混交比例为 1：1，造林密度 80 ～ 120 株 / 亩。

④效益评价：两个树种均有较好的生态效益，混交后形成复层林，且两个树种树叶可做饲料，有利于发展农村养殖业及沼气，实现良性循环。而任豆树是优质用材，具备一定的直接经济效益。

十六、中山山原华山松、云南松水源涵养林模式

①适应范围：海拔在 1600m 以上，年均温 13 ～ 14℃，年降雨量在 1100mm 以下的高海拔、低热量、降水少，且干湿交替明显的云贵高原高中山山原区石漠化土地。

②技术思路：针对高海拔，人工造林困难的现状，选择乡土树种华山松、云南松，依据树木的生物学特性，在阴坡、半阴坡以华山松为主，阳坡以云南松为主，充分利用水热条件，提高植被盖度。

③技术措施：依土被情况采用穴状整地，整地规格为 30cm × 30cm × 30cm，整地时要尽量保留原有植被，尤其是阔叶树种，使之形成针阔混交林；主要采取植苗造林，苗木以营养袋苗为主；密度为 150 ～ 240 株 / 亩；造林后通常进行 3 年抚育，主要是进行穴状松土和除草；造林地列入森林管护范畴，加强保护。

④效益评价：根据不同坡向配置树种，可充分发挥土地潜力，另外保留原有植被，形成针阔、乔灌混交，生态效益显著。

十七、滇东华山松与栎类混交水土保持林建设模式

①适宜范围：岩石裸露率 60% ～ 70%，海拔 2100 ～ 2300m，石旮旯里土壤厚度

30 ～ 50cm，土壤湿润、半湿润的岩溶山地。

②技术思路：华山松、栎类均具有耐干旱瘠薄，根系发达、穿透力强、生长迅速的特性，适合石漠化土地生长。

③技术措施：根据防护林林种功能要求，提倡营造宽带状或大块状针阔混交林。配置方式因地而宜，采取“见缝插针方式”整地，整地规格为 30cm × 30cm × 25cm，密度适当加大，每亩不低于 167 株，采用 1 年生Ⅰ、Ⅱ级苗木进行人工植苗造林。

④效益评价：该模式造林成活率高，郁闭成林快，受益早。

十八、滇东柏树与青冈、滇合欢混交水土保持模式

①适宜范围：山高坡陡，海拔范围 1800 ～ 2700m，坡度 25° ～ 35°，基岩裸露率 70% 以上的重度、极重度石漠化土地。

②技术思路：圆树、青冈、滇合欢均具有耐干旱瘠薄，根系发达、穿透力强、生长迅速的特性，郁闭后形成针阔混交林。柏树包括柏木、圆柏、藏柏等，备选阔叶树种有麻栎、栓皮栎、圣诞树等。

③技术措施：青冈、麻栎、栓皮栎、滇合欢种子不易储藏，冬季采用薄膜育苗，应用 GGR 生长调节剂浸种 8 小时后播种，翌年 6 月出圃造林。圆柏采用一年生容器苗造林。针阔混交比例为 2 ∶ 1，带状混交，柏树造林密度为 112 株 / 亩，人工造林后严格封山管护，严禁放牧。

④效益评价：在人工造林三年后，保存率通常在 80% 以上，草本植物恢复较快，生态开始好转，昔日白茫茫的石灰岩裸露地被林草覆盖达 70%，石漠化治理效果好。

十九、低山河谷杜仲、柏树生态经济型混交林模式

①适应范围：在海拔 500m 以下的低山河谷地段，水热相对充足，岩石裸露率高于 50% 的中度以上石漠化土地。

②技术思路：杜仲是一种经济价值较高的中药材，对土壤的要求不太高；柏树具有耐干旱瘠薄、成活率、保存率高，是治理石漠化土地的先锋树种。两者混交种植具有较强的互补性，同时在立地条极差的局部栽植灌木，提高地表覆盖度。

③技术措施：不炼山，尽量保持原有植被，采取鱼鳞坑整地。杜仲与柏木混交按 1 ∶ 3 的比例，在土层深厚的地块种杜仲 40 ～ 60 株 / 亩，柏树交叉种植在杜仲之间，栽植穴规

格通常为 30cm × 30cm × 30cm。杜仲在造林后 3 年内要进行施肥，每亩 8 ～ 12kg。造林后加强管护，避免人畜破坏。种植灌木树种主要有栎类灌丛、杜鹃等。

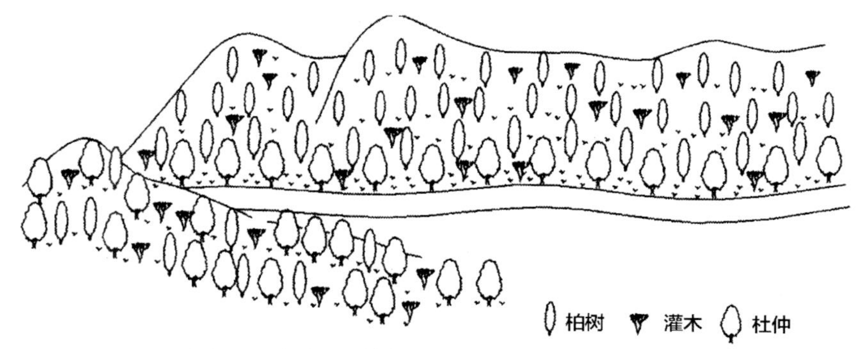

图 8-5　低山河谷杜仲、柏树生态经济型混交林模式

④效益评价：柏树密植有利用于尽早郁闭成林，保持水土，种植杜仲可获得可观的经济效益，有利于农村的脱贫致富，本模式的生态、经济效益俱佳。

二十、中山丘陵区刺槐与马尾松混交模式

①适宜范围：属中亚热带暖湿季风气候类型，海拔 1000 ～ 1800m 的石灰岩中山丘陵区，土层较薄、土壤贫瘠基岩裸露度在 50% 以上的中度以上石漠化土地。

②技术思路：刺槐、马尾松均具有耐干旱瘠薄、生长快、成活率、保存率高，根系发达，能耐高温的特性，是干旱贫瘠坡地、造林难度大地段的造林先锋树种。

③技术措施：穴状整地或反坡梯整地，两侧开挖引水沟，穴外围筑保护埂；可按 1：1 进行混交，每树种种植 60 ～ 100 株 / 亩；为提高成活率，尽量采用 1 年生容器苗造林；造林后第 2 年至第 4 年，每年穴状抚育 1 ～ 2 次，以松土、除草、培土为主；加强后期水肥管理和管护。

④效益评价：因树种具有生长快、成活率高、成林快的特点，混交成林后，森林生态系统功能稳定，能有效防止土地石漠化，具有较好的生态、经济效益。

二十一、生态旅游区红椿、猕猴桃混交模式

①适应范围：年降水量 1000mm 以上，年日照 1000 小时以上，海拔 800 ～ 1600m 的中山山地，基岩裸露度高的石漠化土地。

②技术思路：对于旅游风景区，红椿具有较高的观赏价值，猕猴桃具有较高的经济

价值，且均有较强的耐寒性；两者混交后，形成复层林，生态效益与经济效果明显，既能满足石漠化土地的治理要求，同时兼顾到经济效益和景观效应。

③技术措施：局部砍山、不炼山，穴状或水平阶整地；均采用良种嫁接苗，造林密度每树种 40 ~ 60 株 / 亩为宜，行状混交，植苗后用地膜或石块覆盖，防止水分蒸发；造林后 3 年内每年进行穴状抚育 1 ~ 2 次，并纳入管护范围。

④效益评价：红椿干形好，枝繁叶茂且美观，可供游人观赏；猕猴桃具有较高的营养价值，市场前景看好，且符合目前生态农业的实际需要；混交后，大大提高了涵养水源、保持水土的功效，实现生态与经济效益双赢。

二十二、鄂西北丘陵山区栎类薪炭林模式

①适应范围：在中亚热带暖湿季风气候区，基岩裸露率 70% 以下，降水量 1000mm 左右的轻度、中度石漠化土地。

②技术思路：在保留原有植被的前提下，种植适应性强、材质坚硬、耐烧、且萌芽能力强的栎类，营建薪炭林。另外，栎类还可作为木耳培植材。

③技术措施：不炼山，采用鱼鳞坑整地；用实生苗或挖树蔸进行种植，密度为 667 株 / 亩；在经营上采取矮林作业；造林后要加强管护，有计划地进行采伐；加强病虫害的防止工作。

④效益评价：本模式由于栎类的萌芽更新能力强，具有很好的绿化作用，同时能满足当地薪炭材的需要，并可将部分栎类树木用于培育木耳，增加农民收入，该模式的生态、经济和社会效益都十分显著。

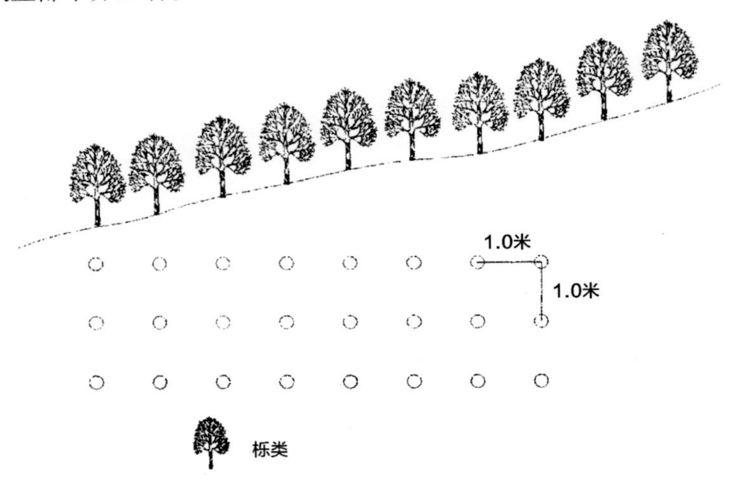

图 8-6　鄂西北丘陵山区栎类薪炭林模式